数字电子技术（第 2 版）

主　编　张建国
副主编　孙玉珍　霍英杰　方惠蓉

北京理工大学出版社
BEIJING INSTITUTE OF TECHNOLOGY PRESS

内 容 简 介

本书是根据高职高专教育教学改革的要求和多年教学改革实践编写的。主要内容有数字电路的基本知识、数字逻辑的应用、逻辑门电路的应用、组合逻辑电路及其应用、触发器的应用、时序逻辑电路的应用、脉冲波形的产生和变换、数模和模数转换器的应用、半导体存储器及其应用、可编程逻辑器件及其应用和数字电子技术技能综合实训等。在内容选取和安排上，编写时突出基本知识、原理、工作过程和基本技能及实训方法，主要讲述分析和设计的方法、实际技能，不追求系统性和完整性。为便于读者学习，着重讲清思路，交代方法，每章都配有技能训练、小结、思考和练习题，并在最后一章突出综合技能训练，以帮助复习和巩固所学知识及必要的技能，进一步提高应用能力。

本书可作为高等职业技术院校电子信息类专业"数字电子技术"课程的教材，也可供从事电子技术工作的技术人员参考。

版权专有　侵权必究

图书在版编目（CIP）数据

数字电子技术/张建国主编．—2版．—北京：北京理工大学出版社，2018.8（2021.8重印）

ISBN 978–7–5682–5917–0

Ⅰ.①数…　Ⅱ.①张…　Ⅲ.①数字电路–电子技术–高等职业教育–教材　Ⅳ.①TN79

中国版本图书馆 CIP 数据核字（2018）第 163003 号

出版发行 / 北京理工大学出版社有限责任公司

社　　址 / 北京市海淀区中关村南大街 5 号

邮　　编 / 100081

电　　话 /（010）68914775（总编室）

　　　　　（010）82562903（教材售后服务热线）

　　　　　（010）68944723（其他图书服务热线）

网　　址 / http：//www.bitpress.com.cn

经　　销 / 全国各地新华书店

印　　刷 / 涿州市新华印刷有限公司

开　　本 / 787 毫米 × 1092 毫米　1/16

印　　张 / 18　　　　　　　　　　　　　　　责任编辑 / 张鑫星

字　　数 / 430 千字　　　　　　　　　　　　文案编辑 / 张鑫星

版　　次 / 2018 年 8 月第 2 版　2021 年 8 月第 3 次印刷　责任校对 / 周瑞红

定　　价 / 45.00 元　　　　　　　　　　　　责任印制 / 施胜娟

图书出现印装质量问题，请拨打售后服务热线，本社负责调换

前言

为了适应现代电子技术飞速发展的需要，适应高职高专教育教学的要求，更好地培养应用型、技能型高级电子技术人才，根据教育部制定的《高职高专教育电子技术基础课程教学基本要求》，在多年教学改革与实践的基础上，以培养学生综合应用能力为出发点编写了本教材。本书可作为高等职业技术院校电子信息类专业"数字电子技术"课程的教材，也可供从事电子技术工作的技术人员参考。

数字电子技术是一门应用性很强的技术基础课程，主要任务是在传授有关数字电子技术基本知识的基础上，培训分析和设计数字电路的能力。本教材根据高职高专学生的学习规律，在内容的编写上力求通俗易懂，在内容的处理上符合高职高专教学"以应用为目的，以必需、够用为度"的原则。

本书共分11章。第1章讲解了数字电子中所用数制和编码；第2章是全书的学习基础，讲述了数字技术的数学基础——逻辑代数及逻辑函数的化简；第3章讲述了TTL和MOS门电路；第4章讲述了组合逻辑电路的分析与设计；第5章为触发器的应用，它是学习时序电路的基础；第6章介绍了常用的时序逻辑部件及其应用，主要讲述了计数器和移位寄存器的设计、分析及应用；第7章介绍脉冲产生电路和定时电路，主要讲述了555定时电路及其应用；第8章为数模和模数转换器的应用；第9章介绍了半导体存储器及其应用；第10章介绍了可编程逻辑器件及其应用；第11章为数字电子技术技能综合实训，共安排了5个综合训练项目。在内容选取和安排上，编写时突出基本原理、工作原理和基本技能方法，主要讲述分析和设计的技能方法，不追求系统性和完整性。为便于读者学习，着重讲清思路，交代方法，每章都配有技能训练、小结、思考和练习题，以帮助复习和巩固所学知识及掌握必要的技能。

本书由漳州职业技术学院张建国、方惠蓉、林蔚、黄燕琴、欧庆荣、林隽生及漳州城市职业学院孙玉珍和漳州理工职业学院霍英杰等共同参与编写。全书由张建国进行统稿，并担任主编；孙玉珍、霍英杰、方惠蓉为副主编，林蔚、黄燕琴、欧庆荣、林隽生、戴树春、苏秀珍参与编写。由于编者水平有限，书中的错误和缺点在所难免，恳请读者提出批评与建议。

编　者

目录

▶ 第1章　数字电路的基本知识　1

1.1　概述　1
1.1.1　数字信号和数字电路　1
1.1.2　数字电路的分类及其特点　2
1.2　数制和码制　3
1.2.1　数制　3
1.2.2　码制　7
本章小结　10
思考与练习题　10

▶ 第2章　数字逻辑的应用　12

2.1　几个基本概念　12
2.2　逻辑代数及其运算　13
2.2.1　逻辑代数中的三种基本逻辑运算　13
2.2.2　逻辑代数中的五种复合逻辑运算　17
2.3　逻辑代数的公式和运算规则　18
2.3.1　逻辑代数中的基本公式　18
2.3.2　逻辑代数的常用公式　19
2.3.3　逻辑代数的三个重要运算规则　20
2.4　逻辑函数及其表示方法　21
2.4.1　逻辑函数　21
2.4.2　逻辑函数的表示方法　21
2.5　逻辑函数的公式化简法　23
2.5.1　化简的意义与标准　23
2.5.2　逻辑函数的公式化简法　23
2.6　逻辑函数的卡诺图化简法　24
2.6.1　逻辑函数的最小项表达式　24
2.6.2　逻辑函数的卡诺图表示法　26
2.6.3　用卡诺图化简逻辑函数　29
2.6.4　具有无关项的逻辑函数的化简　32
本章小结　32

思考与练习题 ⋯⋯⋯⋯⋯⋯⋯⋯⋯⋯⋯⋯⋯⋯⋯⋯⋯⋯⋯⋯⋯⋯⋯⋯⋯⋯⋯⋯⋯⋯⋯⋯⋯⋯⋯⋯⋯⋯⋯ 33

▶ **第3章 逻辑门电路的应用** ⋯⋯⋯⋯⋯⋯⋯⋯⋯⋯⋯⋯⋯⋯⋯⋯⋯⋯⋯⋯⋯⋯⋯⋯⋯⋯⋯⋯⋯ 35

3.1 二极管与三极管的开关特性 ⋯⋯⋯⋯⋯⋯⋯⋯⋯⋯⋯⋯⋯⋯⋯⋯⋯⋯⋯⋯⋯⋯⋯⋯⋯⋯⋯⋯ 36
　3.1.1 二极管的开关特性 ⋯⋯⋯⋯⋯⋯⋯⋯⋯⋯⋯⋯⋯⋯⋯⋯⋯⋯⋯⋯⋯⋯⋯⋯⋯⋯⋯⋯⋯ 36
　3.1.2 三极管的开关特性 ⋯⋯⋯⋯⋯⋯⋯⋯⋯⋯⋯⋯⋯⋯⋯⋯⋯⋯⋯⋯⋯⋯⋯⋯⋯⋯⋯⋯⋯ 36
　3.1.3 MOS管的开关特性 ⋯⋯⋯⋯⋯⋯⋯⋯⋯⋯⋯⋯⋯⋯⋯⋯⋯⋯⋯⋯⋯⋯⋯⋯⋯⋯⋯⋯ 38
3.2 TTL集成门电路 ⋯⋯⋯⋯⋯⋯⋯⋯⋯⋯⋯⋯⋯⋯⋯⋯⋯⋯⋯⋯⋯⋯⋯⋯⋯⋯⋯⋯⋯⋯⋯⋯ 38
　3.2.1 TTL与非门电路 ⋯⋯⋯⋯⋯⋯⋯⋯⋯⋯⋯⋯⋯⋯⋯⋯⋯⋯⋯⋯⋯⋯⋯⋯⋯⋯⋯⋯⋯ 39
　3.2.2 其他功能的TTL门电路 ⋯⋯⋯⋯⋯⋯⋯⋯⋯⋯⋯⋯⋯⋯⋯⋯⋯⋯⋯⋯⋯⋯⋯⋯⋯⋯ 45
　3.2.3 TTL集成电路系列介绍 ⋯⋯⋯⋯⋯⋯⋯⋯⋯⋯⋯⋯⋯⋯⋯⋯⋯⋯⋯⋯⋯⋯⋯⋯⋯⋯ 48
3.3 CMOS集成逻辑门电路 ⋯⋯⋯⋯⋯⋯⋯⋯⋯⋯⋯⋯⋯⋯⋯⋯⋯⋯⋯⋯⋯⋯⋯⋯⋯⋯⋯⋯ 49
　3.3.1 CMOS反相器 ⋯⋯⋯⋯⋯⋯⋯⋯⋯⋯⋯⋯⋯⋯⋯⋯⋯⋯⋯⋯⋯⋯⋯⋯⋯⋯⋯⋯⋯ 49
　3.3.2 其他CMOS门电路 ⋯⋯⋯⋯⋯⋯⋯⋯⋯⋯⋯⋯⋯⋯⋯⋯⋯⋯⋯⋯⋯⋯⋯⋯⋯⋯⋯ 51
　3.3.3 CMOS门电路系列及型号的命名法 ⋯⋯⋯⋯⋯⋯⋯⋯⋯⋯⋯⋯⋯⋯⋯⋯⋯⋯⋯⋯⋯ 52
3.4 门电路使用及连接的问题 ⋯⋯⋯⋯⋯⋯⋯⋯⋯⋯⋯⋯⋯⋯⋯⋯⋯⋯⋯⋯⋯⋯⋯⋯⋯⋯⋯⋯ 53
　3.4.1 TTL集成电路使用中应注意的问题 ⋯⋯⋯⋯⋯⋯⋯⋯⋯⋯⋯⋯⋯⋯⋯⋯⋯⋯⋯⋯⋯ 53
　3.4.2 CMOS集成电路使用中应注意的问题 ⋯⋯⋯⋯⋯⋯⋯⋯⋯⋯⋯⋯⋯⋯⋯⋯⋯⋯⋯⋯ 54
　3.4.3 CMOS电路与TTL电路的连接 ⋯⋯⋯⋯⋯⋯⋯⋯⋯⋯⋯⋯⋯⋯⋯⋯⋯⋯⋯⋯⋯⋯⋯ 54
技能训练1 TTL集成逻辑门的逻辑功能与参数测试 ⋯⋯⋯⋯⋯⋯⋯⋯⋯⋯⋯⋯⋯⋯⋯⋯⋯⋯⋯ 56
技能训练2 CMOS集成逻辑门的逻辑功能与参数测试 ⋯⋯⋯⋯⋯⋯⋯⋯⋯⋯⋯⋯⋯⋯⋯⋯⋯⋯ 58
本章小结 ⋯⋯⋯⋯⋯⋯⋯⋯⋯⋯⋯⋯⋯⋯⋯⋯⋯⋯⋯⋯⋯⋯⋯⋯⋯⋯⋯⋯⋯⋯⋯⋯⋯⋯⋯⋯⋯ 60
思考与练习题 ⋯⋯⋯⋯⋯⋯⋯⋯⋯⋯⋯⋯⋯⋯⋯⋯⋯⋯⋯⋯⋯⋯⋯⋯⋯⋯⋯⋯⋯⋯⋯⋯⋯⋯⋯ 60

▶ **第4章 组合逻辑电路及其应用** ⋯⋯⋯⋯⋯⋯⋯⋯⋯⋯⋯⋯⋯⋯⋯⋯⋯⋯⋯⋯⋯⋯⋯⋯⋯ 63

4.1 概述 ⋯⋯⋯⋯⋯⋯⋯⋯⋯⋯⋯⋯⋯⋯⋯⋯⋯⋯⋯⋯⋯⋯⋯⋯⋯⋯⋯⋯⋯⋯⋯⋯⋯⋯⋯⋯ 63
4.2 组合逻辑电路的分析和设计 ⋯⋯⋯⋯⋯⋯⋯⋯⋯⋯⋯⋯⋯⋯⋯⋯⋯⋯⋯⋯⋯⋯⋯⋯⋯⋯⋯ 64
　4.2.1 组合逻辑电路的分析方法 ⋯⋯⋯⋯⋯⋯⋯⋯⋯⋯⋯⋯⋯⋯⋯⋯⋯⋯⋯⋯⋯⋯⋯⋯⋯ 64
　4.2.2 组合逻辑电路的设计方法 ⋯⋯⋯⋯⋯⋯⋯⋯⋯⋯⋯⋯⋯⋯⋯⋯⋯⋯⋯⋯⋯⋯⋯⋯⋯ 68
4.3 编码器和译码器 ⋯⋯⋯⋯⋯⋯⋯⋯⋯⋯⋯⋯⋯⋯⋯⋯⋯⋯⋯⋯⋯⋯⋯⋯⋯⋯⋯⋯⋯⋯⋯⋯ 74
　4.3.1 编码器 ⋯⋯⋯⋯⋯⋯⋯⋯⋯⋯⋯⋯⋯⋯⋯⋯⋯⋯⋯⋯⋯⋯⋯⋯⋯⋯⋯⋯⋯⋯⋯⋯ 74
　4.3.2 译码器 ⋯⋯⋯⋯⋯⋯⋯⋯⋯⋯⋯⋯⋯⋯⋯⋯⋯⋯⋯⋯⋯⋯⋯⋯⋯⋯⋯⋯⋯⋯⋯⋯ 78
4.4 数据选择器与数据分配器 ⋯⋯⋯⋯⋯⋯⋯⋯⋯⋯⋯⋯⋯⋯⋯⋯⋯⋯⋯⋯⋯⋯⋯⋯⋯⋯⋯⋯ 87
　4.4.1 数据选择器 ⋯⋯⋯⋯⋯⋯⋯⋯⋯⋯⋯⋯⋯⋯⋯⋯⋯⋯⋯⋯⋯⋯⋯⋯⋯⋯⋯⋯⋯⋯ 87
　4.4.2 数据分配器 ⋯⋯⋯⋯⋯⋯⋯⋯⋯⋯⋯⋯⋯⋯⋯⋯⋯⋯⋯⋯⋯⋯⋯⋯⋯⋯⋯⋯⋯⋯ 90
4.5 加法器和数值比较器 ⋯⋯⋯⋯⋯⋯⋯⋯⋯⋯⋯⋯⋯⋯⋯⋯⋯⋯⋯⋯⋯⋯⋯⋯⋯⋯⋯⋯⋯⋯ 91
　4.5.1 加法器 ⋯⋯⋯⋯⋯⋯⋯⋯⋯⋯⋯⋯⋯⋯⋯⋯⋯⋯⋯⋯⋯⋯⋯⋯⋯⋯⋯⋯⋯⋯⋯⋯ 91
　4.5.2 数值比较器 ⋯⋯⋯⋯⋯⋯⋯⋯⋯⋯⋯⋯⋯⋯⋯⋯⋯⋯⋯⋯⋯⋯⋯⋯⋯⋯⋯⋯⋯⋯ 95
*4.6 组合逻辑电路中的竞争－冒险现象 ⋯⋯⋯⋯⋯⋯⋯⋯⋯⋯⋯⋯⋯⋯⋯⋯⋯⋯⋯⋯⋯⋯⋯⋯ 97
　4.6.1 竞争－冒险现象及其产生原因 ⋯⋯⋯⋯⋯⋯⋯⋯⋯⋯⋯⋯⋯⋯⋯⋯⋯⋯⋯⋯⋯⋯⋯ 97

4.6.2　竞争－冒险现象的判别和消除竞争－冒险的方法 ………………………………… 98
　技能训练3　组合逻辑电路的设计及应用 ……………………………………………………… 100
　本章小结 ………………………………………………………………………………………… 101
　思考与练习题 …………………………………………………………………………………… 102

▶ 第5章　触发器的应用 ……………………………………………………………………… 105

　5.1　概述 ……………………………………………………………………………………… 105
　　5.1.1　触发器的性质 ………………………………………………………………………… 106
　　5.1.2　触发器的分类 ………………………………………………………………………… 106
　5.2　基本触发器 ……………………………………………………………………………… 106
　　5.2.1　用与非门构成的基本触发器 ………………………………………………………… 106
　　5.2.2　用或非门构成的基本触发器 ………………………………………………………… 107
　5.3　时钟触发器的逻辑功能 ………………………………………………………………… 109
　　5.3.1　SR 触发器 …………………………………………………………………………… 109
　　5.3.2　D 触发器 …………………………………………………………………………… 111
　　5.3.3　JK 触发器 …………………………………………………………………………… 112
　　5.3.4　T 触发器 …………………………………………………………………………… 113
　5.4　时钟触发器的结构及触发方式 ………………………………………………………… 114
　　5.4.1　同步式触发器 ………………………………………………………………………… 114
　　5.4.2　维持阻塞触发器 ……………………………………………………………………… 115
　　5.4.3　边沿触发器 …………………………………………………………………………… 116
　　5.4.4　主从触发器 …………………………………………………………………………… 116
　5.5　集成触发器及其应用 …………………………………………………………………… 117
　技能训练4　触发器及其应用 …………………………………………………………………… 122
　本章小结 ………………………………………………………………………………………… 125
　思考与练习题 …………………………………………………………………………………… 126

▶ 第6章　时序逻辑电路的应用 …………………………………………………………… 129

　6.1　概述 ……………………………………………………………………………………… 129
　　6.1.1　时序逻辑电路的特点 ………………………………………………………………… 129
　　6.1.2　时序电路逻辑功能的描述方法 ……………………………………………………… 130
　6.2　时序逻辑电路的分析 …………………………………………………………………… 132
　　6.2.1　时序逻辑电路的分析方法 …………………………………………………………… 132
　　6.2.2　同步时序逻辑电路的分析 …………………………………………………………… 132
　　6.2.3　异步时序逻辑电路的分析 …………………………………………………………… 137
　6.3　寄存器和移位寄存器的应用 …………………………………………………………… 139
　　6.3.1　寄存器 ………………………………………………………………………………… 139
　　6.3.2　移位寄存器 …………………………………………………………………………… 142
　　6.3.3　移位寄存器的应用 …………………………………………………………………… 145
　6.4　计数器的应用 …………………………………………………………………………… 148

  6.4.1 二进制计数器 ·················· 150
  6.4.2 构成任意进制计数器的方法 ·················· 157
 技能训练5 计数器及其应用 ·················· 166
 技能训练6 移位寄存器及其应用 ·················· 170
 本章小结 ·················· 173
 思考与练习题 ·················· 174

▶ 第7章　脉冲波形的产生和变换 ·················· 177

 7.1 多谐振荡器 ·················· 177
  7.1.1 门电路组成的多谐振荡器 ·················· 178
  7.1.2 石英晶体多谐振荡器 ·················· 179
 7.2 单稳态触发器 ·················· 180
  7.2.1 门电路组成的单稳态触发器 ·················· 181
  7.2.2 集成单稳态触发器 ·················· 183
  7.2.3 单稳态触发器的应用 ·················· 185
 7.3 施密特触发器 ·················· 186
  7.3.1 由门电路组成的施密特触发器 ·················· 187
  7.3.2 集成施密特触发器 ·················· 187
  7.3.3 施密特触发器的应用 ·················· 188
 7.4 555定时器及其应用 ·················· 190
  7.4.1 555定时器的电路结构及工作原理 ·················· 190
  7.4.2 555定时器的应用 ·················· 191
 技能训练7 使用门电路产生脉冲信号—自激多谐振荡器— ·················· 195
 技能训练8 单稳态触发器与施密特触发器—脉冲延时与波形整形电路— ·················· 197
 技能训练9 555时基电路及其应用 ·················· 200
 本章小结 ·················· 203
 思考与练习题 ·················· 203

▶ 第8章　数模和模数转换器的应用 ·················· 206

 8.1 概述 ·················· 206
 8.2 数/模转换器（DAC） ·················· 207
  8.2.1 D/A转换器的基本工作原理 ·················· 207
  8.2.2 倒T型电阻网络DAC ·················· 207
  8.2.3 DAC的主要技术指标 ·················· 209
  8.2.4 集成DAC举例 ·················· 209
 8.3 模/数转换器（ADC） ·················· 213
  8.3.1 ADC的基本工作原理 ·················· 213
  8.3.2 逐次逼近型ADC ·················· 215
  8.3.3 ADC的主要技术指标 ·················· 216
  8.3.4 集成ADC举例 ·················· 216

技能训练 10　A/D 和 D/A 转换器的应用 ·· 218
本章小结 ·· 221
思考与练习题 ·· 221

▶ 第 9 章　半导体存储器及其应用 ·· 222

9.1　概述 ·· 222
9.2　只读存储器（ROM） ·· 223
　9.2.1　掩模 ROM ·· 225
　9.2.2　可编程存储器（PROM） ··· 225
　9.2.3　可擦除可编程只读存储器（EPROM） ······································ 225
　9.2.4　ROM 的应用举例 ·· 226
9.3　随机存储器 ·· 227
　9.3.1　RAM 的结构和工作原理 ·· 227
　9.3.2　RAM 的扩展 ·· 228
技能训练 11　随机存取存储器及其应用 ·· 230
本章小结 ·· 233
思考与练习题 ·· 234

▶ 第 10 章　可编程逻辑器件及其应用 ·· 235

10.1　概述 ·· 235
　10.1.1　PLD 器件的基本结构 ·· 236
　10.1.2　PLD 器件的分类及特点 ·· 237
10.2　可编程阵列逻辑（PAL） ·· 239
10.3　通用阵列逻辑（GAL） ·· 241
　10.3.1　GAL 的结构特点 ··· 241
　10.3.2　输出逻辑宏单元（OLMC）的结构与输出组态 ····················· 242
10.4　PLD 器件的应用开发简介 ·· 245
10.5　可编程逻辑器件 PLD 的应用 ·· 246
技能训练 12　七段译码显示电路的 PLD 设计 ······································· 249
本章小结 ·· 251
思考与练习题 ·· 251

▶ 第 11 章　数字电子技术技能综合实训 ·· 252

11.1　智力竞赛定时抢答器的设计实训 ·· 252
　11.1.1　实训目的 ·· 252
　11.1.2　设计要求 ·· 252
　11.1.3　设计原理与参考电路 ·· 253
　11.1.4　实训内容及步骤 ·· 255
　11.1.5　实训报告要求 ·· 255
11.2　交通信号灯控制器的设计实训 ·· 256

- 11.2.1 设计任务 · 256
- 11.2.2 设计课题分析 · 256
- 11.2.3 控制器参考电路 · 258
- 11.2.4 实训内容 · 259
- 11.2.5 实训报告要求 · 259

11.3 霓虹灯控制器的设计实训 · 259
- 11.3.1 设计任务 · 259
- 11.3.2 设计思想与参考电路 · 260
- 11.3.3 制作与调试 · 262
- 11.3.4 实训报告要求 · 263

11.4 GAL时序逻辑电路的设计实训 · 263
- 11.4.1 实训目的 · 263
- 11.4.2 实训设备和器件 · 263
- 11.4.3 实训内容 · 263
- 11.4.4 实训要求 · 264
- 11.4.5 实训报告 · 265

11.5 数字频率计设计实训 · 265
- 11.5.1 设计任务和要求 · 265
- 11.5.2 工作过程 · 266
- 11.5.3 有关单元电路的设计及工作原理 · 267
- 11.5.4 实训设备与器件 · 269

▶ 参考文献 · 272

第 1 章 数字电路的基本知识

学习目标

（1）理解数字电路的分类及其特点。
（2）理解数制与码制，掌握数制间的转换。

能力目标

能够进行数制转换与编码。

1.1 概 述

1.1.1 数字信号和数字电路

自然界中存在着各种各样、千变万化的物理量，但就其变化规律，不外乎两大类。

其中一类物理量在时间和数值上均做连续变化。如收音机、电视机接收的音频信号、视频信号，在正常情况下它们的电压信号不会发生突变，都是随时间做连续变化，这种物理量称为模拟量，把表示模拟量的信号叫作模拟信号。话音信号、正弦波信号就是典型的模拟信号。产生、变换、传送、处理模拟信号的电路叫作模拟电路。

另一类物理量在时间和数值上均做断续变化，也就是说它们的变化在时间和数值上是不连续的、离散的。如操场上的人数、仓库里元器件的个数等，它们的数量大小和增减变化都是最小单位"1"的整数倍，而小于这个最小单位"1"的数值是没有物理意义的。这种物理量称为数字量，把表示数字量的信号叫作数字信号。矩形波、方波信号就是典型的数字信号。

数字信号通常又称为脉冲信号、离散信号，一般来说数字信号在两个稳定的状态之间做阶跃式变化，它有电位型和脉冲型两种，用高低两个电位信号表示数字"1"和"0"是电位型表示法，用有无脉冲表示数字"1"和"0"是脉冲型表示法。产生、存储、变换、处理、传送数字信号的电路叫作数字电路。

严格来说，数字电路包括脉冲电路和数字电路两大部分，所以数字电路又称为脉冲数字电路。其中脉冲电路主要研究脉冲信号的产生、处理和变换，在本书第7章介绍；而其他内容则主要围绕组合电路和时序电路两部分，在其余各章节中逐步介绍。

1.1.2 数字电路的分类及其特点

1. 数字电路的分类

1）按结构分类

按结构分类，数字电路分为分立元件电路和集成电路两类。

所谓分立元件电路，是将一个个基本元器件如电阻、电容、二极管、三极管、场效应管等用导线连接起来的电路。

所谓集成电路，就是把各个基本元器件及它们之间的连线制作在一块基片上，然后按照一定的封装形式封装，提供给用户。用户使用时，通过外部的管脚来利用芯片内部的电路。

集成电路按照一个基片上集成的基本元器件的数量多少即所谓集成度大小又可分为：小规模集成电路（Small Scale Integraed Circuits，SSIC），其每块电路包含10~100个基本元器件，如各种逻辑门电路、集成触发器等；中规模集成电路（Middle Scale Integraed Circuits，MSIC），其每块电路包含100~1 000个基本元器件，如编码器、译码器、计数器、寄存器等；大规模集成电路（Large Scale Integraed Circuits，LSIC），其每块电路包含1 000~10 000个基本元器件，如存储器、串并接口电路、中央控制器等；超大规模集成电路（Very Large Scale Integraed Circuits，VLSIC），其每块电路包含10 000个以上的基本元器件，如各种微处理器等。本书将重点介绍由基本逻辑电路和触发器构成的中小规模集成电路的原理及应用，并适当介绍可编程逻辑器件PLD。

2）按构成数字电路的半导体器件分类

按构成数字电路的半导体器件分类，数字电路分为双极性电路和单极性电路两类。

二极管、三极管工作时内部有两种载流子，所以称为双极性半导体器件。场效应管则靠导电沟道工作，称为单极性半导体器件。

以双极性管为基本器件的集成电路称为双极性集成电路，如TTL电路、ECL电路和I^2L电路。

以单极性管为基本器件的集成电路称为单极性集成电路，如NMOS电路、PMOS电路和CMOS电路。

3）按电路的记忆功能分类

按电路的记忆功能分类，数字电路分为组合逻辑电路和时序逻辑电路。

如果电路任意时刻的输出仅取决于电路当前的输入，而与电路过去的状态无关，这种电路称为组合逻辑电路。如全加器、编码器、译码器、数据选择器等，这些集成电路均为组合逻辑电路，它们不能"记忆"过去的输入。

如果电路任意时刻的输出不仅取决于电路当前的输入，而且与电路过去的状态有关，这种电路称为时序逻辑电路。如触发器、计数器、寄存器等,这些集成电路均为时序逻辑电路,它们能"记忆"过去的输入,带"记忆"功能。

2. 数字电路的特点

数字电路与模拟电路相比主要具有以下优点:

(1) 数字电路不仅能够完成算术运算(加、减、乘、除),而且能够完成逻辑运算(与、或、非等),这在控制系统中是必不可少的,因此数字电路也常被称为数字逻辑电路或逻辑电路。

(2) 数字电路中,无论是算术运算还是逻辑运算,其信号代码符号只有"0"和"1"两种,电路的基本单元相对简单,便于集成和批量生产制造。随着半导体技术和工艺的飞速发展,数字电路几乎就是数字集成电路。批量生产的集成电路成本低廉,使用方便。

(3) 数字电路组成的数字系统,工作的信号只有高、低两种电平,所以数字电路的半导体器件一般工作在导通和截止这两种开关状态,抗干扰能力强、功耗低、可靠性高、稳定性好。

(4) 保密性好。数字电路中可以对数字信号进行加密处理,使信号在传输过程中不易被窃取。

(5) 通用性强。数字电路系统中,通常采用数字集成电路组成,因此数字电路具有较强的通用性。

1.2 数制和码制

1.2.1 数制

用数字量表示物理量的大小时,一位数码往往不够用,因此经常需要用多位数码按照进位方式来实现计数。一般把多位数码中每一位的构成方法以及从低位到高位的进位规则称为进位计数制,简称数制。

在生产实践中,人们普遍采用的数制是十进制,而在数字电路和微机系统中应用最广泛的是二进制和十六进制。

1. 十进制(Decimal)

十进制数是日常生活中最常使用的计数方法。在十进制中,每一位有 0、1、2、3、4、5、6、7、8、9 这十个数字符号,N 位十进制数自左向右、由高向低依次排列。计数规则为低位逢 10 向相邻的高位进 1;低位不够时向相邻的高位借 1,低位当 10 用。其中 10 称为基数或模。所谓基数,是指数制中允许使用的数字符号的个数。十进制就是以 10 为基数的计数体制。

N 位十进制数中,每个数字所处的位置不同其代表数值是不同的,如十进制数 172.83 可表示为

$$172.83 = 1 \times 10^2 + 7 \times 10^1 + 2 \times 10^0 + 8 \times 10^{-1} + 3 \times 10^{-2}$$

式中,10^2、10^1、10^0、10^{-1}、10^{-2} 称为各位的权(Weight)。所谓权,是指处于不同位置上

的 1 所代表的实际数值大小。位数越高权值越大，对于十进制数，相邻高位的权值是相邻低位的 10 倍。

任意一个正的十进制数可表示为

$$D = \sum_{m}^{n} K_i \times 10^i \quad (1-1)$$

式中，K_i 为 0 ~ 9 中的某一个数；10^i 为第 i 位的权；m、n 为 $-\infty \sim +\infty$ 中的任意整数。小数点以右的权是 10 的负次幂。

将以上分析推广至任意 R 进制的数 N，可表示为

$$D = \sum_{m}^{n} K_i \times R^i \quad (1-2)$$

式中，K_i 为第 i 位的系数；R 为基数；R^i 为第 i 位的权。一般地，R 进制需要用到 R 个数码，基数是 R；运算规律为逢 1 借 1 当 R。小数点以右的权是 R 的负次幂。

2. 二进制（Binary）

数字信号只有高、低两种电平，分别用"1"和"0"两个符号表示，所以在数字电路中用得最多的是二进制数。

任意一个二进制数可表示为

$$D = \sum_{m}^{n} K_i \times 2^i \quad (1-3)$$

二进制数有 0 和 1 两个数码，因此 K_i 为 0 或 1，计数基数为 2，第 i 位的权为 2^i。计数规则为低位逢 2 向相邻的高位进 1；低位不够时向相邻的高位借 1，低位当 2 使用。式（1-3）中 m、n 为 $-\infty \sim +\infty$ 中的任意整数，小数点以右的权是 2 的负次幂。

例如：

$$(101.11)_2 = 1 \times 2^2 + 0 \times 2^1 + 1 \times 2^0 + 1 \times 2^{-1} + 1 \times 2^{-2} = (5.75)_{10}$$

在数字电路中，通常将二极管的通和断，三极管的饱和和截止，电平的高和低分别用"1"和"0"来表示，所以在数字电路中用二进制数来表示较为简单可靠，存储和传送信号也较为方便。同时二进制数的运算规则与十进制数相似，但要简单得多。计算机作为超大规模数字集成电路的产物，其内部电路使用的均为二进制数。但由于人们对二进制数不熟悉，经常要将计算机的二进制数转换成熟悉的十进制数来使用，有时又要将原始的十进制数转换成计算机能接受的二进制数，这样就需要进行"十变二"和"二变十"运算。

3. 十六进制（Hexadecimal）

任意一个十六进制数可表示为

$$D = \sum_{m}^{n} K_i \times 16^i \quad (1-4)$$

式中，K_i 为 0、1、2、3、4、5、6、7、8、9、A、B、C、D、E、F 这十六个数码中的一个，其中 A、B、C、D、E、F 表示十进制数 10、11、12、13、14、15，计数基数为 16，第 i 位的权为 16^i。计数规则为低位逢 16 向相邻的高位进 1；低位不够时向相邻的高位借 1，低位当 16 使用。式（1-4）中 m、n 为 $-\infty \sim +\infty$ 中的任意整数。小数点以右的权是 16 的负次幂。例如：

$$(AD5.C) = 10 \times 16^2 + 13 \times 16^1 + 5 \times 16^0 + 12 \times 16^{-1} = (2773.75)_{10}$$

由于二进制数比十进制数位数多,不便于记忆和书写,而且目前微型计算机中普遍采用 8 位、16 位、32 位二进制数并行运算,而 8 位、16 位、32 位二进制数可以用 2 位、4 位、8 位十六进制数表示,因此微型计算机中一般用十六进制符号书写程序。

表 1-1 所示为数制对照表,十进制数 0~15 所对应的十六进制数和二进制数。

表 1-1 数制对照表

十进制数	十六进制数	二进制数
0	0	0000
1	1	0001
2	2	0010
3	3	0011
4	4	0100
5	5	0101
6	6	0110
7	7	0111
8	8	1000
9	9	1001
10	A	1010
11	B	1011
12	C	1100
13	D	1101
14	E	1110
15	F	1111

4. 三种数制之间的转换

1)二进制数转换成十进制数

按权展开法可以将任意二进制数转换成十进制数。所谓按权展开法,就是按式(1-3)展开,将各位二进制数的权值乘上系数,再相加即可得相应的十进制数。

例 1-1 将二进制数 $(11010.011)_2$ 转换为十进制数。

$$(11010.011)_2 = 1 \times 2^4 + 1 \times 2^3 + 1 \times 2^1 + 1 \times 2^{-2} + 1 \times 2^{-3} = (26.375)_{10}$$

为了方便利用按权展开法将二进制数转换成十进制数,应熟记表 1-2。

表 1-2 常用二进制的位权

i	-3	-2	-1	0	1	2	3	4	5	6	7	8	9	10
2^i	0.125	0.25	0.5	1	2	4	8	16	32	64	128	256	512	1 024

2)十进制数转换成二进制数

十进制数转换成二进制数需要分两部分转换:整数部分和小数部分。

整数部分采用除 2 取余法。除 2 取余法的步骤如下:
(1) 给定的十进制数除以 2,余数作为二进制数的最低位(Least Significant Bit,LSB)。
(2) 把第(1)步的商再除以 2,余数作为二进制数的次低位。
(3) 重复第(2)步,直至商为 0,最后的余数作为二进制数的最高位(Most Significant Bit,MSB)。

例 1-2　将十进制数 $(127)_{10}$ 转换为二进制数。

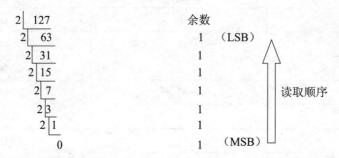

因此,$(127)_{10} = (1111111)_2$。

小数部分采用乘 2 取整法。所谓乘 2 取整法,是将小数部分逐次乘以 2,取乘积的整数部分作为二进制数的各位,乘积的小数部分继续乘以 2,直至乘积为 0 或到一定的精度。

例 1-3　将十进制数 0.1875 转换为二进制数。

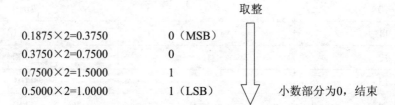

因此,$(0.1875)_{10} = (0.0011)_2$。

例 1-4　将 0.572 十进制数转换为误差不大于 2^{-7} 的二进制数。

$$0.572 \times 2 = 1.144 \quad \text{取整} 1$$
$$0.144 \times 2 = 0.288 \quad 0$$
$$0.288 \times 2 = 0.566 \quad 0$$
$$0.566 \times 2 = 1.132 \quad 1$$
$$0.132 \times 2 = 0.264 \quad 0$$
$$0.264 \times 2 = 0.528 \quad 0$$
$$0.528 \times 2 = 1.056 \quad 1$$

至此,已满足误差不大于 2^{-7} 的精度要求,因此 $(0.572)_{10} = (0.1001001)_2$。

把一个带有整数和小数的十进制数转换为二进制数时,只要将整数部分和小数部分分别转换,然后将结果合并起来即可。

例 1-5　将十进制数 218.1875 转换为二进制数。

$$(218.1875)_{10} = (11011010.0011)_2$$

3) 二进制数转换成十六进制数

因为可以将四位二进制数等价于一位十六进制数,所以要将二进制数转换成十六进制数,然后将二进制数的整数部分由右向左四位一组直至最高位,因为整数的高位添零不影响数值,若整数部分有不足四位的,则在高位补零;小数部分由左向右四位一组直至最低位,因为小数的低位添零不影响数值,若小数部分有不足四位的,在低位补零。完成上述分组后,只要熟记表 1-1,根据表 1-1 中四位二进制数对应的一位十六进制数,按照原来的顺序,将每组的四位二进制数转换为十六进制数即可。

例 1-6 将二进制数 1001011.100011 转换为十六进制数。

将 1001011.100011 分组为整数部分和小数部分各两组:

$$(0100 \quad 1011.1000 \quad 1100)$$

因此结果得:$(4B.8C)_{16}$。

4)十六进制数转换成二进制数

因为一位十六进制数等价于四位二进制数,因此只要根据表 1-1 中一位十六进制数对应的四位二进制数,将各位十六进制数按原来的顺序展开即可。

例 1-7 将十六进制数 3A9.C8 转换为二进制数。

$$3A9.C8 = 1110101001.11001$$

5)十六进制数转换成十进制数

根据式 (1-4) 将十六进制数按权展开即可转换为十进制数。

$$\begin{aligned}(1011001.001)_2 &= 2^6 \times 1 + 2^5 \times 0 + 2^4 \times 1 + 2^3 \times 1 + 2^2 \times 0 + \\ & \quad 2^1 \times 0 + 2^0 \times 1 + 2^{-1} \times 0 + 2^{-2} \times 0 + 2^{-3} \times 1 \\ &= 64 + 0 + 16 + 8 + 0 + 0 + 1 + 0 + 0 + 0.125 \\ &= (89.125)_{10}\end{aligned}$$

例 1-8 将十六进制数 AD5.C 转换为十进制数。

$$\begin{aligned}(AD5.C)_{16} &= 16^2 \times A + 16^1 \times D + 16^0 \times 5 + 16^{-1} \times C \\ &= 256 \times 10 + 16 \times 13 + 1 \times 5 + 16^{-1} \times 12 \\ &= 2560 + 208 + 5 + 0.75 \\ &= (2773.75)_{10}\end{aligned}$$

可以将十进制数先转换成二进制数,再将二进制数转换成十六进制数。

例 1-9 将十进制数 25.625 转换成十六进制数。

先将 25.625 分整数部分和小数部分转换成二进制数:

$$(25.625)_{10} = (11001.101)_2$$

再将 $(11001.101)_2$ 四位一组转换成十六进制数:

$$(11001.101)_2 = (00011001.1010)_2 = (19.A)_{16}$$

1.2.2 码制

人们在传输信息时,不仅要规定信号的大小,有时还要规定信号的性质。不同的数码可以表示数量的大小,还能用来表示不同的事物。利用数码作为某一特定信息的代号叫作代码。而且由于事先约定不同,同一个代码在不同场合可以表示不同的信号。例如"208"表示公交车,"25"表示中学,"060319"表示学号,等等。显然,这些数码不再表示数量大小。

为了便于处理和传输，在编制代码时必须遵循一定的规则，这些规则叫作码制。

在数字电路中，常用二进制数作为代码，这种二进制代码叫作二进制码。需要注意的是，二进制码不表示二进制数，它代表的含义完全由人们预先指定。

这一节介绍一些常用的二进制码。

1. BCD 码

BCD 码是二 - 十进制码（Binary Coded Decimals）的简称，它是用 4 位二进制代码来表示十进制数的 10 个数符；BCD 码因为是采用 4 位二进制数进行编码，共有 16 个码组，原则上可以从中任选 10 个来代表十进制的 10 个数符，这 10 个 4 位二进制码组叫许用码；其余的 6 个码组平时不允许使用，称为禁用码或伪码。

8421BCD 码是最常用也是最简单的一种 BCD 代码，其显著特点是它与十进制数符的 4 位等值二进制数完全相同，各位的权从左至右依次为 2^3、2^2、2^1、2^0，即 8、4、2、1，故称为 8421BCD 码。

5421BCD 码各位的权从左至右依次为 5、4、2、1，其显著特点是最高位连续 5 个 0 后连续 5 个 1。当计数器采用这种编码时，最高位可产生对称方波输出。

余 3BCD 码的特点是，它和 8421BCD 相比，如果对应同样的十进制数码，它比 8421BCD 码多 0011（+0011），故称为余 3BCD 码。

上述 BCD 码中，8421BCD 码、5421BCD 码各位的权一定，称为有权码；余 3BCD 码各位的权不定，称为无权码。

表 1 - 3 列出了上述三种 BCD 码与十进制数 0 ~ 9 之间的对应关系。

表 1 - 3 三种常用的 BCD 码

十进制数	8421BCD 码	5421BCD 码	余 3BCD 码
0	0000	0000	0011
1	0001	0001	0100
2	0010	0010	0101
3	0011	0011	0110
4	0100	0100	0111
5	0101	1000	1000
6	0110	1001	1001
7	0111	1010	1010
8	1000	1011	1011
9	1001	1100	1100

需要注意的是，三种 BCD 码在表 1 - 3 中各出现 10 个代码是许用码，分别还各有 6 个代码未出现，是禁用码，实际编码中不允许应用。

BCD 码和十进制数之间可以进行转换。转换时只要对应表 1 - 3，四位一组，按组转换，然后按原来的高低顺序依次排列即可。

例 1 - 10 将十进制数 192 转换成 8421BCD 码。

解：将 1、9、2 按表 1 - 3 分别转换成 8421BCD 码，为 0001、1001、0010，然后按原来的顺序依次排列即可，得 192 的 8421BCD 码为 000110010010。

例 1 - 11 将 8421BCD 码 010101110010 转换成十进制数。

解：将 8421BCD 码 010101110010 共 12 位分成 3 组 0101、0111、0010，分别转换成十进制数 5、7、2，然后按原来的顺序依次排列，得 8421BCD 码 010101110010 的十进制数为 572。

例 1 - 12 将十进制数 365 转换成 5421BCD 码。

解：将 3、6、5 按表 1 - 3 分别转换成 5421BCD 码为 0011、1001、1000，然后按原来的顺序依次排列，得 365 的 5421BCD 码为 001110011000。

例 1 - 13 将十进制数 165 转换成 5421BCD 码。

不同的 BCD 码之间可以互相转换，一般可以首先将一种 BCD 码转换成十进制数，然后再将其进一步转换成另一种 BCD 码。

例 1 - 14 将四位 8421BCD 码 0111 0001 0010 0101 转换成四位 5421BCD 码和余 3BCD 码。

解：先将 0111 0001 0010 0101 按表分别转换成十进制数，为 7、1、2、5；然后将 7、1、2、5 转换成 5421BCD 码为 1010、0001、0010、1000，得其 5421BCD 码为 1010 0001 0010 1000；将 7、1、2、5 转换成余 3BCD 码为 1010、0100、010、1000，得其余 3BCD 码为 1010 0100 0101 1000。

2. 格雷码（Gray）

格雷码是一种典型的循环码（Cyclic Code），它有各种不同的编码形式，但它们都有一个基本的特点是相邻性。所谓相邻性，是指任意两个相邻的代码中仅有一位取值不同，其余各位都相同。例如 7 和 8，对应的 8421BCD 码是 0111、1000，有四位不同，当数字电路中的信号从 7 变为 8 时有四位发生了变化，这时电路信号波形易产生毛刺，影响电路正常工作。当采用某种格雷码编码时，7 和 8 对应的四位二进制数是 0100、1100，只有一位数码不同。当采用循环码编码时，不仅可以有效地防止波形出现毛刺，而且可以提高电路的工作速度。表 1 - 4 所示为格雷码与二进制码对照表。

表 1 - 4 格雷码与二进制码对照表

十进制数	二进制码	格雷码
0	0000	0000
1	0001	0001
2	0010	0011
3	0011	0010
4	0100	0110
5	0101	0111
6	0110	0101
7	0111	0100

续表

十进制数	二进制码	格雷码
8	1000	1100
9	1001	1101
10	1010	1111
11	1011	1110
12	1100	1010
13	1101	1011
14	1110	1001
15	1111	1000

3. 奇偶校验码

二进制信息在传输过程中可能会发生错误，奇偶校验码是最简单的检错码，当信息在传送过程中发生奇数个错误时，接收方能够检测出这种错误，从而可以进一步采取其他措施来纠正错误。

奇偶校验码的编码方法是在信息码组中增加 1 位校验位，使得增加校验位后的整个码组中 1 的总个数为奇数或偶数。如果整个码组中 1 的总个数为奇数，则称为奇校验，该校验位称为奇校验位；如果整个码组中 1 的总个数为偶数，则称为偶校验，该校验位称为偶校验位。

例如，十进制数 5 的 8421BCD 码为 0101，奇校验位是 1，偶校验位是 0。

传送信息时，收、发双方一般要约定编码方式，如约定奇校验编码，当接收端收到 00010、01011 等时认为传送正确；当收到 00011、01001 等时认为传送有误，可以要求重发。

奇偶校验码属于可靠性编码，能检测出错误，但不能自动纠正错误。至于能纠错的编码，有专门的编码理论来进行研究，在此就不多做介绍。

本章小结

本章介绍了数字信号的基本概念和数字电路的分类及特点，介绍了常用的几种数制和码制。通过本章的学习，要求做到：
1. 掌握数字信号与模拟信号的区别，数字电路、数字集成电路的特点及各种分类。
2. 掌握二进制数、十六进制数、十进制数及相互转换。
3. 掌握 8421BCD 码、5421BCD 码、余 3BCD 码，了解格雷码和奇偶校验码。

思考与练习题

1.1 数字信号和模拟信号的区别是什么？数字电路和模拟电路研究的内容有什么不同？

数字电路的主要特点是什么？

1.2 脉冲信号有哪几个主要参数？

1.3 二进制数、十六进制数、十进制数是如何互相转换的？

1.4 什么叫BCD码？8421BCD码、5421BCD码、余3BCD码是如何互相转换的？

1.5 什么叫奇偶校验码？其作用是什么？

1.6 将下列二进制数转换成十六进制数和十进制数：

(1) 11001011； (2) 101010.11；

(3) 1011001.101； (4) 11111111。

1.7 将下列十六进制数转换成二进制数和十进制数：

(1) 5A9； (2) 7B.D9；

(3) 386； (4) 1A.F。

1.8 将下列十进制数转换成十六进制数和二进制数：

(1) 78； (2) 256；

(3) 13.25； (4) 0.362525。

1.9 将下列BCD码转换成十进制数：

(1) $(010110010010)_{8421BCD}$；

(2) $(101011000011)_{5421BCD}$；

(3) $(010010010011)_{余3BCD}$。

1.10 将$(011100101001)_{8421BCD}$转换成5421BCD码和余3BCD码；

将$(110010010101)_{余3BCD}$转换成8421BCD码和5421BCD码。

第 2 章

数字逻辑的应用

📚 学习目标

(1) 掌握逻辑代数基本公式并能导出常用公式。
(2) 理解真值表、逻辑代数式、逻辑图和卡诺图表示的逻辑函数。
(3) 掌握公式化简法、卡诺图化简法逻辑函数。

📚 能力目标

(1) 能够用逻辑函数的代数化简方法化简逻辑函数。
(2) 能够用逻辑函数的卡诺图化简方法化简逻辑函数。

2.1　几个基本概念

"逻辑"一词来自于逻辑学，逻辑学是研究逻辑思维与逻辑推理规律的。所谓逻辑，是指事物发生的条件和结果之间所遵循的一种规律，即因果关系。

在生产实践中存在许多互相对立却又互相依存的两个逻辑状态，如灯的"亮"和"灭"，开关的"通"和"断"，信号的"有"和"无"，事情的"发生"和"不发生"，等等，这样两个状态在逻辑学中都可以用逻辑"真"和逻辑"假"来表示。当定义其中一个为"真"时，另一个一定为"假"。在数字电路中，通常用"1"表示"真"，用"0"表示"假"，这种表示方式中不存在中间状态。需要注意的是，这里的"0"和"1"不是表示数量大小，而完全是表示事物的一种逻辑状态。

在这种情况下，我们把条件看作逻辑变量，结果看作逻辑函数，而逻辑变量和逻辑函数的取值只有"0"和"1"两种，这样就把一种逻辑问题转化为一个代数问题，这种用代数的方法去研究逻辑问题的科学称为逻辑代数。逻辑代数是1849年英国数学家乔治·布尔（George Bool）最早提出的，因此也称为布尔代数。1938年克劳得·香农（Claude E. Shannon）将布尔代数理论应用到继电器开关电路的设计中，因此又称为开关代数。逻辑代数是研究数字电路的一个基本数学工具，因此数字电路也称为逻辑电路。

数字电路中使用高、低两个电平表示两种不同的电路状态，如果规定用高电平表示逻辑状态"1"，用低电平表示逻辑状态"0"，称为正逻辑；反之，称为负逻辑。两种逻辑之间是可以相互转变的，如无特殊说明，本书一般采用正逻辑。

2.2 逻辑代数及其运算

2.2.1 逻辑代数中的三种基本逻辑运算

逻辑代数和普通代数一样，用字母代表变量，逻辑代数的逻辑变量称为布尔变量。和普通代数不同的是，逻辑变量只有两种取值，即0和1。常量0和1没有普通代数中的0和1的意义，它只表示两种对立的逻辑状态，即命题的"假"和"真"，信号的"无"和"有"，等等。这种两值的变量称为逻辑变量，通常用字母 A，B，C，…来表示。

在普通代数中，函数这个概念是大家所熟悉的，即随着自变量变化而变化的因变量。与普通代数一样，在逻辑代数中，对 n 个逻辑变量 A，B，C，…，如果有 $Y = F(A, B, C, …)$，则称 Y 为逻辑函数。逻辑函数与逻辑变量之间的关系称为逻辑函数表达式，简称逻辑表达式。如果输入逻辑变量 A，B，C，…的取值确定了，逻辑函数的值也就被唯一地确定了。必须注意的是，在逻辑代数中，逻辑函数与逻辑变量一样只有两个取值：0和1。同样，这里的0和1并不表示具体的"数"，而只表示两种不同的逻辑状态。任一逻辑函数和其变量的关系，不管多么复杂，它都是由相应输入变量的与、或、非三种基本运算构成的。也就是说，逻辑函数中包含三种基本运算——与、或、非，任何逻辑运算都可以用这三种基本运算来实现。通常把实现与逻辑运算的单元电路叫作与门，把实现或逻辑运算的单元电路叫作或门，把实现非逻辑运算的单元电路叫作非门（也叫作反相器）。

1. 与逻辑和与门

1）与逻辑

先来看一个简单的例子，图2-1中 A、B 为两个开关，Y 为灯，Y 的亮灭取决于 A、B 的通断状态。

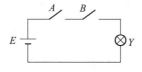

图2-1 与逻辑电路

如果把开关的闭合和断开作为条件（或导致事物结果的原因），把灯亮作为结果，可以列出输入 A、B 与输出 Y 的所有关系如表2-1所示。

表 2-1　与逻辑关系

A	B	Y
断开	断开	灭
断开	闭合	灭
闭合	断开	灭
闭合	闭合	亮

由表 2-1 可见，灯 Y 亮的条件是开关 A、B 同时闭合，这种 Y 与 A、B 的关系称为"与逻辑"关系。所谓与逻辑，是指只有决定事物结果的全部条件同时具备时，结果才会发生。这种因果关系叫作逻辑与，或者叫逻辑乘。在逻辑代数中，逻辑变量之间逻辑与的关系称作与运算，也叫逻辑乘法运算。

若以"1"表示开关 A、B 闭合，以"0"表示开关断开；以"1"表示灯亮，以"0"表示不亮，则可以列出输入变量 A、B 的所有取值组合与输出变量 Y 的一一对应关系，这种用表格形式列出的逻辑关系，叫真值表。它是描述逻辑功能的一种重要形式。表 2-2 所示为与逻辑真值表。

表 2-2　与逻辑真值表

A	B	Y
0	0	0
0	1	0
1	0	0
1	1	1

与逻辑还可以用输出与输入之间的逻辑关系表达式即逻辑函数来表示，与逻辑的逻辑函数为

$$Y = A \cdot B$$

式中，符号"·"叫逻辑乘号（或逻辑与号），为了书写方便，可以省略不写。

逻辑与的基本运算规则为

$$0 \cdot 0 = 0 \quad 0 \cdot 1 = 0 \quad 1 \cdot 0 = 0 \quad 1 \cdot 1 = 1$$
$$0 \cdot A = 0 \quad 1 \cdot A = A \quad A \cdot A = A$$

逻辑与的运算规则可以归纳为："有 0 出 0，全 1 出 1"。

逻辑与的表达式可以推广到多输入变量的形式：$Y = A \cdot B \cdot C \cdot D \cdots$；

或简写成：$Y = ABCD \cdots$。

2）与门

能实现与逻辑运算的电路称为"与门"，它是数字电路中最基本的一种逻辑门电路。图 2-2（a）所示为国家标准局规定的与门标准符号，图 2-2（b）所示为国外技术资料及绘图软件中常用的与门符号，称为国外符号。

图 2-2（a）和图 2-2（b）是二输入的与门符号，当输入增加时，符号形状不变，只是输入端增加而已。

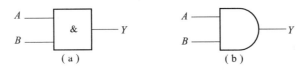

图 2-2 与门符号

(a) 标准符号；(b) 国外符号

2. 或逻辑和或门

1）或逻辑

或逻辑电路如图 2-3 所示。

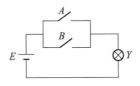

图 2-3 或逻辑电路

和与逻辑分析过程类似，可以列出该电路输入 A、B 与输出 Y 的所有关系组合如表 2-3 所示。

表 2-3 或逻辑关系

A	B	Y
断开	断开	灭
断开	闭合	亮
闭合	断开	亮
闭合	闭合	亮

由表 2-3 可见，灯 Y 亮的条件是开关 A、B 只要有一个闭合，这种 Y 与 A、B 的关系称为"或逻辑"关系。所谓或逻辑，是指在决定事物结果的全部条件中，只要有一个成立，结果就会发生，这种因果关系叫作逻辑或，或者叫逻辑加。在逻辑代数中，逻辑变量之间逻辑加的关系称作加运算，也叫逻辑加法运算。

同理，若以"1"表示开关 A、B 闭合，以"0"表示开关断开；以"1"表示灯亮，以"0"表示不亮，则可以列出或逻辑的真值表如表 2-4 所示。

表 2-4 或逻辑的真值表

A	B	Y
0	0	0
0	1	1
1	0	1
1	1	1

逻辑或的表达式为

$$Y = A + B$$

逻辑或的运算规则为

$$0+0=0 \quad 0+1=1 \quad 1+0=1 \quad 1+1=1$$
$$0+A=A \quad 1+A=1 \quad A+A=A$$

逻辑或的运算规则可以归纳为："有1出1，全0出0"。

逻辑或的表达式可以推广到多输入变量的形式为：$Y = A + B + C + D \cdots$

2）或门

能实现或逻辑运算的电路称为"或门"。图2-4（a）所示为或门的标准符号，图2-4（b）所示为或门的国外符号。

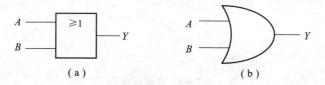

图 2-4 或门符号

（a）标准符号；（b）国外符号

3. 非逻辑和非门

1）非逻辑

非逻辑电路如图2-5所示。

该电路输入 A 与输出 Y 关系如表2-5所示。结果灯 Y 的亮、灭与条件开关的闭合、断开呈现一种相反的因果关系，这

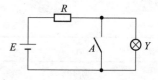

图 2-5 非逻辑电路

种关系称为非逻辑，或者叫逻辑反。所谓非逻辑，是指条件具备，结果便不会产生；而条件不具备时，结果一定发生，即结论是对前提条件的否定。

表 2-5 非逻辑关系

A	Y
闭合	灭
断开	亮

同理，若以"1"表示开关 A 闭合，以"0"表示开关断开；以"1"表示灯亮，以"0"表示不亮，则可以列出非逻辑的真值表如表2-6所示。

表 2-6 非逻辑的真值表

A	Y
0	1
1	0

在逻辑代数中，逻辑变量之间逻辑非的关系称作非运算，也叫求反运算。逻辑非的表达式为

逻辑非的运算规则为

$$Y = \overline{A}$$

$$\overline{0} = 1 \quad \overline{1} = 0$$

2）非门

能实现非逻辑运算的电路称为"非门"。图 2-6（a）所示为非门的标准符号，图 2-6（b）所示为非门的国外符号。

图 2-6 非门符号

（a）标准符号；（b）国外符号

2.2.2 逻辑代数中的五种复合逻辑运算

实际的逻辑问题往往比与、或、非复杂得多，不过它们都可以用与、或、非的组合来实现。最常用的复合逻辑运算有与非、或非、与或非、异或、同或等。表 2-7 给出了它们的表达式、真值表、逻辑符号和运算规律。

表 2-7 五种组合逻辑运算

逻辑名称	与非	或非	与或非	异或	同或
逻辑表达式	$Y = \overline{AB}$	$Y = \overline{A+B}$	$Y = \overline{AB+CD}$	$Y = A \oplus B$	$Y = A \odot B$
逻辑符号	A、B 经 & 输出 Y	A、B 经 ≥1 输出 Y	A、B、C、D 经 & 和 ≥1 输出 Y	A、B 经 =1 输出 Y	A、B 经 =1 输出 Y
真值表	A B　Y 0 0　1 0 1　1 1 0　1 1 1　0	A B　Y 0 0　1 0 1　0 1 0　0 1 1　0	A B C D　Y 0 0 0 0　1 0 0 0 1　1 …… 1 1 1 1　0	A B　Y 0 0　0 0 1　1 1 0　1 1 1　0	A B　Y 0 0　1 0 1　0 1 0　0 1 1　1
逻辑运算规律	有 0 得 1 全 1 得 0	有 1 得 0 全 0 得 1	与项为 1 结果为 0 其余输出全为 1	不同为 1 相同为 0	不同为 0 相同为 1

1. 与非运算

与非运算是将与运算的结果求反得到的。其逻辑表达式、真值表和逻辑符号运算规律如表 2-7 所示。

2. 或非运算

或非运算是将或运算的结果求反得到的。其逻辑表达式、真值表、逻辑符号和运算规律如表 2-7 所示。

3. 与或非运算

与或非运算是将 A 和 B、C 和 D 分别相与，然后将两者结果求和最后再求反得到的。其逻辑表达式、真值表、逻辑符号和运算规律如表 2-7 所示。

4. 异或运算

异或运算表示的逻辑关系是：当输入变量 A 和 B 的取值不同时，输出变量的值为 1；当输入变量 A 和 B 的取值相同时，输出变量的值为 0。其逻辑表达式、真值表、逻辑符号和运算规律如表 2-7 所示。

5. 同或运算

同或运算表示的逻辑关系是：当输入变量 A 和 B 的取值相同时，输出变量的值为 1；当输入变量 A 和 B 的取值不同时，输出变量的值为 0。其逻辑表达式、真值表、逻辑符号和运算规律如表 2-7 所示。

实现本节所述各种逻辑运算的电路称为门电路。常用集成门电路有与门、或门、非门（也称反相器）、与非门、或非门、异或门、同或门、与或非门等，它们的电路组成及工作原理将在后面章节阐述。

2.3 逻辑代数的公式和运算规则

根据逻辑代数中的与、或、非三种基本运算，可以推导出逻辑代数运算的一些基本定律，也可以称为逻辑代数的公理。熟悉这些基本定律以后，可以推出逻辑代数的一些常用公式，这些定律和公式为逻辑函数的化简提供了依据，也是分析和设计数字逻辑电路的理论工具。

2.3.1 逻辑代数中的基本公式

逻辑代数不仅有与普通代数相类似的定律，如交换律、结合律、分配律，还有它本身的一些特殊规律。逻辑代数共有八条基本定律，现将它分成三大类，列在表 2-8 中。

表 2-8 逻辑代数的八条基本定律

与普通代数相似的定律	交换律	$A \cdot B = B \cdot A$	$A + B = B + A$
	结合律	$A \cdot (B \cdot C) = (A \cdot B) \cdot C$	$A + (B + C) = (A + B) + C$
	分配律	$A \cdot (B + C) = AB + AC$	$A + BC = (A + B)(A + C)$
有关变量和常量关系的定律	0，1 律	$A \cdot 1 = A; A \cdot 0 = 0$	$A + 1 = 1; A + 0 = A$
	互补律	$A \cdot \overline{A} = 0$	$A + \overline{A} = 1$
逻辑代数的特殊规律	重叠律	$A \cdot A = A$	$A + A = A$
	否定律	$\overline{\overline{A}} = A$	$\overline{\overline{A}} = A$
	反演律	$\overline{A \cdot B} = \overline{A} + \overline{B}$	$\overline{A + B} = \overline{A} \cdot \overline{B}$

表 2-8 中，交换律、结合律、分配律是与普通代数相似的定律；0，1 律和互补律表明了逻辑运算中常量与变量间的关系；重叠律、否定律和反演律则是逻辑代数特有的规律。

根据基本的逻辑概念及与、或、非的基本运算规律，我们很容易就可以看出下面这些定律是正确的：交换律、结合律、0，1 律、互补律、重叠律、否定律。

还有一些定律如分配律中 $A + BC = (A + B)(A + C)$ 以及反演律（也称摩根定律），就不容易马上看出是否正确。对于这些不能马上看出是否正确的定律，可以分别作出等式两边的真值表，再检查其结果是否相同来证明，这个方法式是最方便有效的。

例 2-1 用真值表证明 $A + BC = (A + B)(A + C)$ 和 $\overline{A \cdot B} = \overline{A} + \overline{B}$ 的正确性。

解：将 A、B、C 的各种取值代入上面等式的两边，得到的结果填入表中，可得真值表分别为表 2-9 和表 2-10。

表 2-9 例 2-1 真值表 1

A	B	C	BC	$A+BC$	$A+B$	$A+C$	$(A+B)(A+C)$
0	0	0	0	0	0	0	0
0	0	1	0	0	0	1	0
0	1	0	0	0	1	0	0
0	1	1	1	1	1	1	1
1	0	0	0	1	1	1	1
1	0	1	0	1	1	1	1
1	1	0	0	1	1	1	1
1	1	1	1	1	1	1	1

表 2-10 例 2-1 真值表 2

A	B	AB	$\overline{AB}$	$\overline{A}$	$\overline{B}$	$\overline{A}+\overline{B}$
0	0	0	1	1	1	1
0	1	0	1	1	0	1
1	0	0	1	0	1	1
1	1	1	0	0	0	0

分析表 2-9 和表 2-10，可知两个公式的正确性，其他公式也可用相同的方法证明。

2.3.2 逻辑代数的常用公式

利用表 2-8 的基本定律，可以推演出一些在逻辑函数的化简中经常用到的公式。

公式 1 $AB + A\overline{B} = A$

证明：$AB + A\overline{B} = A(B + \overline{B}) = A \cdot 1 = A$

该公式的意义在于：在一个与或表达式中，若两个乘积项分别含有同一因子的原变量和反变量，而其他因子相同，则这个乘积项可以合并，并可消去互为相反的因子，这也是卡诺图化简的理论基础。

公式 2　　$A + AB = A$

证明：$A + AB = A(1 + B) = A \cdot 1 = A$

该公式的意义在于：在一个与或表达式中，若一个乘积项是另一个乘积项的因子，则另一个乘积项是多余的，可以消去。

公式 3　　$A + \bar{A}B = A + B$

证明：$A + \bar{A}B = A + AB + \bar{A}B = A + (A + \bar{A})B = A + B$

该公式说明：在一个与或表达式中，若一个乘积项或一个因子的反是另一个乘积项的一部分，则另一个乘积项中该乘积项或因子是多余的，可以消去。

公式 4　　$AB + \bar{A}C + BC = AB + \bar{A}C$

证明：$AB + \bar{A}C + BC = AB + \bar{A}C + (A + \bar{A})BC$

$$= AB + \bar{A}C + ABC + \bar{A}BC$$

$$= AB(1 + C) + \bar{A}C(1 + B)$$

$$= AB + \bar{A}C$$

该公式的意义在于：如果在一个与或表达式中，两个乘积项分别含有同一因子的原变量和反变量，而这两项的剩余因子正好组成第三项，则第三项是多余的，可以消去。

以上各公式也可以用真值表来证明。

2.3.3　逻辑代数的三个重要运算规则

1. 代入规则

任何一个含有某变量的等式，如果等式中所有出现此变量的位置均代之以一个逻辑函数式，则此等式依然成立，这一规则称为代入规则。

利用代入规则很容易把表 2 - 8 中的基本公式和常用公式推广为多变量的形式。

用代入规则证明反演律也适用于多变量的情况。

例 2 - 2　证明：$\overline{A + B + C} = \bar{A} \cdot \bar{B} \cdot \bar{C}$。

解：二变量反演律为 $\overline{A + B} = \bar{A} \cdot \bar{B}, \overline{A \cdot B} = \bar{A} + \bar{B}$，现以 $(B + C)$ 代入 $\overline{A + B} = \bar{A} \cdot \bar{B}$ 等式中 B 的位置，于是得到 $\overline{A + B + C} = \bar{A} \cdot \overline{(B \cdot C)} = \bar{A} \cdot \bar{B} \cdot \bar{C}$。

同理，可以得到：$\overline{A \cdot B \cdot C} = \bar{A} + \bar{B} + \bar{C}$。

2. 反演规则

对于任何一个逻辑函数 F，若同时将式中所有的"·"和"+"互换、"0"和"1"互换、"原变量"和"反变量"互换，则得到的逻辑函数就是原函数 F 的反函数。若两个函数式相等，则它们的反函数必然相等，称这一规则为反演规则。运用反演规则时必须注意运算符号的先后顺序，必须按照先括号，然后再与，最后或的顺序变换。

3. 对偶规则

在一个逻辑表达式 F 中，若将式中所有的"·"和"+"互换、"0"和"1"互换，则新得到的函数表达式 F' 称为 F 的对偶函数或对偶式。若两个函数式相等，则它们的对偶函数必然相等，称这一规则为对偶规则。运用反演规则时同样必须注意运算符号的先后顺序。

利用对偶规则，表 2 - 8 八个基本公式的左边和右边可以互相推导。

2.4 逻辑函数及其表示方法

2.4.1 逻辑函数

逻辑函数是用以描述数字逻辑系统输出与输入变量之间逻辑关系的表达式。在实际的数字系统中,任何逻辑问题都可以用逻辑函数来描述。现在举一个简单例子来说明,在两层楼房装了一盏楼梯灯 Y,并在一楼和二楼各装一个单刀双掷开关 A 和 B,如图 2-7 所示。如果用 $A=1$ 和 $B=1$ 代表开关在向上的位置 a 和 a',$A=0$ 和 $B=0$ 代表开关在向下的位置 b 和 b';以 $Y=1$ 代表灯亮,以 $Y=0$ 代表灯灭,显然 A、B 的状态决定了 Y 的状态,则可将 A、B 的状态和 Y 的状态表达为逻辑函数 $Y=F(A,B)$。

2.4.2 逻辑函数的表示方法

在分析和处理实际的逻辑问题时,根据逻辑函数的不同特点,可以采用不同方法来表示逻辑函数。但无论采用何种表示方法,都应将其逻辑功能完全准确地表达出来。逻辑函数常用的表示方法有真值表、逻辑函数式、逻辑图和卡诺图等。这些方法以不同的形式表示同一个逻辑函数,因此,各种表示方法之间可以互相转换。下面分别加以介绍。

1. 真值表

真值表是将逻辑函数的输入变量取值的所有组合和输出取值对应关系以表格的形式列出。以图 2-7 所示楼梯灯控制电路为例,可将开关 A 和 B 的四种组合和灯 Y 关系列成表 2-11,即表示输入与输出间逻辑关系的真值表。

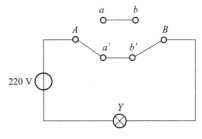

图 2-7 楼梯灯控制电路

表 2-11 灯控制电路真值表

A	B	Y
0	0	1
0	1	0
1	0	0
1	1	1

真值表的优点是能直观、明了地反映变量取值和函数间的关系,其缺点是不能进行运算,当变量较多时,真值表就会变得比较复杂。一个确定的逻辑函数,只有一个真值表,真值表具有唯一性。

2. 逻辑表达式

逻辑表达式是用与、或、非三种基本运算组合成表示各种输入与输出之间逻辑关系的一种数学表示形式。

描述图 2-7 所示电路中逻辑关系的函数式为 $Y = \bar{A}\bar{B} + AB$。

由此可见，前面介绍的基本逻辑式 $Y = A \cdot B, Y = A + B, Y = \bar{A}$ 以及复合逻辑式 $Y = \overline{A \cdot B}, Y = \bar{A} + \bar{B}$ 等，都是逻辑函数式。

逻辑表达式的优点是书写方便、形式简洁，便于运算和演变，也便于用相应的逻辑图来实现，其缺点是不直观。

3. 逻辑图

逻辑图是用逻辑符号表示逻辑关系的表示方法。在数字电路中，逻辑运算符号就是实现相应运算的门电路的符号。因此，逻辑图实际上就是用相应的门电路通过各种连接来实现逻辑函数。

根据图 2-7 所示灯控电路的逻辑功能，用逻辑图表示，如图 2-8 所示。

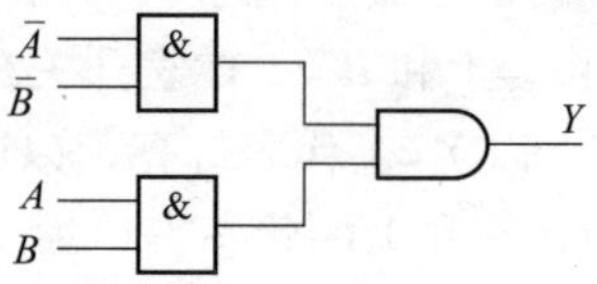

逻辑图的优点是与器件有明显的对应关系，便于制成实际的电路，其缺点是不能直接进行计算。

图 2-8 灯控电路逻辑图

4. 卡诺图 (Karnagh Map)

卡诺图的表示方法将在 2.6 节详细介绍。

5. 各种表示方法间的互相转换

从以上的分析可知，同样一个逻辑问题，可以用多种不同的方法表示其功能，可见，它们之间是可以互相转换的。

在数字电路的分析中，经常用到的变换是：逻辑图→函数表达式→真值表；在数字电路的设计中，经常用到的变换是：真值表→卡诺图→函数表达式→逻辑图。下面介绍几种主要表示方法间的转换。

1) 真值表转换成逻辑表达式

步骤如下：

(1) 找出真值表中函数值 Y 为 1 的变量取值组合，如表 2-11 中的第 2 行和第 5 行。

(2) 将这些变量取值组合分别写成乘积项，且在每个乘积项中凡变量取值为 1 的写成原变量，为 0 的写成反变量。如表 2-11 中第 2 行 $A = 0$，$B = 0$，均写成反变量组成一个乘积项 $\bar{A}\bar{B}$，第 5 行 $A = 1$，$B = 1$，均写成原变量组成另一个乘积项 AB；将所有乘积项相加，即可得到该函数的逻辑表达式 $Y = \bar{A}\bar{B} + AB$。

2) 逻辑表达式转换成真值表

给定逻辑函数表达式，只要将每个输入变量可能出现的取值组合与经过相应运算得到的函数值顺序列表即可。

3) 逻辑图转换成逻辑表达式

根据逻辑图逐级递推即可得到最终的逻辑表达式，详见组合逻辑电路的分析。

4) 逻辑表达式转换成逻辑图

详见组合逻辑电路的设计。

2.5 逻辑函数的公式化简法

2.5.1 化简的意义与标准

同一个逻辑问题，可以用不同形式的逻辑函数来表示。例如逻辑函数：

$$Y = AB + \overline{A}C \qquad \text{与 - 或表达式}$$
$$= \overline{\overline{AB} \cdot \overline{\overline{A}C}} \qquad \text{与非 - 与非表达式}$$
$$= (A + C)(\overline{A} + B) \qquad \text{或 - 与表达式}$$
$$= \overline{\overline{A + C} + \overline{\overline{A} + B}} \qquad \text{与非 - 或非表达式}$$
$$= \overline{\overline{A}\overline{C} + A\overline{B}} \qquad \text{与或非表达式}$$

五个形式不同的逻辑函数是等价的，可以对应五个形式不同的电路，但都对应同一个真值表，可以实现同一个逻辑问题。一般来说，逻辑函数越简单，对应的电路也越简单。电路越简单，意味着电路成本越低，并且系统可靠性越高。因此，数字电路中，逻辑函数通常都要进行化简。而其中与 - 或表达式是逻辑函数的最基本表示形式，其对应的门电路也最常用，所以这里以最常用的"与 - 或型"表达式为例来介绍"最简"的标准。"最简与 - 或表达式"的标准：一是与项最少；二是每个与项中的变量个数最少。与项最少，可以使电路实现时所需的逻辑门的个数最少；每个与项中的变量数最少，可以使电路实现时所需逻辑门的输入端个数最少。这样就可以保证电路最简，成本最低，可靠性最高。

常用的化简逻辑函数的方法有代数法和卡诺图法两种。同一类型的逻辑函数表达式有时候可能会有简单程度相同的多个最简与 - 或表达式，这与化简时所使用的方法有关，不影响逻辑问题的最简实现。

2.5.2 逻辑函数的公式化简法

1. 公式化简的方法

公式化简法的原理就是反复使用逻辑代数的八个基本定律和四个常用公式消去函数中多余的乘积项和多余的因子，以求得函数式的最简形式。

公式化简法没有固定的步骤，现将常用方法归纳如下。

1）并项法

利用常用公式 1——$AB + A\overline{B} = A$，将两项合并，保留相同因子，消去互为相反的因子。

例 2 - 3 化简函数 $Y = AB + AC + A\overline{B}\overline{C}$。

解：$Y = AB + AC + A\overline{B}\overline{C}$

$\qquad = A(B + C) + A\overline{B}\overline{C}$ （分配律）

$\qquad = A(B + C) + A\overline{(B + C)}$ （反演律）

$\qquad = A$ （$B + C$、$\overline{B + C}$ 相反，并项法）

2）吸收法

利用常用公式2——$A+AB=A$ 和常用公式4——$AB+\bar{A}C+BC=AB+\bar{A}C$ 吸收多余的乘积项。

例2-4 化简函数 $Y=A\bar{C}+A\bar{B}\bar{C}+BC$。

解：$Y=A\bar{C}+A\bar{B}\bar{C}+BC=A\bar{C}+BC$ （吸收 $A\bar{B}\bar{C}$）

3）消去法

利用常用公式3——$A+\bar{A}B=A+B$，消去多余的因子。

例2-5 化简函数 $Y=AB+\bar{A}C+\bar{B}C$。

解：$Y=AB+\bar{A}C+\bar{B}C=AB+(\bar{A}+\bar{B})C$ （分配律）

$\quad=AB+\overline{AB}\cdot C$ （反演律）

$\quad=AB+C$ （消去 $\overline{AB}$）

4）配项法

利用 $A=A(B+\bar{B})$ 增加必要的乘积项，然后再用公式进行化简。

例2-6 化简函数 $Y=A\bar{B}+\bar{A}\bar{C}+\bar{B}C$

解：$Y=A\bar{B}+\bar{A}\bar{C}+\bar{B}C$

$\quad=A\bar{B}+\bar{A}\bar{C}+\bar{B}C(A+\bar{A})=A\bar{B}+\bar{A}\bar{C}+A\bar{B}C+\bar{A}\bar{B}C$ （配项展开）

$\quad=(A\bar{B}+A\bar{B}C)+(\bar{A}\bar{C}+\bar{A}\bar{B}C)$ （交换律）

$\quad=A\bar{B}+\bar{A}\bar{C}$ （消去 $A\bar{B}C$、$\bar{A}\bar{B}C$）

利用配项法化简时需要较强的技巧和经验，若使用不当，可能会导致转了一圈却没有任何进展，甚至越配越繁。所以配项法化简只能一步一步试探性使用。

2. 综合化简

实际化简时，往往需要综合运用上述几种方法进行化简，才能得到最简的结果。

例2-7 用公式化简法将下列逻辑函数化简成最简与或表达式。

解：$Y=\overline{A\bar{C}B}+\overline{A\bar{C}}+B+BC$

$\quad=\overline{A\bar{C}B}+\overline{A\bar{C}}\cdot\bar{B}+BC$ （反演律）

$\quad=\overline{A\bar{C}}+BC$ （并项法）

$\quad=\bar{A}+C+BC$ （反演律）

$\quad=\bar{A}+C$ （吸收法）

由以上的化简过程可以看出，用公式法化简需要在熟悉逻辑代数公式的基础上具有一定的经验和技巧才能完成，在化简一些较为复杂的逻辑函数时，有时很难判定化简结果是否最简。

因此下一节详细介绍逻辑函数化简的另一种常用的图形方式，即卡诺图化简法。

2.6 逻辑函数的卡诺图化简法

2.6.1 逻辑函数的最小项表达式

1. 最小项的定义

在 n 个输入变量的逻辑函数中，如果一个乘积项包含 n 个变量，而且每个变量以原变量或反变量的形式出现且仅出现一次,那么该乘积项称为该函数的一个最小项。

例如,在两变量逻辑函数 $Y = F(A,B)$ 中,根据最小项的定义,它们组成的四个乘积项 AB、$A\bar{B}$、$\bar{A}B$、$\bar{A}\bar{B}$ 是最小项。而根据定义,$A+B$、AA、$AB\bar{B}$ 等不是最小项。

对 n 个输入变量的逻辑函数来说,共有 2^n 个最小项。如上例中对于 $n=3$ 的三变量函数来说,最小项共有 8 个。

2. 最小项的编号

2^n 个最小项通常需要进行编号。一般最小项用 m_i 表示,下标 i 即最小项编号,用十进制数表示。编号的方法是:先将最小项的原变量用 1、反变量用 0 表示,构成二进制数;然后将此二进制数转换成相应的十进制数就是该最小项的编号。三个变量的最小项编号如表 2 - 12 所示。

表 2 - 12 三变量的最小项编号

最小项	变量取值 $A\quad B\quad C$			最小项编号
$\bar{A}\bar{B}\bar{C}$	0	0	0	m_0
$\bar{A}\bar{B}C$	0	0	1	m_1
$\bar{A}B\bar{C}$	0	1	0	m_2
$\bar{A}BC$	0	1	1	m_3
$A\bar{B}\bar{C}$	1	0	0	m_4
$A\bar{B}C$	1	0	1	m_5
$AB\bar{C}$	1	1	0	m_6
ABC	1	1	1	m_7

3. 最小项的性质

由表 2 - 12 不难看出,对于一个 n 输入变量的函数,其最小项具有如下一些性质:

(1) 对于任意一个最小项,只有变量的一组取值使得它的值为 1,而取其他值时,这个最小项的值都是 0。

例如,对于最小项 $\bar{A}B\bar{C}$,只有当 $ABC = 010$ 时,该最小项才为 1,其他七种取值 $\bar{A}B\bar{C}$ 均为 0。

(2) 对于任意一组变量的取值,只有一个最小项的值为 1,而其他最小项的值为 0。

例如,当 $ABC = 010$ 时,只有最小项 $\bar{A}B\bar{C}$ 的值为 1,而其他七个最小项的值为 0。

(3) 任何两个最小项的积恒为"0",即 $m_i \cdot m_j = 0\ (i \neq j)$。

(4) 对于任意一种取值,全体最小项之和为 1,即 $\sum m_i = 1 (i = 0 \sim 2^n - 1)$

由 (2) 可以直接推出 (3) 和 (4),(3) 和 (4) 是 (2) 的进一步表述。

(5) 若两个最小项之间只有一个变量不同,其余各变量均相同,则称这两个最小项满足逻辑相邻。每个最小项有 n 个最小项与之相邻。

2.6.2 逻辑函数的卡诺图表示法

1. 卡诺图

卡诺图是按相邻原则排列的最小项的方格图。它是由美国工程师卡诺（Karnaugh）首先提出的，所以称为卡诺图（Karnaugh Map）。

n 个变量的逻辑函数由 2^n 个最小项组成，将这些最小项用几何相邻来反映逻辑相邻并排列成方格图的形式，就成为卡诺图。

下面具体介绍一变量~五变量的卡诺图。

一变量卡诺图：如图 2-9（a）所示，它有 $2^1=2$ 个最小项，分别为 A、$\bar{A}$，因此有 2 个方格。卡诺图上面的 0 表示反变量，1 表示原变量。左上方标注变量 A，每个小方格对应着一个最小项。

二变量卡诺图：如图 2-9（b）所示，它有 $2^2=4$ 个最小项，因此有 4 个方格。卡诺图上面和左面的 0 表示反变量，1 表示原变量。左上方标注变量，斜线下面为 A，上面为 B，A 和 B 可以交换。每个小方格对应着一个最小项，这 4 个最小项按相邻原则排列，如 m_0 和 m_1，m_1 和 m_2，m_2 和 m_3 均相邻。这里要注意的是，一行的两头 m_0 和 m_2 也相邻，因为 $\bar{A}\bar{B}$ 和 $A\bar{B}$ 只有一个变量不同。

三变量卡诺图：如图 2-9（c）所示，它有 $2^3=8$ 个最小项，因此有 8 个方格。每个小方格对应着一种变量的取值，即对应着一个最小项。这 8 个最小项按相邻原则排列，其中 m_0 和 m_2，m_4 和 m_6 也相邻。右边为它的简化形式，每个小方格的右下方标注所对应的最小项的下标。

四变量卡诺图：如图 2-9（d）所示，它有 $2^4=16$ 个最小项，因此有 16 个方格。每个小方格对应着一种变量的取值，即对应着一个最小项。这 16 个最小项按相邻原则排列。这里要注意的是，m_0 和 m_2，m_4 和 m_6，m_{12} 和 m_{14}，m_8 和 m_{10} 均分别左右相邻；m_0 和 m_8，m_1 和 m_9，m_3 和 m_{11}，m_2 和 m_{10} 均分别上下相邻。右边为它的简化形式，每个小方格的右下方标注所对应的最小项的下标。

五变量卡诺图：如图 2-9（e）所示，它有 $2^5=32$ 个最小项，因此有 32 个方格。每个小方格对应着一种变量的取值，即对应着一个最小项。这 32 个最小项按相邻原则排列。在五变量卡诺图上，除了以上的"左右相邻"和"上下相邻"，还有所谓的"对称相邻"，如 m_3 和 m_7，m_1 和 m_5，m_9 和 m_{13}，m_{11} 和 m_{15}，m_{17} 和 m_{21}，m_{19} 和 m_{23}，m_{25} 和 m_{29}，m_{27} 和 m_{31}。右边为它的简化形式，每个小方格的右下方标注所对应的最小项的下标。

五变量以上的比较复杂，一般不用，在这里不做介绍。

上面的卡诺图没有用来表示逻辑函数，称为"空卡诺图"。

2. 最小项表达式

卡诺图中的每一个小方格都对应一个最小项，如果一个逻辑函数表示成若干个最小项之和的形式，那么就可以用卡诺图来表示该逻辑函数。任何一个逻辑函数都可以表示成若干个最小项之和，这样的逻辑表达式称为最小项表达式。

例 2-8 将逻辑函数 $Y = (AB + \bar{A}\bar{B} + \bar{C})\overline{AB}$ 展开成最小项表达式。

解： $Y = \overline{(AB + \bar{A}\bar{B} + \bar{C})\overline{AB}}$

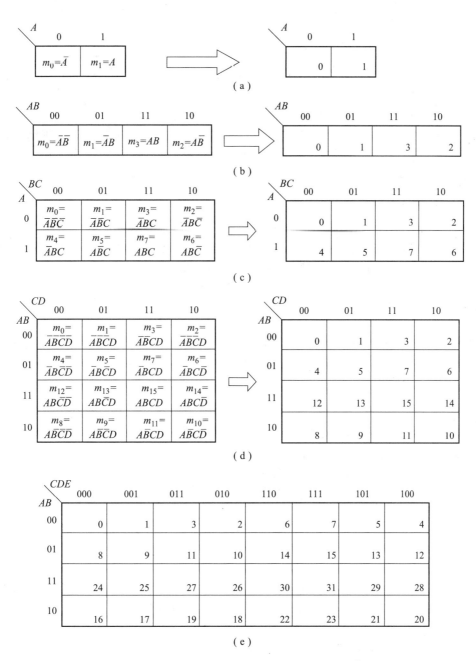

图 2-9 卡诺图

（a）一变量卡诺图；（b）二变量卡诺图；（c）三变量卡诺图；（d）四变量卡诺图；（e）五变量卡诺图

$$= \overline{\overline{AB} + \overline{\overline{A}\,\overline{B}} + \overline{C} + \overline{\overline{AB}}} \qquad （反演律）$$
$$= \overline{AB} \cdot \overline{\overline{\overline{A}\,\overline{B}}} \cdot \overline{\overline{C}} + AB \qquad （反演律）$$
$$= (\overline{A} + \overline{B})(A + B)C + AB \qquad （反演律）$$
$$= \overline{A}BC + A\overline{B}C + AB \qquad （分配律）$$
$$= \overline{A}BC + A\overline{B}C + AB(C + \overline{C}) \qquad （互补律）$$
$$= \overline{A}BC + A\overline{B}C + ABC + AB\overline{C} \qquad （最小项表达式）$$

$$= m_3 + m_5 + m_6 + m_7 \qquad (m \text{ 型})$$
$$= \sum(3,5,6,7) \qquad (\sum m \text{ 型})$$

一般来说，将一个逻辑函数表示成最小项表达式可以通过下列三个步骤进行：

(1) 利用反演律去掉反变量以外的"非"号。

(2) 利用分配律去掉所有的括号，直到得到与或表达式。

(3) 如果表达式中某与项缺少变量，则利用互补律添上所缺变量，然后再用分配律展开，最后得到最小项表达式。

3. 用卡诺图表示逻辑函数

1) 给出逻辑函数最小项之和式

由逻辑函数的最小项表达式可以得到该逻辑函数对应的卡诺图。具体做法是在"空卡诺图"上，对表达式中出现的最小项，在其对应的小方格内填上"1"；对表达式中没有出现的最小项，在其对应的小方格内填上"0"或者什么都不填。

例 2-9 画出逻辑函数 $F(A,B,C,D) = \sum m(0、1、2、5、7、8、10、11、14、15)$ 的卡诺图。

解：画四变量卡诺图的一般形式，然后在该图中对应于最小项的编号为 0，1，2，5，7，8，10，11，14，15 的位置填入"1"，其余位置填"0"或空着，即可得到该逻辑函数的卡诺图，如图 2-10 所示。

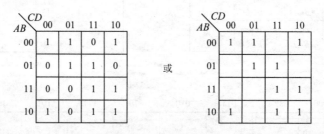

图 2-10 例 2-9 图

2) 给出逻辑函数一般与或式

由逻辑函数的一般与或式，可以将其化为最小项表达式，然后再得到对应的卡诺图。也可以确定使每个与项为"1"的所有输入变量取值，并在卡诺图上对应方格填"1"，而其余的方格填"0"或不填。

例 2-10 用卡诺图描述逻辑函数 $Y = A + B\overline{C}$。

解：对于第一项 A：当 $ABC = 1 \times \times$（×表示可以为 0，也可以为 1）时该与项为 1，在卡诺图上对应四个方格 m_4、m_5、m_6、m_7 处填 1。对于第二项 $B\overline{C}$：当 $ABC = \times 10$ 时该与项为 1，在卡诺图上对应两个方格 m_2、m_6 处填 1。最小项 m_6 重复，只需填一次即可（因为 $A + A = A$）。得到的卡诺图如图 2-11 所示。

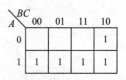

图 2-11 例 2-10 图

2.6.3 用卡诺图化简逻辑函数

用卡诺图表示逻辑函数可以更直观地来化简逻辑函数,这种函数的化简方法称为逻辑函数的卡诺图化简法。

1) 化简依据

利用公式 $AB + A\overline{B} = A$,可以将两个最小项合并消去互非的变量。卡诺图的逻辑相邻性保证了在卡诺图中相邻两方格所代表的最小项只有一个变量不同。因此,在卡诺图中,凡是几何位置相邻的最小项均可以合并成一个"与"项,"与"项中保留相同的变量,消去互非的变量,简称"留同去异"。

2) 化简规律(合并规律)

卡诺图中合并的具体做法是:将几何相邻的"1"方格画一个包围圈,这个包围圈也称为合并圈或卡诺圈。一个卡诺圈对应一个与项,与项中保留相同的变量,消去取值不同的变量。

(1) 两个几何相邻的"1"方格可以合并为一个"与"项,"与"项中保留相同的变量,消去一个取值不同的变量,如图 2-12 所示。

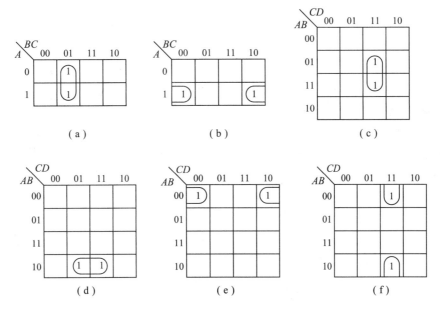

图 2-12 两个相邻的"1"方格化简

在 2-12 (a) 中,m_1 和 m_5 为两个相邻"1"方格,$m_1 + m_5 = \overline{B}C$;在 2-12 (b) 中,$m_4$ 和 m_6 为两个相邻"1"方格,$m_4 + m_6 = A\overline{C}$。图 2-12 中还有其他一些例子,请读者自行分析。

(2) 四个相邻的"1"方格可合并为一个"与"项,"与"项中保留相同变量,消去两个取值不同的变量,如图 2-13 所示。

图 2-13 (a) 中,m_1、m_3、m_5、m_7 为 4 个相邻"1"方格,把它们圈在一起加以合并可消去两个变量,$m_1 + m_3 + m_5 + m_7 = C$;图 2-13 中还有其他一些 4 个"1"方格合并后消去两个变量的例子,请读者自行分析。

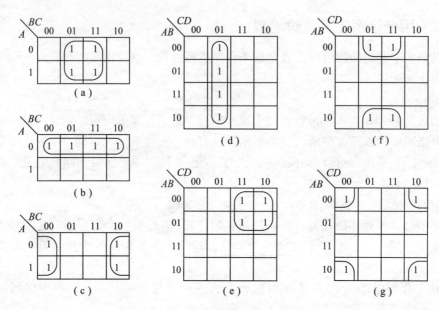

图 2-13 四个相邻的"1"方格化简

(3) 八个相邻的"1"方格可合并为一个"与"项,"与"项中保留相同变量,消去三个取值不同的变量,如图 2-14 所示。

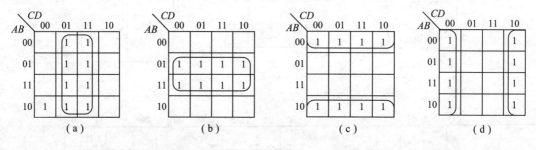

图 2-14 八个相邻的"1"方格化简

图 2-14 (a)、(b) 中有八个"1"方格相邻,可合并为一项;图 2-14 (c) 中 m_0、m_1、m_2、m_3 与 m_8、m_9、m_{10}、m_{11} 在几何位置上对称,在逻辑上同样相邻(m_0、m_1、m_2、m_3 合并为 $\bar{A}\bar{B}$,m_8、m_9、m_{10}、m_{11} 合并为 $A\bar{B}$,$A\bar{B}$ 和 $\bar{A}\bar{B}$ 逻辑相邻),所以可以合并为一项 $\bar{B}$;图 2-14 (d) 中的情况,请读者自行分析。

(4) 十六个相邻的"1"方格可合并为一个"与"项,"与"项中保留相同变量,消去四个取值不同的变量。如果是四变量的卡诺图,当出现十六个"1"方格相邻时,说明所有的最小项相加,相加的结果恒为 1。

由以上的分析可以推出以下结论:

(1) 任何一个卡诺圈所含的"1"方格个数为 2^n,即 2、4、8、16 个。

(2) 几何相邻包括三种情况:一是同一行或同一列紧挨着的方格相邻;二是同一行或同一列的两头、两边、四角相邻,如图 2-12 (b)、(e)、(f) 和图 2-13 (g) 所示;三是以对称轴为中心对称的位置相邻,如图 2-13 (c)、(f)、(g) 和 2-14 (d)、(e) 所示。

(3) 2^n 个"1"方格合并成一个卡诺圈,对应一个"与"项,这个"与"项的因子保留"1"方格中相同的变量,消去 n 个不同变量。

3) 化简步骤

(1) 用卡诺图表示逻辑函数,逻辑函数可以是最小项表达式或非最小项表达式。

(2) 画卡诺圈:按合并规律,将 2^n 个相邻的"1"方格圈起来合并,直到所有的"1"方格都被圈住。

(3) 得出化简结果:一个卡诺圈对应一个"与"项,"与"项中保留相同的变量,消去不同的变量。再将各个卡诺圈所得的"与"项相或,即得到化简后的逻辑表达式。

例 2-11 用卡诺图化简法求逻辑函数 $F(A, B, C) = \sum(1, 2, 3, 6, 7)$ 最简与或表达式。

解:首先,画出该函数的卡诺图。对于函数 F 的标准与或表达式中出现的那些最小项,在该卡诺图的对应小方格中填上"1",其余方格不填,结果如图 2-15 所示。其次,合并最小项。把图中相邻且能够合并在一起的"1"格圈在一个大圈中,如图 2-15 所示。最后,写出最简与或表达式。对卡诺图中所画每一个圈进行合并,保留相同的变量,去掉互反的变量。例如 $m_1 = =001$ 和 $m_3 = 011$ 合并时,保留 $\bar{A}C$,去掉互反的变量 B 和 $\bar{B}$,得到其相应的"与"项为 $\bar{A}C$;如果 $m_2 = 010$,$m_3 = 011$,$m_6 = 110$ 和 $m_7 = 111$ 合并时,保留相同的变量 B,得到其相应的"与"项为 B。将这两个"与"项相或,便得到最简与或表达式: $Y = \bar{A}C + B$。

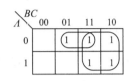

图 2-15 例 2-11 图

4) 画圈原则

为了得到最简与或表达式,画圈时必须注意如下几点:

(1) 卡诺圈应按 2^n 方格来圈,卡诺圈越大越好,卡诺圈越少越好。卡诺圈越大,"与"项中的变量越少;卡诺圈越少,"与"项越少,这样才能保证得到的是最简与或表达式。

画卡诺圈时,一般从大到小画。

(2) 为了得到最少最大的卡诺圈,卡诺图中的"1"方格可以重复使用。"1"方格重复使用,表示同一个最小项在逻辑函数中被"加"了多次,而 $A + A = A$,因此不会改变原来的逻辑函数。

(3) 如果某个卡诺圈中所有的"1"方格都被别的卡诺圈圈过,说明这个卡诺圈是多余的,应去掉,否则最后得到的化简结果中多了一个"与"项,不是最简与或表达式。

例 2-12 用卡诺图化简法求逻辑函数 $F(A, B, C, D) = \sum(1, 5, 6, 7, 11, 12, 13, 15)$ 最简与或表达式。首先根据逻辑函数画出对应的四变量卡诺图,如图 2-16 所示,然后画卡诺圈。根据卡诺图由大到小的原则,首先是将 m_5、m_7、m_{13}、m_{15} 四个最小项合并成一项为 BD,但是当将剩下的 m_1、m_6、m_{11}、m_{12} 再分别圈完卡诺圈后发现,m_5、m_7、m_{13}、m_{15} 这四个"1"构成的卡诺圈是多余的,因为它们都已经被包含在其他四个卡诺圈里。

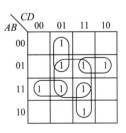

图 2-16 例 2-12 图

(4) 不能遗漏任何一个"1"方格。遗漏某个"1"方格,说明遗漏了某个最小项,则改变了原来的逻辑函数。

2.6.4 具有无关项的逻辑函数的化简

1. 无关项的含义

在实际的逻辑问题中，有些变量的取值是不允许、不可能、不应该出现的，或者对应输出函数值没有确定值，即函数值可以为 1，也可以为 0，这些取值对应的最小项称为约束项，又称为禁止项、无关项、任意项。在卡诺图或真值表中用"×"或"Φ"来表示。

含有无关项的逻辑函数，由于在无关项的相应取值下，函数值随意取成 0 或 1 都不改变原有的逻辑函数，因此对于含有约束项的逻辑函数的化简，可以利用无关项来扩大卡诺圈，即如果它对函数化简有利，则认为它是"1"；反之，则认为它是"0"。

2. 具有约束项的函数化简

具有约束项的逻辑函数化简时，在逻辑函数表达式中用 $d(\cdots)$ 表示约束项。例如 $\sum d(2,4,5)$，表示最小项 m_2、m_4、m_5 为约束项。约束项在真值表或卡诺图中用"×"表示。

具有约束项的逻辑函数的卡诺图化简法在实际应用中经常遇到，例如，某逻辑电路的输入为 8421BCD 码，显然信息中有六个变量组合（1010～1111）是不使用的。这些变量取值所对应的最小项称为约束项。如果该电路正常工作，这些约束项绝不会出现，那么与这些约束项对应的输出是什么也就无所谓了，可以假定为 1，也可以假定为 0。约束项的意义在于，它的值可以取 0，也可以取 1，具体取什么值，可以根据使函数尽量简化这个原则而定。

例 2-13 已知 $F(A,B,C,D)=\sum m(0,2,7,8,13,15)+\sum d(1,3,5,6,9,10,11,12)$，求最简的函数表达式。

解：(1) $\sum d(1,5,6,9,10,11,12)$（约束条件），首先根据最小项表达式画卡诺图，如图 2-17 所示。

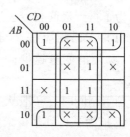

图 2-17　例 2-13 图

(2) 画卡诺圈，将 m_1、m_2、m_5、m_9、m_{10}、m_{11} 当成"1"可以扩大卡诺圈，简化函数，所以当成"1"来使用；而将 m_6、m_{12} 当成"1"会增加"与"项数，因此得当成"0"来使用。

(3) 最后得到函数的最简表达式为：$F(A,B,C,D)=\overline{B}\,\overline{D}+D$。

本章小结

1. 逻辑函数是分析和设计数字逻辑电路的重要工具。逻辑变量是一种二值变量，其取值只能是 0 和 1，而不能有第三种取值，它仅用于表示对立的两种不同的状态。

2. 逻辑代数中有三种基本逻辑运算——与、或、非，由它们可以组合成几种基本的复合逻辑运算——与非、或非、异或、同或、与或非等。

3. 在逻辑代数的常用定律和公式中，除常量之间及常量与变量之间的逻辑运算外，还有互补律、重叠律、交换律、结合律、分配律、吸收律、摩根定律等，其中交换律和结合律以及分配律的第一种形式和普通代数中的有关定律一样，而其他定律则完全不同，在使用时应当注意这一点。

4. 逻辑函数有四种常用的表示方法，它们是真值表、逻辑函数式、卡诺图和逻辑图，它们之间可以相互转换，在逻辑电路的分析和设计中常用到这些方法。

5. 逻辑函数的化简是分析和设计数字电路的重要环节。实现同样的功能，电路越简单，成本越低且工作越可靠。逻辑函数化简的方法主要有公式化简法和卡诺图化简法两种。公式化简法具有运算、演变直接等优点，适于各种情况的逻辑函数，但它需要对基本公式和常用公式有一定灵活运用的能力，有时难以判断化简结果的准确性。卡诺图化简法利用卡诺图中的相邻项在几何位置上也相邻的特点对相邻项进行合并，从而达到化简的目的。卡诺图化简法直观方便，便于检查化简结果的准确性，但不适于对输入变量超过四个的逻辑函数化简。

6. 约束项和任意项都是无关项。它可以取 0，也可以取 1，根据化简的需要，应合理利用它，以得到最简与-或表达式。应当指出，无关项是为化简"1"方格（或"0"方格）服务的。当化简"1"方格需用无关项时，则无关项做"1"处理。对于没有被利用的无关项，则不能画包围圈进行化简。

思考与练习题

2.1 用真值表证明：正逻辑的"与"等于负逻辑的"或"，正逻辑的"或"等于负逻辑的"与"。

2.2 逻辑函数有哪几种表示方法？它们各自有什么意义？它们之间是如何转换的？

2.3 什么叫最小项？如何由一个任意形式的逻辑函数化成一个标准的最小项表达式？

2.4 什么叫卡诺图？卡诺图化简的依据是什么？什么叫无关项？无关项在逻辑函数的化简中有什么作用？

2.5 用代数法将下列逻辑函数化简成最简形式：

(1) $Y = \overline{A}\,\overline{B}\,\overline{C} + A + B + C$；

(2) $Y = A(BC + \overline{B}\,\overline{C}) + A(B\overline{C} + \overline{B}C)$；

(3) $Y = AC + A\overline{B}CD + ABC + \overline{C}D + ABD$；

(4) $Y = AB(C + D) + D + \overline{D}(A + B)(\overline{B} + \overline{C})$；

(5) $Y = (AD + \overline{A}\,\overline{D})C + ABC + (A\overline{D} + \overline{A}D)B + BCD$。

2.6 用卡诺图将下列函数化简成最简与或表达式：

(1) $F(A, B, C) = \sum m(3, 5, 6, 7)$；

(2) $F(A, B, C, D) = \sum m(0, 3, 5, 7, 8, 9, 11, 13, 15)$；

(3) $F(A, B, C, D) = \sum m(0, 1, 2, 6, 8, 10, 11, 12)$；

(4) $F(A, B, C) = \sum m(0, 2, 4, 5)$。

2.7 用卡诺图化简下列逻辑函数：

(1) $Y = A\overline{B}C + \overline{A}CD + A\overline{C}$；

(2) $Y = A\overline{C}\,\overline{D} + BC + \overline{B}D + A\overline{B} + \overline{A}C + \overline{B}\,\overline{C}$；

(3) $Y = \overline{A\bar{B} + B\bar{C} + C\bar{A}} + \bar{A}B + \bar{B}C + \bar{C}A$;

(4) $Y = \overline{AC + \bar{A}BC} + \overline{\bar{B}C} + A\bar{B}C$。

2.8 用卡诺图化简下列具有无关项的逻辑函数:

(1) $F(A, B, C, D) = \sum m(0, 2, 6, 8) + \sum d(9, 15)$;

(2) $F(A, B, C) = \sum m(0, 1, 3, 7) + \sum d(2, 5)$;

(3) $F(A, B, C, D) = \sum m(3, 5, 6, 9, 12) + \sum d(0, 1, 7)$;

(4) $F(A, B, C, D) = \sum m(0, 1, 4, 7, 9, 10, 13) + \sum d(2, 5, 8, 12, 15)$。

第 3 章 逻辑门电路的应用

学习目标

（1）掌握最简单的与、或、非门电路。
（2）掌握 TTL 门电路、CMOS 门电路的特点和逻辑功能（输入输出关系）。
（3）理解 TTL 门电路、CMOS 门电路的电气特性。
（4）理解 TTL 门电路、CMOS 门电路在应用上的区别。

能力目标

（1）能够对最简单的与、或、非门电路进行测试。
（2）能够应用 TTL 门电路和 CMOS 门电路。

逻辑门电路是用以实现基本逻辑关系的电子电路，简称门电路。它是组成其他功能数字电路的基础。基本和常用门电路有与门、或门、非门（反相器）、与非门、或非门、与或非门和异或门等。

数字电路中的半导体二极管、三极管和 MOS 管器件通常工作在开关状态。它们在脉冲信号作用下，不是工作在饱和导通，就是工作在截止状态，相当于开关的"闭合"或"断开"。利用二极管、三极管和 MOS 管开关特性，能实现某种逻辑关系和逻辑运算的电路。

本章首先介绍半导体二极管、三极管和 MOS 管的开关特性，然后介绍 TTL 和 CMOS 集成门电路。

3.1 二极管与三极管的开关特性

3.1.1 二极管的开关特性

1. 二极管的伏安特性及等效电路

由图 3-1（a）硅二极管的伏安特性曲线可知，当外加正向电压 u_D 大于死区电压 U_T 时，二极管开始导通，伏安特性曲线很陡直，压降很小（硅管为 0.7 V，锗管为 0.3 V），可以近似看作一个闭合的开关。当外加反向电压时，反向电流很小（nA 级），二极管截止，可以近似看作一个断开的开关。图 3-1（b）所示为理想化二极管的伏安特性曲线。在数字电路的分析和估算中，常把 $u_D < U_T$ 看成二极管的截止条件，截止之后，近似认为 $i_D \approx 0$，相当于断开的开关。因此二极管开关特性可以用图 3-2 表示。

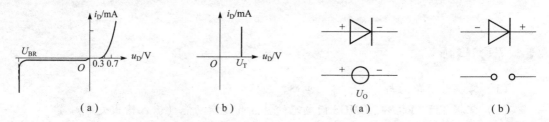

图 3-1 二极管的伏安特性曲线
(a) 硅二极管的伏安特性曲线；(b) 理想化二极管的伏安特性曲线

图 3-2 二极管开关特性等效电路
(a) 导通时；(b) 截止时

2. 反向恢复时间

二极管从截止转换为导通或从导通转换为截止都需要一定时间。二极管从导通到截止所需时间，称为二极管的反向恢复时间，用 t_{re} 表示，一般为毫微秒数量级。二极管从截止转换为导通所需时间，称为二极管的开通时间，用 t_{ON} 表示，反向恢复时间 t_{re} 比开通时间 t_{ON} 长得多，开通时间通常忽略不计。当输入信号频率非常高或负半周持续时间小于 t_{re} 时，二极管失去开关作用。

3.1.2 三极管的开关特性

三极管的开关电路及特性曲线如图 3-3 所示，它具有饱和、截止、放大三种工作状态，在数字电路中三极管作为开关元件，通常不是工作在饱和区就是工作在截止区，放大区只是出现在三极管由饱和变为截止或由截止变为饱和的过渡状态，是瞬间即逝的。

1. 三极管三种工作状态的条件和特点

1) 截止状态的条件和特点

三极管处在截止状态的条件：$u_{BE} < U_T$（硅管 0.5 V，锗管 0.2 V）。

三极管处在截止状态的特点：$i_B \approx 0$，$i_C \approx 0$，$u_O = u_{CE} = +V_{CC}$，三个电极可视为断开，等效电路如图 3-4（a）所示。

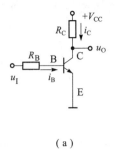 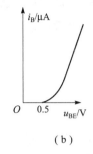 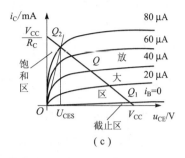

图 3-3　三极管的开关电路及特性曲线

(a) 开关电路；(b) 输入特性曲线；(c) 输出特性曲线

2) 放大状态的条件和特点

三极管处在放大状态的条件：当 $u_{BE} > U_T$ 时，发射结正偏，集电结反偏。

三极管处在放大状态的特点：集电极电流 i_C 随 i_B 而变，并满足 $i_C = \beta i_B$ 的关系。

3) 饱和状态的条件和特点

三极管处在饱和状态的条件：发射结正偏，集电结正偏，$i_B \geq I_{BS}$（I_{BS} 为临界饱和基极电流），$I_{BS} = \dfrac{I_{CS}}{\beta}$（$I_{CS}$ 为临界饱和集电极电流），$I_{CS} = \dfrac{V_{CC} - V_{CES}}{R_C} \approx \dfrac{V_{CC}}{R_C}$。

三极管处在饱和状态的特点：集电极电流 i_C 不随 i_B 而变，即 $i_C \neq \beta i_B$，$u_O = u_{CES} = 0.3\ \text{V}$，三极管的 C、E 极之间如同有 0.3 V 电压降的闭合开关，其等效电路如图 3-4（b）所示。

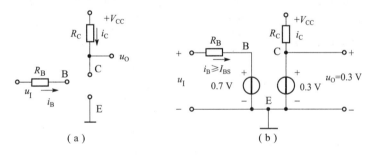

图 3-4　三极管开关等效电路

(a) 截止时；(b) 饱和时

2. 三极管的开关时间

三极管由饱和变为截止，或由截止变为饱和均需要时间，其中截止变为饱和所需时间称开通时间，用 t_{ON} 表示；三极管由饱和变为截止所需时间称关断时间，用 t_{OFF} 表示。以图 3-5 为例，输入信号 u_I 从低电平 u_{IL} 跳变到高电平 u_{IH}，三极管从截止状态进入放大状态，再进入饱和状态，其集电极电流 i_C 不能从 0 跳变到 I_{CS}，而是需要一定时间。通常从 u_I 上升沿到 i_C 上升到 $0.9 I_{CS}$ 所需时间，称为开通时间 t_{ON}。同理 u_I 从

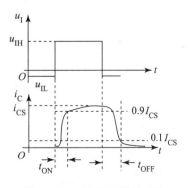

图 3-5　三极管的开关时间

高电平 u_{IH} 跳变到低电平 i_{IL},三极管从饱和状态进入放大状态,再进入截止状态,通常从 u_I 下降沿到 i_C 下降到 $0.1I_{CS}$ 所需时间,称为关断时间 t_{OFF}。三极管的开关时间一般在纳秒数量级,通常 $t_{OFF} > t_{ON}$。三极管的开关时间 t_{OFF} 的大小将直接影响三极管的开关速度。

3.1.3 MOS 管的开关特性

1. NMOS 管的开关特性

NMOS 有增强型和耗尽型两种,在数字电路中,采用增强型较多。NMOS 管的电路符号及转移特性如图 3-6 所示,通常源极 S 和衬底 B 连在一起,漏极 D 接正电源。如果 $u_{GS} > U_T$(U_T 为开启电压),则 NMOS 管导通,如同开关闭合;反之,如果 $u_{GS} < U_T$,则 NMOS 管截止,如同开关断开。

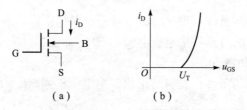

图 3-6 NMOS 管的电路符号及转移特性
(a)电路符号;(b)转移特性

2. PMOS 管的开关特性

PMOS 管的电路符号及转移特性如图 3-7 所示,与 NMOS 管不同,漏极 D 接负电源,如果 $u_{GS} < U_T$(U_T 为负电压),则 PMOS 管导通,如同开关闭合;反之如果 $u_{GS} > U_T$,则 PMOS 管截止,如同开关断开。

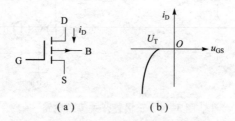

图 3-7 PMOS 管的电路符号及转移特性
(a)电路符号;(b)转移特性

3.2 TTL 集成门电路

TTL 集成门电路是一种单片集成电路。集成电路中所有元件和连线,都制作在一块半导体基片上。这种门电路的输入极和输出极均采用晶体三极管,故称晶体管-晶体管逻辑门电路,简称 TTL 电路。

3.2.1 TTL 与非门电路

1. TTL 与非门电路的组成

如图 3-8 所示,TTL 与非门电路由输入级、中间级和输出级三部分组成。

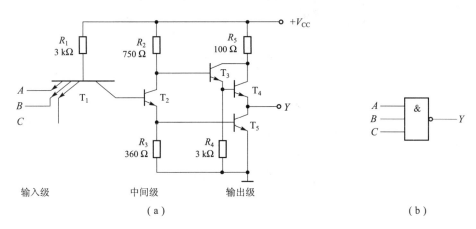

图 3-8 TTL 与非门的电路图及逻辑符号
(a) 电路;(b) 符号

1) 输入级

输入级由多发射极管 T_1 和电阻 R_1 组成。其作用为:从逻辑功能上看,是对输入变量 A、B、C 实现逻辑与,提高门电路工作速度。因为,当 T_2 截止时,T_1 深度饱和,瞬间产生一个很大的电流 i_{C1}。而 i_{C1} 又恰好是 T_2 的基极反向驱动电流,T_1 对 T_2 的抽流作用,使 T_2 在饱和时积累的基区存储电荷迅速消散,从而加快了 T_2 由饱和变为截止的速度。

2) 中间级

中间级由 T_2、R_2 和 R_3 组成。T_2 的集电极和发射极输出两个相位相反的信号,其作用是使 T_3、T_4 和 T_5 轮流导通。

3) 输出级

输出级由 T_3、T_4、T_5 和 R_4、R_5 组成,这种电路形式称为推拉式电路。其作用是提高门电路带负载能力。因为,当 T_4 截止时,T_5 饱和,允许输出端灌入较大负载电流。当 T_5 截止时,T_3、T_4 组成射极输出器,射极输出器的输出阻抗低,带负载能力强,负载拉电流大。

2. TTL 与非门电路的工作原理

1) 当输入全部为高电平 (3.6 V)

TTL 与非门的工作电路如图 3-9 所示,电源 V_{CC} 通过 R_1 足以使 T_1 的集电结和 T_2、T_5 的发射结导通,并且 T_2、T_5 饱和,T_1 的基极电位被钳在 $u_{B1} = u_{BC1} + u_{BE2} + u_{BE5} = 0.7\ V + 0.7\ V + 0.7\ V = 2.1\ V$,而 T_1 集电极电压 $u_{B2} = u_{BC1} + u_{BE2} = 0.7\ V + 0.7\ V = 1.4\ V$ 低于发射极电压 3.6 V,管子倒置工作,T_2 的集电极压降 $u_{C2} = U_{CES2} + u_{BE5} = 0.3\ V + 0.7\ V = 1\ V$,可以使 T_3 导通,但 T_4 不能导通,因此输出为低电平。$u_O = u_{OL} = U_{CES5} \approx 0.3\ V$,电路实现了"输入全为高电平,输出为低电平"的逻辑关系。

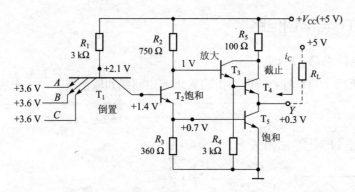

图 3-9 输入全为高电平

2) 输入至少有一个为低电平（0.3 V）

当输入至少有一个（A 端）为低电平时，由图 3-10 可知，T_1 的发射结正向导通，$u_{B1} = 1$ V，使 T_2、T_5 均截止，T_1 特殊饱和（因 $i_{C1} = 0$），而 T_2 的集电极电压足以使 T_3、T_4 导通。因此输出为高电平：$u_O = U_{OH} \approx +V_{CC} - u_{BE3} - u_{BE4} = 5 - 0.7 - 0.7 = 3.6$（V）。电路实现了"输入有低电平，输出为高电平"的逻辑关系。

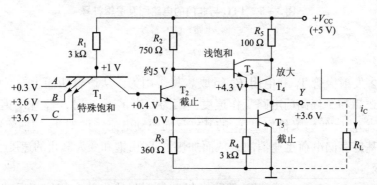

图 3-10 输入至少有一个为低电平

3) 逻辑功能

从上述分析可得输入电压、输出电压关系，如表 3-1 所示，把表 3-1 中高电压用 "1" 表示，低电压用 "0" 表示，得表 3-2 逻辑功能真值表，由表 3-2 逻辑功能真值表可推得与非逻辑功能，$Y = \overline{ABC}$。

表 3-1 输入电压、输出电压关系

输入电压	输出电压
u_A u_B u_C	u_O
全低（$U_{IL} = 0.3$ V）	出高（$U_{OH} = 3.6$ V）
有低（$U_{IL} = 0.3$ V） 有高（$U_{IH} = 3.6$ V）	出高（$U_{OH} = 3.6$ V）
全高（$U_{IH} = 3.6$ V）	出低（$U_{OL} = 0.3$ V）

表 3-2 逻辑功能真值表

输入逻辑变量 A B C	输出逻辑变量 Y
有0 { 0 0 0 0 0 1 0 1 0 0 1 1 1 0 0 1 1 0	1 1 1 1 1 1 } 出1
全1 1 1 1	0 出0

3. TTL 与非门的外特性及主要参数

1) 电压传输特性

TTL 与非门电压传输特性如图 3-11 所示。

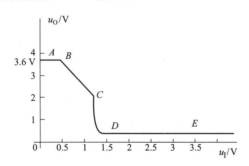

图 3-11 TTL 与非门电压传输特性

(1) 截止区(AB 段)。

当输入电压 $0 \leqslant u_I < 0.6$ V 时，T_1 工作在深度饱和状态，$U_{CES1} < 0.1$ V，$u_{B2} < 0.7$ V，故 T_2、T_5 截止，T_3、T_4 导通，$u_O = U_{OH} \approx 3.6$ V 为高电平。与非门处于截止状态，所以把 AB 段称截止区，门电路处在关门状态。

(2) 线性区(BC 段)。

当输入电压 0.6 V $\leqslant u_I < 1.3$ V 时，则有 0.7 V $\leqslant u_{B2} < 1.4$ V，T_2 开始导通，T_5 仍未导通，T_3、T_4 处于发射极输出状态。随 u_I 的增加，u_{B2} 增加，u_{C2} 下降，并通过 T_3、T_4 使 u_O 也下降。因为 u_O 基本上随 u_I 的增加而线性减小，故把 BC 段称线性区。

(3) 转折区(CD 段)。

输入电压 1.3 V $< u_I < 1.4$ V 时，$u_{B2} > 1.4$ V，T_5 开始导通，并随 u_I 的增加趋于饱和。T_3、T_4 趋于截止，T_2、T_5 迅速进入饱和状态，使输出电压下降非常快，$u_O = U_{OL} = 0.3$ V 低电平，所以把 CD 段称转折区或过渡区。

(4) 饱和区(DE 段)。

当 $u_I \geqslant 1.4$ V 以后，再增加 u_I 也只能加深 T_5 的饱和深度。T_4 截止，输出 $u_O = U_{OL} = 0.3$ V 低电平，与非门处于饱和状态。因此当 $u_I \geqslant 1.4$ V 以后，再增加 u_I 也只能加深 T_5 的饱和深度。

2) 输入伏安特性

输入伏安特性是指输入电压 u_I 与输入电流 i_I 之间的关系,测试电路如图 3-12(a)所示。若规定输入电流以流入输入端为正,则可得到图 3-12(b)所示输入伏安特性曲线,由曲线可见,$u_I\uparrow\to i_I\uparrow$ 至 $u_I\geqslant 1.3\ \text{V}$ 以后,T_2、T_5 导通,T_1 倒置,i_I 流进输入端,$i_I\geqslant 0$。但因这时 T_1 发射结反偏,因此 I_{IH}(高电平输入时输入端的电流)很小,为几十微安。

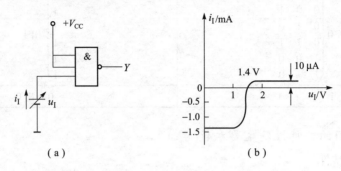

图 3-12 TTL 与非门输入伏安特性
(a) 测试电路;(b) 输入伏安特性曲线

3) 输入负载特性

输入负载特性是指输入对地接上电阻 R_I 时,u_I 随 R_I 的变化而变化的关系曲线。当输入端接如图 3-13(a)所示的电阻 R_I 时,改变电阻的大小可得到如图 3-13(b)所示的输入负载特性曲线,从曲线可以看出,在一定范围内,u_I 随 R_I 的增大而升高,但当输入电压 u_I 达到 1.4 V 以后,$u_{B1}=2.1\ \text{V}$,R_I 增大,由于 u_{B1} 不变,故 $u_I=1.4\ \text{V}$ 也不变,这时 T_2、T_5 饱和导通,输出低电平。

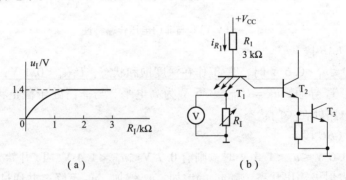

图 3-13 TTL 与非输入负载特性
(a) 测试电路;(b) 输入负载特性

由上述分析可知,当 R_I 比较小时,门电路处在关门状态,输出高电平;当 R_I 比较大时,门电路处在开门状态,输出低电平;当 R_I 不大不小时,门电路工作在线性区或转折区。由输入负载特性引入两个名词:

关门电阻 R_{OFF}——在保证门电路输出为额定高电平的条件下,所允许的 R_I 的最大值,称为关门电阻,典型的 TTL 门电路 $R_{OFF}\approx 0.7\ \text{k}\Omega$。

开门电阻 R_{ON}——在保证门输出为额定低电平的条件下,所允许的 R_I 的最小值,称为开门电阻,典型的 TTL 门电路 $R_{ON}\approx 2\ \text{k}\Omega$。

4) 输出特性

输出特性是指输出电压与输出电流之间的关系曲线。

（1）输出高电平时的输出特性。

当 TTL 与非门输出高电平时，如图 3-14 电路所示，T_4 导通，T_5 截止，此时，门电路形成拉电流负载，随着负载电流的增加，输出的高电平将逐渐下降，以致无法保证正常的高电平输出。

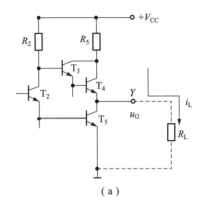 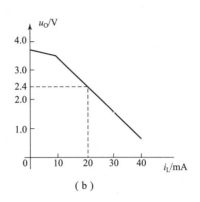

图 3-14 输出高电平时的输出特性

（a）测试电路；（b）输出特性曲线

（2）输出低电平时的输出特性。

当 TTL 与非门输出低电平时，如图 3-15 电路所示，T_4 截止，T_5 导通，此时，门电路形成灌电流负载，随着负载电流的增加，输出的低电平却逐渐上升，也无法保证正常低电平的输出，破坏了正常逻辑功能。

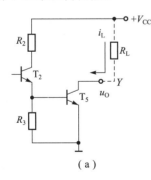 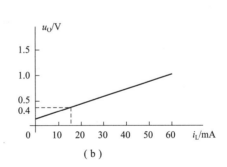

图 3-15 输出低电平时的输出特性

（a）测试电路；（b）输出特性曲线

综上所述，为了保证与非门正常工作，适当限制负载电流的大小。

5）主要参数

（1）输出高电平 U_{OH} 和输出低电平 U_{OL}。

电压传输特性曲线截止区的输出电压为 U_{OH}，典型值为 3.6 V。饱和区的输出电压为 U_{OL}，典型值为 0.3 V。一般产品规定 $U_{OH} \geq 2.4$ V，$U_{OL} < 0.4$ V。

（2）关门电平 U_{OFF} 和开门电平 U_{ON} 及阈值电压 U_T。

由于器件制造的差异，输出高电平、输入低电平都略有差异，通常规定 TTL 与非门输

出高电平 $U_{OH}=3$ V 和输出低电平 $U_{OL}=0.35$ V 为额定逻辑高、低电平，在保证输出为额定高电平（3 V）的90%（2.7 V）的条件下，允许输入低电平的最大值，称为关门电平 U_{OFF}。通常 $U_{OFF}\approx 1$ V，一般产品要求 $U_{OFF}\geq 0.8$ V。在保证输出额定低电平（0.35 V）的条件下，允许输入高电平的最小值，称为开门电平 U_{ON}。通常 $U_{ON}\approx 1.4$ V，一般产品要求 $U_{ON}\leq 1.8$ V。

电压传输特性曲线转折区中点所对应的输入电压为 U_T，也称门槛电压。一般 TTL 与非门的 $U_T\approx 1.4$ V。

（3）噪声容限 U_{NL}、U_{NH}。

在实际应用中，由于外界干扰、电源波动等原因，可能使输入电平 u_I 偏离规定值。为了保证电路可靠工作，应对干扰的幅度有一定限制，称为噪声容限。它是用来说明门电路抗干扰能力的参数。

低电平噪声容限是指在保证输出为高电平的前提下，允许叠加在输入低电平 U_{IL} 上的最大正向干扰（或噪声）电压。低电平噪声容限用 U_{NL} 表示：$U_{NL}=U_{OFF}-U_{IL}$。

高电平噪声容限是指在保证输出为低电平的前提下，允许叠加在输入高电平 U_{IH} 上的最大负向干扰（或噪声）电压。高电平噪声容限用 U_{NH} 表示：$U_{NH}=U_{IH}-U_{ON}$。

很显然，U_{NL} 和 U_{NH} 越大，电路的抗干扰能力越强。从电压传输特性曲线可以求 U_{NL}、U_{NH} 的大小，如图 3-16 所示。

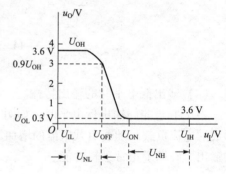

图 3-16 噪声容限

（4）输入短路电流 I_{IS}。

当 $u_I=0$ 时，流经这个输入端的电流称为输入短路电流 I_{IS}。从图 3-12（b）输入伏安特性可知，输入短路电流的典型值约为 -1.5 mA。

（5）输入漏电流 I_{IH}。

当 $u_I>U_T$ 时，流经输入端的电流称为输入漏电流 I_{IH}，即 T_1 倒置工作时的反向漏电流。其值很小，约为 10 μA。

（6）扇出系数 N。

扇出系数是以同一型号的与非门作为负载时，一个与非门能够驱动同类与非门的最大数目 N，通常 $N\geq 8$。

（7）平均延迟时间 t_{pd}。

指输出信号滞后于输入信号的时间，它是表示开关速度的参数。如图 3-17 所示，从输入波形上升沿的中点到输出波形下降沿中点之间的时间称为导通延迟时间 t_{PHL}，从输入波形下降沿的中点到输出波形上升沿的中点之间的时间称为截止延迟时间 t_{PLH}，所以 TTL 与非门平均延迟时间为 $t_{pd}=\frac{1}{2}(t_{PHL}+t_{PLH})$，一般 TTL 与非门 t_{pd} 为 3~40 ns。

（8）空载功耗。

空载功耗是指 TTL 与非门空载时电源总电压与总电流的乘积。输出为低电平时的功耗为空载导通功耗 P_{ON}，输出为高电平时的功耗为空载截止功耗 P_{OFF}，$P_{ON}>P_{OFF}$。以上这些参数,可以从集成电路手册中查到。

3.2.2 其他功能的 TTL 门电路

集成 TTL 门电路除了与非门外,还有与门、或门、非门、或非门、与非门、与或非门、异或门、同或门等不同功能的产品。

本节主要介绍两种特殊门电路:集电极开路门(OC 门)及三态门(TSL 门)。

1. 集电极开路门(OC 门)

在实际应用中,常希望把几个逻辑门的输出端并接在一起,完成"与"的逻辑功能,这种直接利用连线实现"与"逻辑功能的方法,称作"线与"。如果将两个门电路的输出端连接在一起,如图 3 – 17 所示,当一个门的输出处在高电平,而另一个门输出为低电平时,将会产生很大的电流,有可能导致器件损坏,无法实现"线与"逻辑关系。为了解决这个问题,引入了一种特殊结构的门电路——集电极开路(Open Collector)的门电路,简称 OC 门。OC 门可以实现"线与"的逻辑功能。

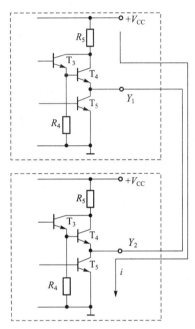

图 3 – 17 普通 TTL 与非门输出端不能并接

图 3 – 18 中外接电阻 R_L 及外接电源 E_P 代替 T_3、T_4,通电源后,实现与非逻辑功能。而外接电阻 R_L 及电源 E_P 值可根据电路要求,通过计算后选择合适的值,从而保证在多个 OC 门电路输出端并接时不会烧坏导通管。

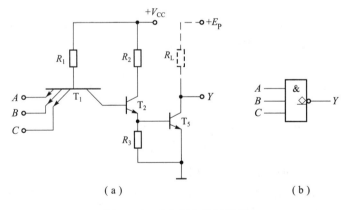

图 3 – 18 OC 门电路及符号
(a) OC 门电路;(b) 符号

2. OC 门的应用

1) 实现"线与"逻辑

如图 3 – 19 所示,将几个 OC 门的输出端连在一起,共用一个负载电阻 R_L 及电源 E_P。

当所有 OC 门的输出都是高电平时，电路的总输出 Y 才为高电平；而当任意一个 OC 门的输出为低电平时，总输出 Y 为低电平，实现"线与"逻辑功能，其表达式为

$$Y = \overline{AB}\ \overline{CD}\ \overline{EF}$$

从表达式看，"与"的功能是通过输出端连线来实现的，故称为"线与"。

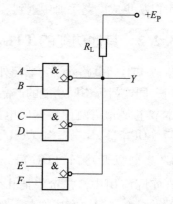

2）实现电平转换

一般的 TTL 电路空载输出的高电平为 3.6 V，但在数字系统的接口（与外部设备相联系的电路），有时需要输出的逻辑高电平更高，则可以使用 OC 门电路进行电平转换。在图 3-20 所示的电路中，当需要把输出高电平转换为 10 V 时，可将 OC 门外接上拉电阻接到 10 V 电源上，这样 OC 门的输入端电平与一般与非门一致，而输出的高电平就可以变为 10 V。

图 3-19 实现线与逻辑的 OC 门

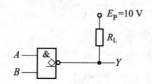

图 3-20 OC 门实现电平转换

3）用作驱动器

可以用 OC 门来驱动指示灯、继电器和脉冲变压器等。当用于驱动指示灯时，上拉电阻 R_L 可由指示灯来代替，如电流过大，可串入一个适当的限流电阻。

3. 三态门（TSL 门）

一般的门电路的输出端只会出现高电平、低电平两种状态，而三态门的输出还可以出现第三种状态——高阻状态（或称禁止状态、开路状态），简称 TSL 门。

1）电路结构

三态门的电路如图 3-21（a）所示，实际上是由一个普通与非门加上一个二极管 D 构成的。E 为控制端或称使能端。

当 $E = 1$ 时，二极管 D 截止，TSL 门与 TTL 门功能一样：

$$Y = \overline{A \cdot B}$$

当 $E = 0$ 时，T_1 处于正向工作状态，促使 T_2、T_5 截止，同时，通过二极管 D 使 T_3 基极电位钳制在 1 V 左右，致使 T_4 也截止，这样 T_4、T_5 都截止，输出端呈现高阻状态。其逻辑符号如图 3-21（b）所示。

TSL 门中控制端 E 除高电平有效外，还有低电平有效的，这时的逻辑符号如图 3-22 所示。EN 处的小圆圈表示此端接低电平（$E = 0$）时为工作状态，当 $E = 1$ 时，电路处于高阻状态（或禁止状态）。

2）三态门的应用

（1）总线传输。

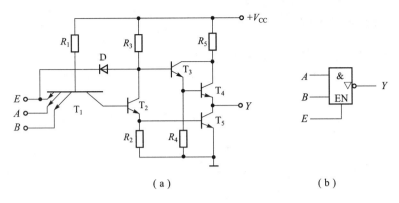

图 3-21 TSL 三态门电路及逻辑符号

(a) 电路；(b) 逻辑符号

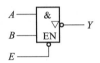

图 3-22 控制端低电平有效的三态门的逻辑符号

在图 3-23 所示的总线连接中，若令 E_1、E_2、E_3 轮流地接 0，即任何时刻只让一个 TSL 门处在工作状态，而其余 TSL 门均处在高阻状态，那么总线就会轮流地接收各个 TSL 门的输出信号，这样，就实现了一线多用。这种利用总线传送数据的方法，使三态门在计算机总线结构中有着极为广泛的应用。

(2) 双向传输。

利用三态门实现数据的双向传输，如图 3-24 所示。

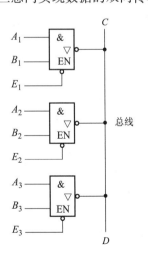

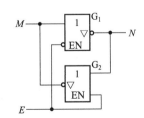

图 3-23 三态门实现总线传输　　图 3-24 三态门用于双向传输

当 $E=0$ 时，门电路 G_1 工作，门电路 G_2 为高阻状态，数据由 M 传向 N；当 $E=1$ 时，G_1 为高阻状态，G_2 工作，数据由 N 传向 M。通过控制端 E 的控制实现 M、N 的双向传输。

3.2.3 TTL 集成电路系列介绍

TTL 门电路是基本逻辑单元，是构成各种 TTL 电路的基础，实际生产的 TTL 集成电路，品种齐全，种类繁多，应用十分普遍。TTL 器件型号由五部分组成，其符号及意义如表 3-3 所示。

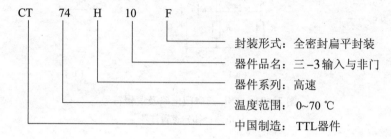

表 3-3 TTL 器件型号组成的符号及意义

第零部分 （字母）	第一部分 （字母）	第二部分 （数字或字母）		第三部分 （字母）	第四部分 （字母）
表示国家或制造商	表示器件的类型	表示器件系列和品种代号		表示器件的工作温度范围/℃	表示器件的封装形式
C 中国制造 CD 美国无线电 TC 日本东芝公司 MC1 摩托罗拉公司 SN 美国TEXAS公司	T TTL C CMOS H HTL E ECL M 存储器 J 接口电路	74 民用 54 军用	LS 低功耗肖特基电路 AS 先进肖特基电路 S 肖特基电路 HC 高速 CMOS HCT 与 TTL 兼容的 CMOS 40 4000 系列	00 四2输入与非门 01 四2输入与非门（OC） 02 四2输入或非门 04 六反相器 08 四2输入与门 20 双四输入与非门	C 0~70 E -40~85 R -55~85 M -55~125	W 陶瓷扁平 B 塑料扁平 D 陶瓷直播 P 塑料直插 K 金属菱形 T 金属圆形

目前，我国 TTL 集成电路主要有 CT54/74（普通）、T54/74H（高速）、CT54/74S（肖特基）、CT54/74LS（低功耗）四个系列国家标准的集成门电路。它们的主要性能指标如表 3-4 所示。由于 CT54/74LS 系列产品具有较佳的综合性能，因而得到广泛应用。

表 3-4 TTL 各系列集成门电路主要性能指标

参数名称 电路型号	CT74 系列	CT74H 系列	CT74S 系列	CT74LS 系列
电源电压/V	5	5	5	5
$U_{OH(MIN)}$/V	2.4	2.4	2.5	2.5
$U_{OL(MAX)}$/V	0.4	0.4	0.5	0.5
逻辑摆幅	3.3	3.3	3.4	3.4
每门功耗	10	22	19	2
每门传输延时	9	6	3	9.5

续表

参数名称 电路型号	CT74 系列	CT74H 系列	CT74S 系列	CT74LS 系列
最高工作频率	35	50	125	45
扇出系数	10	10	10	10
抗干扰能力	一般	一般	好	好

在不同系列 TTL 门电路中，无论是哪一种系列，只要器件品名相同，那么器件功能就相同，只是性能不同。例如，7420、74H20、74S20、74LS20 都是双 4 输入与非门（内部有两个 4 输入的与非门），都采用 14 条引脚双列直插式封装，而且输入端、输出端、电源、地线的引脚位置也是相同的。

3.3　CMOS 集成逻辑门电路

MOS 集成逻辑门是采用 MOS 管作为开关元件的数字集成电路。它具有工艺简单、集成度高、抗干扰能力强、功耗低等优点。MOS 门电路有 PMOS、NMOS 和 CMOS 三种类型，CMOS 电路又称互补 MOS 电路，它的突出优点是静态功耗低、抗干扰能力强、工作稳定性好、开关速度快、性能较好，得到较广泛的应用。

3.3.1　CMOS 反相器

1. 电路组成

CMOS 反相器的基本结构如图 3-25 所示。其中 T_1 为 NMOS，称为驱动管；T_2 为 PMOS，称为负载管。两管特性相近，跨导相等且较大，导通电阻小。T_1 和 T_2 栅极相连作输入端，漏极相连作输出端，T_1 源极接地，T_2 源极接 $+V_{DD}$。

2. 工作原理

设电源电压 $V_{DD} = 10$ V，T_1 的开启电压 $U_{TN} = 2$ V，T_2 的开启电压 $U_{TP} = -2$ V。

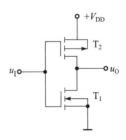

图 3-25　CMOS 反相器的基本结构

（1）当 $u_I = U_{IL} = 0$ 时，由于 $u_{GS1} = 0 < U_{TN} = 2$ V，T_1 截止，$u_{GS2} = -10$ V $< U_{TP} = -2$ V，T_2 导通，$u_O = U_{OH} \approx V_{DD} = 10$ V。

（2）当 $u_I = U_{IH} = V_{DD} = 10$ V 时，$u_{GS1} = 10$ V $> U_{TN} = 2$ V，T_1 导通。$u_{GS2} = 0$ V $> U_{TP} = -2$ V，T_2 截止，$u_O = U_{OL} \approx 0$。

可见，图 3-25 所示电路实现了反相器功能，即非门功能。从工作原理可知，无论输入高电平还是低电平，总是一个管子导通，而另一个管子截止，流过 T_1 和 T_2 的静态电流极小（纳安量级），因而 CMOS 反相器的静态功耗极小。

3. 电压传输特性和电流传输特性

CMOS 反相器的电压传输特性和电流传输特性如图 3-26 所示。下面分析 CMOS 反相器的传输特性。

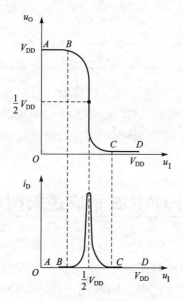

图 3-26 CMOS 反相器的电压传输特性和电流传输特性

(1) AB 段：$u_I < U_{TN}$，T_1 截止，T_2 导通，输出 u_O 为高电平，$U_{OH} \approx V_{DD}$，由于驱动管截止，i_D 为 0，该段称为截止区。

(2) BC 段：$U_{TN} < u_I < V_{DD} - |U_{TP}|$，$T_1$ 和 T_2 均导通，由于在这段 T_2 从导通转变为截止，而 T_1 从截止转变为导通，因此该段称为转折区。由于两个管子的特性相近，当输入 $u_I = V_{DD}/2$ 时，输出 $u_O \approx V_{DD}/2$，故 CMOS 反相器的阈值电压 $U_T = V_{DD}/2$。

(3) CD 段：$u_I > V_{DD} - |U_{TP}|$，T_2 截止，而 T_1 导通，输出 u_O 为低电平，$U_{OL} \approx 0$，该段称为导通区。从 CMOS 反相器的电压传输特性可以看出，不仅 CMOS 反相器的 $U_T \approx V_{DD}/2$。

从 BC 转折区可知变化率很大，它非常接近理想的开关特性。因此 CMOS 反相器的抗干扰能力很强，输入噪声容限可达到 $U_{DD}/2$。

从 CMOS 反相器的电流传输特性可以看到，在 BC 段，由于 T_1 和 T_2 同时导通，在 $u_I = V_{DD}/2$ 时，i_D 达到最大，此时动态功耗很大。因此，在使用 CMOS 反相器时应考虑动态功耗。

4. CMOS 电路的优点

(1) 功耗低。在静态时，T_1 和 T_2 总有一个管子截止，因此静态电流很小，即使动态功耗较大，但与双极型逻辑电路相比，CMOS 逻辑电路的功耗小得多。

(2) 电源电压范围宽。工作电源 V_{DD} 允许变化的范围大，一般 3~18 V 均能工作。

(3) 抗干扰能力强。输入端噪声容限可达到 $V_{DD}/2$。

(4) 逻辑摆幅大。$U_{OL} \approx 0$，$U_{OH} \approx V_{DD}$。

(5) 带负载能力强。CMOS 输入阻抗高，一般高达 500 MΩ 以上，CMOS 逻辑电路带同类门几乎不从前级取电流，也不向前级灌电流。考虑到 MOS 管存在输入电容，CMOS 逻辑电路，可以带 50 个同类门以上。

（6）集成度很高，温度稳定性好。功耗小，内部发热量少，集成度可以做得非常高。又由于 CMOS 是 NMOS 和 PMOS 管互补组成，当外界温度变化时，有些参数可以互相补偿。

（7）成本低。CMOS 集成度高，功耗小，电源供电线路简单，因此用 CMOS 集成电路制作的产品成本低。

当前，CMOS 逻辑门电路已成为与双极型逻辑电路并驾齐驱的另一类集成电路，并且在大规模、超大规模集成电路方面已经超过双极型逻辑电路的发展势头。

3.3.2 其他 CMOS 门电路

1. CMOS 与非门

图 3-27 所示为一个两输入的 CMOS 与非门电路。T_1、T_2 驱动管串联，T_3、T_4 负载管并联。

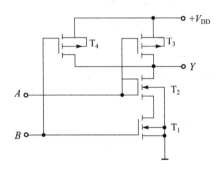

图 3-27 两输入的 CMOS 与非门电路

当 A、B 两个输入端均为高电平时，T_1、T_2 导通，T_3、T_4 截止，输出为低电平。

在 A、B 两个输入端中只要有一个为低电平时，T_1、T_2 中必有一个截止，T_3、T_4 中必有一个导通，输出为高电平。电路的逻辑关系为

$$Y = \overline{A \cdot B}$$

2. 或非门

图 3-28 所示为一个两输入的 CMOS 或非门电路图，T_1、T_2 驱动管并联，T_3、T_4 负载管串联。

当 A、B 两个输入端均为低电平时，T_1、T_2 截止，T_3、T_4 导通，输出 Y 为高电平。

当 A、B 两个输入中有一个为高电平时，T_1、T_2 中必有一个导通，T_3、T_4 中必有一个截止，输出为低电平。电路的逻辑关系为

$$Y = \overline{A + B}$$

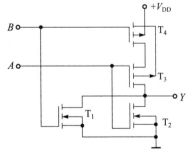

图 3-28 两输入的 COMS 或非门电路

3. CMOS 传输门

传输门是数字电路中用来传输信号的一种基本单元电路。

1）电路结构

CMOS 传输门电路和逻辑符号如图 3-29 所示，它是一种可控传输开关电路。T_1 为 NMOS 管，T_2 为 PMOS 管，T_1、T_2 的源极和漏极分别连在一起，作为传输门的输入端和输出端，在两管的栅极上，加上互补的控制信号 C 和 $\bar{C}$，NMOS 管和 PMOS 管的开启电压绝对值小于 $V_{DD}/2$。

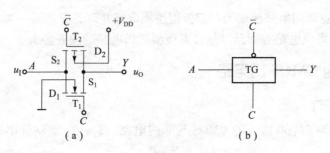

图 3-29　COMS 传输门电路

(a) 电路；(b) 逻辑符号

2) 工作原理

当 $C=1$（接 V_{DD}），$\bar{C}=0$（接地）时，若输入信号 u_I 接近于 V_{DD}，$U_{GS1} \approx 0$，$U_{GS2} \approx -V_{DD}$，则 T_1 截止，T_2 导通；若输入信号 u_I 接近 0，$U_{GS1} \approx U_{DD}$，$U_{GSP} \approx 0$，则 T_1 导通，T_2 截止；若 u_I 接近 $V_{DD}/2$，则 T_1、T_2 同时导通。所以在 $C=1$（接 V_{DD}），$\bar{C}=0$（接地）时，总有管子处于导通状态，管子的导通电阻为几百欧姆，就相当于一个开关接通。

反之，当 $C=0$（接地），$\bar{C}=1$（接地）时，u_I 在 $0 \sim U_{DD}$ 之间，T_1、T_2 都截止，这时截止电阻很高，可大于 $10^9\ \Omega$，仅有皮安数量级的漏电流通过，相当于开关断开。

由于 MOS 管的结构是对称的，即源极和漏极可互换使用，因此传输门的输入端和输出端也可以互换，故 CMOS 传输门具有双向性，也称双向传输开关。

3.3.3　CMOS 门电路系列及型号的命名法

CMOS 逻辑门器件有三大系列：4000 系列、74C××系列和硅氧化铝系列。

1. 4000 系列

表 3-5 列出了 4000 系列 CMOS 器件型号组成符号及意义。

表 3-5　4000 系列 CMOS 器件型号组成符号及意义

第 1 部分		第 2 部分		第 3 部分		第 4 部分	
产品制造单位		器件系列		器件品种		工作温度范围	
符号	意义	符号	意义	符号	意义	符号	意义
CC	中国制造的类型	40	系列符号	阿拉伯数字	器件功能	C	0 ~ 70 ℃
CD	美国无线电公司产品	45				E	-40 ~ 85 ℃
TC	日本东芝公司产品	145				R	-55 ~ 85 ℃
						M	-55 ~ 125 ℃

例如：

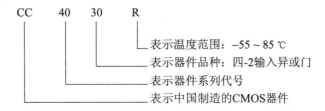

2. 74C××系列

74C××系列有：普通 74C××系列、高速 MOS74HC××/HCT××系列及先进的 CMOS74AC××/ACT××系列。

3.4 门电路使用及连接的问题

3.4.1 TTL 集成电路使用中应注意的问题

（1）电源电压（$+V_{CC}$）应满足在标准值 5 V +10% 的范围内。
（2）TTL 电路的输出端所接负载，不能超过规定的扇出系数。
（3）TTL 门多余输入端的处理方法。

1. 与门和与非门

（1）悬空，相当于逻辑高电平，但通常情况下不这样处理，以防止干扰的窜入。
（2）接电源，如图 3 – 30（a）所示。
（3）通过一个上拉电阻接至电源正极，如图 3 – 30（b）所示，或接标准高电平。
（4）与其他信号输入端并接使用，如图 3 – 30（c）所示。

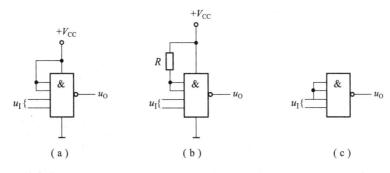

图 3 – 30 TTL 与门多余输入端的处理方法
(a) 接电源；(b) 通过 R 接电源正极；(c) 与其他信号输入端并接

2. 或门和或非门

（1）接地，如图 3 – 31（a）所示。
（2）通过一个电阻接至电源地，如图 3 – 31（b）所示，或标准接低电平。

(3) 与其他信号输入端并接使用,如图 3-31(c)所示。

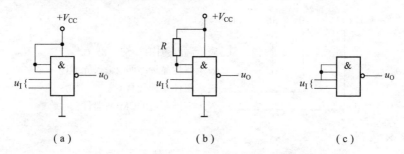

图 3-31　TTL 或门多余输入端的处理方法
(a) 接地；(b) 通过 R 接电源地；(c) 与其他信号输入端并接

3.4.2　CMOS 集成电路使用中应注意的问题

CMOS 电路的输入端是绝缘栅极,具有很高的输入阻抗,很容易因静电感应而被击穿。因此在使用 CMOS 电路时应遵守下列保护措施:

(1) 组装调测时,所用仪器、仪表、电路箱板等都必须可靠接地。

(2) 焊接时,采用内热式电烙铁,功率不宜过大,烙铁必须有外接地线,以屏蔽交流电场,最好是断电后再焊接。

(3) CMOS 电路应在防静电材料中储存或运输。

(4) CMOS 电路对电源电压的要求范围比较宽,但也不能超出电源电压的极限,更不能将极性接反,以免烧坏器件。

(5) CMOS 电路不用的多余输入端都不能悬空,应以不影响逻辑功能为原则分别接电源、地或与其他信号的输入端并联。输入端接电阻为低电平(栅极没有电流)。

3.4.3　CMOS 电路与 TTL 电路的连接

1. TTL 输出驱动 CMOS 输入

当 TTL 电路驱动 4000 系列和 HC 系列 CMOS 时,如果电源电压 V_{CC} 与 V_{DD} 均为 5 V,从表 3-6 可以看出,TTL 门的 U_{OH} 不符合 CMOS 的 U_{IH} 要求,为了很好地解决这个电平匹配问题,在 TTL 门电路的输出端外接一个上拉电阻 R_P,如图 3-32 所示,使 TTL 门电路的 $U_{OH} \approx 5$ V。如果 CMOS 的电源电压较高,则 TTL 电路需采用 OC 门,在其输出端接上拉电阻,如图 3-33 所示,上拉电阻的大小将影响其工作速度。采用另一种方法,用专用的 CMOS 接口电路(如 CC4502、CC40109 等),如图 3-34 所示。

表 3-6　TTL 的 74LS 系列和 CMOS 的 4000、74HC 系列的输入、输出高电平和低电平

TTL 的输出电平 74LS 系列	CMOS 的输入电平 4000 系列	CMOS 的输入电平 74HC 系列
$U_{OL} \leqslant 0.5$ V	$U_{IL} \leqslant 1.5$ V	$U_{IL} \leqslant 1$ V
$U_{OH} \geqslant 2.4$ V	$U_{IH} \geqslant 3.5$ V	$U_{IH} \geqslant 2.4$ V

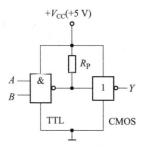
图 3-32　TTL 驱动 COMS 采用外接上拉电阻

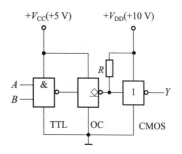
图 3-33　TTL 驱动 COMS 采用 OC 门

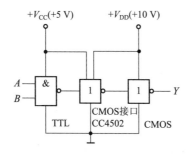
图 3-34　TTL 驱动采用专用的 COMS 接口电路

当 TTL 电路驱动 74HCT 系列和 74ACT 系列的 CMOS 门电路时，因两类电路性能兼容，故可以直接相连，不需要外加元件和器件。

2. CMOS 输出驱动 TTL 输入

74HC/74HCT 系列 CMOS 和 74LS 系列 TTL 的输入高、低电平如表 3-7 所示。由表 3-7 可知，CMOS 的输出电平同 TTL 的输入电平兼容。若 CMOS 电路的电源电压为 +5 V 时，则两者可直接相连。当 CMOS 电源电压较高时，可采用专用的电平转换电路或用三极管反相器作为接口电路，如图 3-35 所示。

表 3-7　74HC/74HCT 系列 CMOS 和 74LS 系列 TTL 的输入、输出高电平和低电平

CMOS 的输出电平		TTL 的输入电平 74LS 系列
74HC 系列	74HCT 系列	
$U_{OL} \leq 0.1$ V	$U_{OL} \leq 0.1$ V	$U_{IL} \leq 0.8$ V
$U_{OH} \geq 4.9$ V	$U_{OH} \geq 4.4$ V	$U_{IH} \geq 2$ V

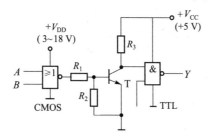
图 3-35　COMS 驱动 TTL 采用三极管电路

技能训练1　TTL集成逻辑门的逻辑功能与参数测试

1. 实训目的

（1）掌握TTL集成与非门的逻辑功能和主要参数的测试方法。

（2）掌握TTL器件的使用规则。

（3）进一步熟悉数字电路实训装置的结构、基本功能和使用方法。

2. 实训设备与器件

（1）+5 V直流电源。

（2）逻辑电平开关。

（3）逻辑电平显示器。

（4）直流数字电压表。

（5）直流毫安表。

（6）直流微安表。

（7）74LS20×2，1kΩ、10kΩ电位器，200 Ω电阻器（0.5 W）。

3. 实训内容

在合适的位置选取一个14P插座，按定位标记插好74LS20集成块。

1）TTL集成与非门74LS20的逻辑功能

按图J1-1接线，门的四个输入端接逻辑开关输出插口，以提供"0"与"1"电平信号，开关向上输出逻辑"1"，向下为逻辑"0"。门的输出端接由LED发光二极管组成的逻辑电平显示器（又称0-1指示器）的显示插口，LED亮为逻辑"1"，不亮为逻辑"0"。按表J1-1的真值表逐个测试集成块中两个与非门的逻辑功能。74LS20有4个输入端，有16个最小项，在实际测试时，只要通过对输入1111、0111、1011、1101、1110五项进行检测就可判断其逻辑功能是否正常。

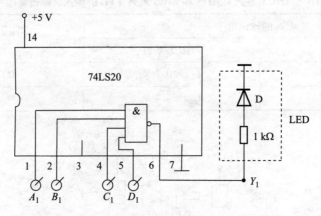

图J1-1　与非门逻辑功能测试电路

表 J1-1 真值表

输入				输出	
A_n	B_n	C_n	D_n	Y_1	Y_2
1	1	1	1		
0	1	1	1		
1	0	1	1		
1	1	0	1		
1	1	1	0		

2) 74LS20 主要参数的测试

(1) 分别按图 J1-2、图 J1-3、图 J1-5 接线并进行测试,将测试结果记入表 J1-2 中。

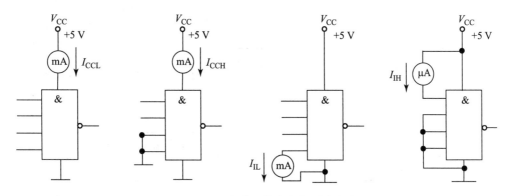

图 J1-2 TTL 与非门静态参数测试电路图

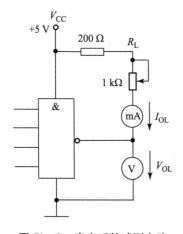

图 J1-3 扇出系数试测电路

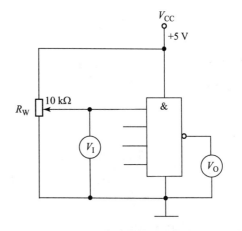

图 J1-4 传输特性测试电路

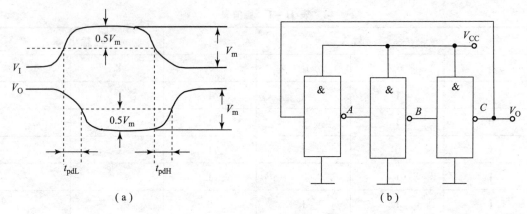

图 J1-5

(a) 传输延迟特性；(b) t_{pd} 的测试电路

表 J1-2

I_{CCL}/ mA	I_{CCH}/ mA	I_{IL}/ mA	I_{OL}/ mA	$N_O = \dfrac{I_{OL}}{I_{IL}}$	$(t_{pd} = T/6)$/ ns

(2) 按图 J1-4 接线，调节电位器 R_W，使 V_I 从 0 向高电平变化，逐点测量 V_I 和 V_O 的对应值，记入表 J1-3 中。

表 J1-3

V_I/V	0	0.2	0.4	0.6	0.8	1.0	1.5	2.0	2.5	3.0	3.5	4.0	…
V_O/V													

4. 实训报告

(1) 记录、整理实训结果，并对结果进行分析。

(2) 画出实测的电压传输特性曲线，并从中读出各有关参数值。

技能训练 2　CMOS 集成逻辑门的逻辑功能与参数测试

1. 实训目的

(1) 掌握 CMOS 集成门电路的逻辑功能和器件的使用规则。

(2) 学会 CMOS 集成门电路主要参数的测试方法。

2. 实训设备与器件

(1) +5 V 直流电源。

(2) 双踪示波器。

(3) 连续脉冲源。

(4) 逻辑电平开关。

(5) 逻辑电平显示器。

(6) 直流数字电压表。

(7) 直流毫安表。

(8) 直流微安表。

(9) CC4011、CC4001、CC4071、CC4081、电位器 100kΩ、电阻 1kΩ。

3. 实训内容

1) CMOS 与非门 CC4011 参数测试（方法与 TTL 电路相同）

(1) 测试 CC4011 一个门的 I_{CCL}、I_{CCH}、I_{IL}、I_{IH}。

(2) 测试 CC4011 一个门的传输特性（一个输入端作信号输入，另一个输入端接逻辑高电平）。

(3) 将 CC4011 的三个门串接成振荡器，用示波器观测输入、输出波形，并计算出 t_{pd} 值。

2) 验证 CMOS 各门电路的逻辑功能

验证与非门 CC4011、与门 CC4081、或门 CC4071 及或非门 CC4001 逻辑功能。

以 CC4011 为例，测试时，选好某一个 14P 插座，插入被测器件，其输入端 A、B 接逻辑开关的输出插口，如图 J2-1 所示，其输出端 Y 接至逻辑电平显示器输入插口，拨动逻辑电平开关，逐个测试各门的逻辑功能，并记入表 J2-1 中。

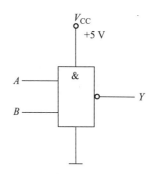

图 J2-1 与非门逻辑功能测试

表 J2-1 真值表

输入		输出			
A	B	Y_1	Y_2	Y_3	Y_4
0	0				
0	1				
1	0				
1	1				

3) 观察与非门、与门、或非门对脉冲的控制作用

按图 J2-2 (a)、(b) 接线，将一个输入端接连续脉冲源（频率为 20 kHz），用示波器观察两种电路的输出波形，记录之。

然后测定"与门"和"或非门"对连续脉冲的控制作用。

4. 实训要求

(1) 复习 CMOS 门电路的工作原理。

(2) 熟悉实验用各集成门引脚功能。

(3) 画出各实验内容的测试电路及数据记录表格。

(4) 画好实验用各门电路的真值表。

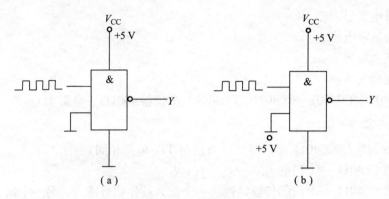

图 J2-2 与非门对脉冲的控制作用

(5) 各 CMOS 门电路闲置输入端如何处理？

5. 实训报告

(1) 整理实训结果，用坐标纸画出传输特性曲线。

(2) 根据实训结果，写出各门电路的逻辑表达式，并判断被测电路的功能好坏。

本章小结

本章介绍了半导体二极管、三极管和 MOS 管的开关特性；然后重点介绍了 TTL 和 CMOS 集成门电路的结构工作原理、符号、外部特性、参数、特点；最后介绍了 TTL 和 CMOS 集成门电路之间的连接问题。通过本章学习要求做到：

1. 了解半导体二极管、三极管和 MOS 管的开关特性。
2. 深刻理解 TTL 与非门的工作原理、传输特性及参数。
3. 深刻理解和掌握 TTL 与门、或门、非门、或非门、与非门、与或非门、异或门、同或门、OC 门、三态门的含义，逻辑功能及门电路符号。
4. 理解 CMOS 反相器及其逻辑门电路的组成及工作原理。
5. 了解 CMOS 电路的特点及使用注意事项。
6. 了解 TTL 和 CMOS 集成门电路之间的连接问题。

思考与练习题

3.1 TTL 门电路及输入电压波形如图 P3-1 所示，试写出 $Y_1 \sim Y_6$ 的逻辑表达式，并画出 $Y_1 \sim Y_6$ 的波形。

3.2 图 P3-2 电路中的门电路为 CMOS 组成，试写出输出 Y_1、Y_2 的逻辑表达式。如果电路是 TTL 门，其中 $R_{ON} = 2 \text{ k}\Omega$，$R_{OFF} = 0.8 \text{ k}\Omega$，试求其输出 Y_1、Y_2 的逻辑表达式。

3.3 有两个 TTL 与非门 G_1 和 G_2，测得它们的关门电平分别为：$U_{OFF1} = 0.8 \text{ V}$，$U_{OFF2} = 1.1 \text{ V}$；开门电平分别为：$U_{ON1} = 1.9 \text{ V}$，$U_{ON2} = 1.5 \text{ V}$。它们的输出高电平和低电平都相等，

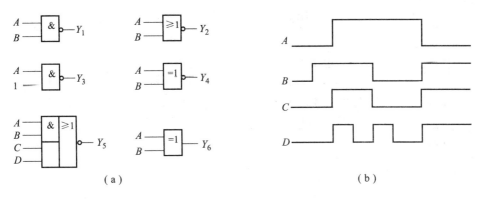

图 P3 – 1

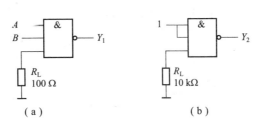

图 P3 – 2

试判断何者为优（定量说明）。

3.4 三态门、与非门构成电路及其输入信号波形如图 P3 – 3 所示，试画出 Y 的输出波形。

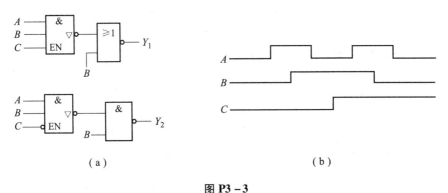

图 P3 – 3
（a）电路；（b）输入信号波形

3.5 图 P3 – 4 中，TTL 与非门输入端 1、2 是多余的，指出哪些接法是错误的。如果图 P3 – 4 中为 TTL 或非门，哪些接法是错误的？

3.6 如图 P3 – 5 所示，试写出输出 Y 的逻辑表达式。

3.7 在 CMOS 电路中，输入端允许悬空吗？有人说允许，而且其等效逻辑状态和 TTL 电路中的一样，相当于 1，对吗？为什么？

3.8 图 P3 – 6 所示为 CMOS 传输门和非门组成的电路以及 C 端信号波形，已知 $u_{I1} = 10$ V，$u_{I2} = 0.1$ V，CMOS 反相器电源电压 $V_{DD} = 10$ V，CMOS 门的 MOS 管的开启电压为 3.5 V，试画出输出 u_O 的波形。

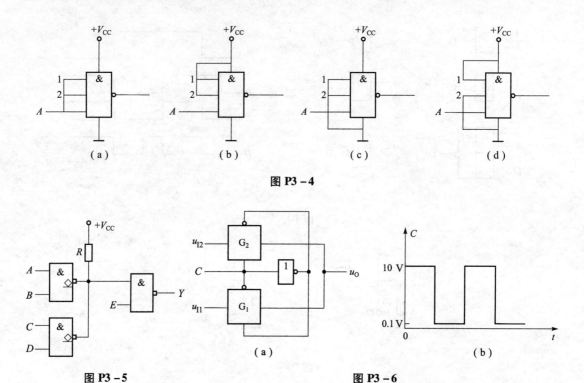

图 P3-4

图 P3-5

图 P3-6

(a) 电路;(b) 输入信号波形

3.9 已知电路两个输入信号的波形如图 P3-7 所示,信号的重复频率为 1 MHz,每个门的平均延迟时间 $t_{pd}=20$ ns。试画出:

(1) 不考虑 t_{pd} 时的输出波形。

(2) 考虑 t_{pd} 时的输出波形。

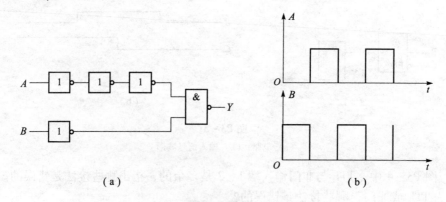

图 P3-7

(a) 电路;(b) 输入信号波形

第4章 组合逻辑电路及其应用

学习目标

(1) 掌握逻辑电路的一般分析方法和设计方法。
(2) 理解常用组合逻辑电路的原理、特点和使用方法。
(3) 掌握用 MSI 器件,如译码器、数据选择器等设计组合逻辑电路。
(4) 理解组合逻辑电路的竞争-冒险现象。

能力目标

(1) 能够对常用组合逻辑电路的特点和使用方法进行归纳总结。
(2) 能够分析和设计组合逻辑电路。

4.1 概 述

数字逻辑电路,按逻辑功能分成两大类,一类叫组合逻辑电路,另一类叫时序逻辑电路。

组合逻辑电路的特点:在任一时刻,输出信号只取决于该时刻各输入信号的组合,而与该时刻前的电路输入信号无关,这种电路称为组合逻辑电路。

组合逻辑电路的组成:组合逻辑电路的示意图如图 4-1 所示。它有 n 个输入端,用 X_1, X_2, $\cdots$, X_n 表示; m 个输出端,用 Y_1, Y_2, $\cdots$, Y_m 表示。该逻辑电路输出端的状态,仅取决于此刻 n 个输入端的状态,输出与输入之间的关系可以用 m 个逻辑函数式来描述:

$$Y_1 = f_1(X_1, X_2, \cdots, X_n)$$
$$Y_2 = f_2(X_1, X_2, \cdots, X_n)$$

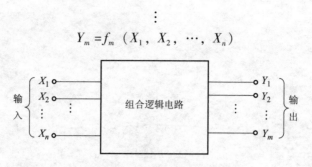

图 4-1 组合逻辑电路的示意图

若组合电路只有一个输出量,则此电路称为单输出组合逻辑电路;若组合电路有多个输出量,则称为多输出组合逻辑电路。

任何组合逻辑电路,不管是简单的还是复杂的,其电路结构均有如下特点:由各种类型逻辑门电路组成;电路的输入和输出之间没有反馈途径;电路中不含记忆单元。

可以看出,前几章所介绍的逻辑电路均属组合逻辑电路。在数字系统中,很多逻辑电路部件,如编码器、译码器、加法器、比较器、奇偶校验器等都属于组合逻辑电路。

4.2 组合逻辑电路的分析和设计

4.2.1 组合逻辑电路的分析方法

所谓组合逻辑电路的分析,就是对给定的组合逻辑电路,找出其输出与输入之间的逻辑关系,或者描述其逻辑功能,评价其电路。描述逻辑功能的方法,则可以写出输出、输入的逻辑表达式,或者列出真值表或者用简洁明了的语言说明等。其分析步骤如下:

(1) 根据逻辑电路图,写出输出变量对应于输入变量的逻辑函数表达式。具体方法是:由输入端级向后递推,写出每个门输出对应于输入的逻辑关系,最后得出输出信号对应于输入的逻辑关系式。

(2) 根据输出函数表达式列出真值表。

(3) 根据真值表或输出函数表达式,确定逻辑功能,评价电路。

上述分析步骤可用图 4-2 流程表示。根据以上的分析步骤,下面结合例子说明组合逻辑电路的分析方法。

图 4-2 组合逻辑电路分析流程

例 4-1 试分析图 4-3 所示电路的逻辑功能。

解:图 4-3 所示为单输出组合逻辑电路,由三个异或非门构成。

分析步骤:

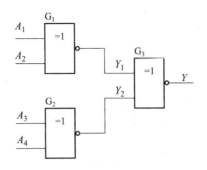

图 4-3 单输出组合逻辑电路

(1) 写出输出 Y 逻辑表达式。

由 G_1 门可知，$Y_1 = \overline{A_1 \oplus A_2} = A_1 A_2 + \overline{A_1}\,\overline{A_2}$。

由 G_2 门可知，$Y_2 = \overline{A_3 \oplus A_4} = A_3 A_4 + \overline{A_3}\,\overline{A_4}$。

输出 Y 的逻辑函数表达式：

$$Y = \overline{Y_1 \oplus Y_2} = Y_1 Y_2 + \overline{Y_1}\,\overline{Y_2}$$
$$= A_1 A_2 A_3 A_4 + A_1 A_2 \overline{A_3}\,\overline{A_4} + \overline{A_1}\,\overline{A_2} A_3 A_4 +$$
$$\overline{A_1}\,\overline{A_2}\,\overline{A_3}\,\overline{A_4} + \overline{A_1} A_2 \overline{A_3} A_4 + \overline{A_1} A_2 A_3 \overline{A_4} +$$
$$A_1 \overline{A_2} A_3 \overline{A_4} + A_1 \overline{A_2}\,\overline{A_3} A_4$$

(2) 列出真值表。

将 A_1、A_2、A_3、A_4 各组取值代入函数式，可得相应和中间输出，然后由 Y_1、Y_2 推得最终 Y 输出，列出如表 4-1 所示真值表。

表 4-1 例 4-1 真值表

输入				中间输出		输出	输入				中间输出		输出
A_1	A_2	A_3	A_4	Y_1	Y_2	Y	A_1	A_2	A_3	A_4	Y_1	Y_2	Y
0	0	0	0	1	1	1	1	0	0	0	0	1	0
0	0	0	1	1	0	0	1	0	0	1	0	0	1
0	0	1	0	1	0	0	1	0	1	0	0	0	1
0	0	1	1	1	1	1	1	0	1	1	0	1	0
0	1	0	0	0	1	0	1	1	0	0	1	1	1
0	1	0	1	0	0	1	1	1	0	1	1	0	0
0	1	1	0	0	0	1	1	1	1	0	1	0	0
0	1	1	1	0	1	0	1	1	1	1	1	1	1

(3) 说明电路的逻辑功能。

仔细分析电路真值表，可发现 A_1、A_2、A_3、A_4 四个输入中有偶数个 1（包括全 0）时，电路输出 Y 为 1，而有奇数个 1 时，Y 为 0。因此，这是一个四输入的偶校验器。如果将图 4-3 中异或非门改为异或门，我们可用同样的方法分析出该电路是一个奇校验器。

例 4-2 试分析图 4-4 所示逻辑电路的逻辑功能。

解：

(1) 写出逻辑表达式。

$Y_1 = \overline{AB}$，$Y_2 = \overline{BC}$，$Y_3 = \overline{AC}$，$Y = \overline{Y_1 \cdot Y_2 \cdot Y_3} = \overline{\overline{AB} \cdot \overline{BC} \cdot \overline{AC}} = AB + BC + AC$。

(2) 列出真值表，如表 4 – 2 所示。

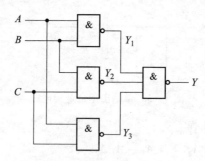

图 4 – 4　例 4 – 2 逻辑

表 4 – 2　例 4 – 2 真值表

输入			输出
A	B	C	Y
0	0	0	0
0	0	1	0
0	1	0	0
0	1	1	1
1	0	0	0
1	0	1	1
1	1	0	1
1	1	1	1

(3) 该电路为三变量多数表决电路，A、B、C 三个输入中有两个及两个以上为 1 时，输出 Y 为 1，否则输出为 0，它表示"少数服从多数"的逻辑关系。

例 4 – 3　试分析图 4 – 5 所示电路的逻辑功能。

图 4 – 5 所示电路有两输出端 S、C，故是多输出组合逻辑电路，它由五个与非门构成，其分析过程如下：

(1) 由逐级递推法写出输出 S、C 的表达式：

由 G_1、G_2、G_3 可得 Z_1、Z_2、Z_3 表达式：

$$Z_1 = \overline{AB}$$
$$Z_2 = \overline{Z_1 \cdot A} = \overline{\overline{AB}A} = \overline{(\overline{A}+\overline{B})A} = \overline{A\overline{B}}$$
$$Z_3 = \overline{Z_1 \cdot B} = \overline{\overline{AB}B} = \overline{(\overline{A}+\overline{B})B} = \overline{\overline{A}B}$$

由 G_4、G_5 可得 S、C 表达式：

$$S = \overline{Z_2 \cdot Z_3} = \overline{\overline{A\overline{B}} \cdot \overline{\overline{A}B}} = A\overline{B} + \overline{A}B = A \oplus B$$

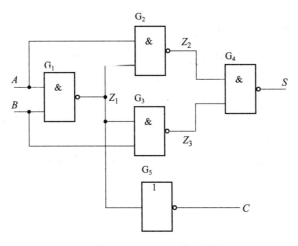

图 4-5 例 4-3 逻辑电路

(2) 真值表。

将 A、B 各种输入组合代入 S、C 表达式可得对应的逻辑值,列出如表 4-3 所示真值表。

表 4-3 例 4-3 真值表

输入		输出	
A	B	S	C
0	0	0	0
0	1	1	0
1	0	1	0
1	1	0	1

(3) 说明电路的逻辑功能。

设 A 是一个被加数,B 是一个加数,则 S 就为 A、B 这两个一位二进制数相加的和,C 为 A、B 这两个一位二进制数相加的进位,因此这是一个"半加器"电路,可作为运算器的基本单元电路。图 4-6(a) 所示为半加器惯用符号,图 4-6(b) 所示为半加器新标准符号。

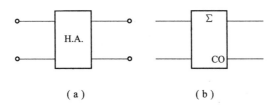

(a)   (b)

图 4-6 半加器逻辑符号

(a) 惯用符号;(b) 新标准符号

$$C = \overline{Z_1} = \overline{\overline{\overline{AB}}} = AB$$

4.2.2 组合逻辑电路的设计方法

组合逻辑电路设计是组合逻辑电路分析的逆过程,其目的是根据给出的实际逻辑问题,经过逻辑抽象,找出用最少的逻辑门实现给定逻辑功能的方案,并画出逻辑电路图。

其设计步骤如下:

(1) 根据给定的逻辑问题,做出输入、输出变量规定,建立真值表。逻辑要求的文字描述一般很难做到全面而确切,往往需要对题意反复分析,进行逻辑抽象,这是一个很重要的过程,是建立逻辑问题真值表的基础。根据设计问题的因果关系,确定输入变量和输出变量,同时规定变量状态的逻辑赋值,真值表是描述逻辑部件的一种重要工具。任何逻辑问题,只要能列出真值表,正确与否将决定整个设计的成败。

(2) 根据真值表写出逻辑表达式。

(3) 将逻辑函数化简或变换成适当形式。可以用代数法或卡诺图法将所得的函数化为最简与或表达式,对于一个逻辑电路,在设计时尽可能使用最少数量的逻辑门,逻辑门变量数也应尽可能少(即在逻辑表达式中乘积项最少,乘积项中的变量个数最少),还应根据题意变换成适当形式的表达式。

(4) 根据逻辑表达式画出逻辑电路图。上述设计步骤可用图4-7所示流程表示。

图4-7 组合逻辑电路设计流程

1. 单输出组合逻辑电路设计举例

例4-4 用与非门设计一个举重裁判表决电路。设举重比赛有三个裁判,一个主裁判和两个副裁判。杠铃完全举上的裁决由每一个裁判按一下自己面前的按钮来确定。只有当两个或两个以上裁判判明成功,并且其中有一个为主裁判时,表明成功的灯才亮。

解: 设主裁判为变量 A,副裁判分别为 B 和 C;表示成功与否的灯为 Y。

(1) 根据逻辑要求列出真值表4-4。

表4-4 例4-4真值表

A	B	C	Y	A	B	C	Y
0	0	0	0	1	0	0	0
0	0	1	0	1	0	1	1
0	1	0	0	1	1	0	1
0	1	1	0	1	1	1	1

(2) 根据真值表,写出输出逻辑表达式。

$$Y = m_5 + m_6 + m_7 = A\bar{B}C + AB\bar{C} + ABC$$

(3) 化简逻辑表达式并转换成适当形式。

画出函数卡诺图如图4-8所示,化简得到最简与或表达式,并将原最简与或表达式两次求反，利用反演律变换为与非－与非表达式，即 $Y = AB + AC = \overline{\overline{AB + AC}} = \overline{\overline{AB} \cdot \overline{AC}}$。

（4）根据表达式，画出逻辑电路图，如图 4－9 所示。

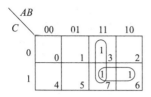

图 4－8　例 4－4 卡诺图

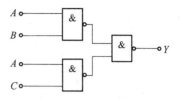

图 4－9　逻辑电路图

例 4－5　用与非门设计一个一位十进制数的数值范围指示器，设这个一位十进制数为 X，电路输入为 A、B、C 和 D，$X = 8A + 4B + 2C + D$，要求当 $X \geq 5$ 时输出 Y 为"1"，否则为"0"，该电路实现了四舍五入功能。

解：

（1）根据题意，列出表 4－5 所示真值表。

当输入变量 A、B、C、D 取值为 0000—0100（即 $X<4$）时，函数 F 值为 0；当输入变量 A、B、C、D 取值为 0101—1001（即 $X>5$）时，函数 Y 值为 1；1010～1111 六种输入是不允许出现的，可做任意状态处理（化简时可当作 1，也可当作 0），用×表示。

表 4－5　例 4－5 真值表

A	B	C	D	Y	A	B	C	D	Y
0	0	0	0	0	1	0	0	0	1
0	0	0	1	0	1	0	0	1	1
0	0	1	0	0	1	0	1	0	×
0	0	1	1	0	1	0	1	1	×
0	1	0	0	0	1	1	0	0	×
0	1	0	1	1	1	1	0	1	×
0	1	1	0	1	1	1	1	0	×
0	1	1	1	1	1	1	1	1	×

（2）根据真值表，写出逻辑表达式。由真值表可写出函数的最小项表达式：

$F(A、B、C、D) = \sum m(5, 6, 7, 8, 9) + \sum d(10, 11, 12, 13, 14, 15)$

（3）化简逻辑表达式并转换成适当形式。由最小项表达式，画出函数卡诺图，如图 4－10 所示，化简得到的函数最简与或表达式为：$Y = A + BD + BC$。

根据题意，要用与非门设计，故将上述逻辑表达式变换成与非－与非表达式，即将原最简的与或表达式二次求反，并利用反演律求得：$Y = \overline{\overline{A} \cdot \overline{BD} \cdot \overline{BC}}$。

（4）画出逻辑图。根据逻辑表达式，画出逻辑电路图，如图 4－11 所示。

例 4－6　已知某组合逻辑电路输入信号 A、B、C，输出信号 Y，其波形如图 4－12 所示，写出逻辑表达式，画出逻辑图。

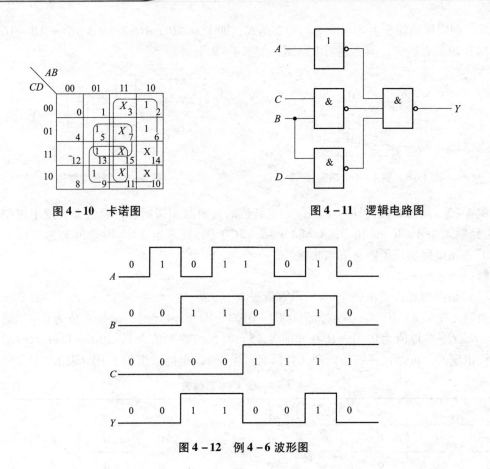

图 4-10　卡诺图　　　　　　　图 4-11　逻辑电路图

图 4-12　例 4-6 波形图

解：

(1) 根据题意及波形，列出真值表。时序波形图是描述逻辑函数的方法之一，反映了输入与输出的逻辑关系，从图 4-12 中不难看出 A、B、C 与 Y 的关系，列出真值表如表 4-6 所示。

表 4-6　例 4-6 真值表

A	B	C	Y
0	0	0	0
0	0	1	0
0	1	0	1
0	1	1	0
1	0	0	0
1	0	1	0
1	1	0	1
1	1	1	1

(2) 根据真值表写出逻辑表达式。

$$F(A, B, C) = \Sigma m(2, 6, 7)$$

将上述函数用卡诺图化简,如图 4-13 所示,化简后得最简逻辑表达式为

$$Y = B\overline{C} + AB$$

(3) 画出逻辑电路图,如图 4-14 所示。

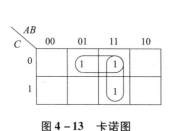

图 4-13 卡诺图   图 4-14 逻辑电路

2. 多输出组合逻辑电路设计举例

例 4-7 用门电路设计一个将 8421BCD 码转换为余 3BCD 码的变换电路。

解:

(1) 分析题意,列真值表。

该电路输入为 8421BCD 码,输出为余 3BCD 码,因此它是一个四输入、四输出的码制变换电路,其框图如图 4-15 (a) 所示。根据两种 BCD 码的编码关系,列出真值表,如表 4-7 所示。由于 8421BCD 码不会出现 1010~1111 这六种状态,因此把它视为无关项。

表 4-7 例 4-7 真值表

A	B	C	D	E_1	E_2	E_3	E_4
0	0	0	0	0	0	1	1
0	0	0	1	0	1	0	0
0	0	1	0	0	1	0	1
0	0	1	1	0	1	1	0
0	1	0	0	0	1	1	1
0	1	0	1	1	0	0	1
0	1	1	0	1	0	0	0
0	1	1	1	1	0	1	0
1	0	0	0	1	0	1	1
1	0	0	1	1	1	0	0
1	0	1	0	×	×	×	×
1	0	1	1	×	×	×	×
1	1	0	0	×	×	×	×
1	1	0	1	×	×	×	×
1	1	1	0	×	×	×	×
1	1	1	1	×	×	×	×

(2) 选择器件，写出输出函数表达式。

题目没有具体指定用哪一种门电路，因此可以从门电路的数量、种类、速度等方面综合折中考虑，选择最佳方案。该电路的化简过程如图 4-15（b）所示，首先得出最简与或式，然后进行函数式变换。变换时一方面应尽量利用公共项以减少门的数量，另一方面减少门的级数，以减少传输延迟时间，因而得到输出函数式为

$$E_3 = A + BC + BD = \overline{\overline{A} \cdot \overline{BC} \cdot \overline{BD}}$$

$$E_2 = B\overline{C}\overline{D} + \overline{B}C + \overline{B}D = B(\overline{C+D}) + \overline{B}(C+D) = B \oplus (C+D)$$

$$E_1 = \overline{C}\overline{D} + CD = C \odot D = C \oplus \overline{D}$$

$$E_0 = \overline{D}$$

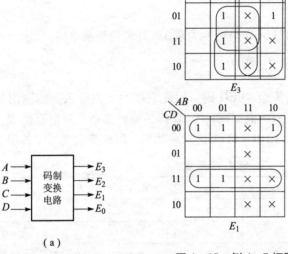

图 4-15　例 4-7 框图

(a) 电路框图；(b) 卡诺图

(3) 画逻辑电路。

该电路采用了三种门电路，速度较快，其电路如图 4-16 所示。

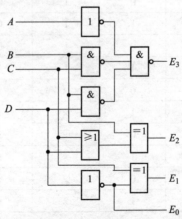

图 4-16　8421BCD 码转换为余 3BCD 码的电路

例 4-8 设计一个一位全减器。

解：根据题意，全减器有三个输入变量：被减数 A_n、减数 B_n、低位向本位的借位 C_n；有两个输出变量：本位差 D_n、本位向高位的借位 C_{n+1}。其框图如图 4-17（a）所示。

（1）依题意，列出真值表，如表 4-8 所示。

表 4-8 例 4-7 真值表

A_n	B_n	C_n	C_{n+1}	D_n
0	0	0	0	0
0	0	1	1	1
0	1	0	1	1
0	1	1	1	0
1	0	0	0	1
1	0	1	0	0
1	1	0	0	0
1	1	1	1	1

（2）写逻辑函数式并化简。

画出 C_{n+1} 和 D_n 的卡诺图如图 4-17（b）、（c）所示，选用非门、异或门、与或非门三种器件，将 C_{n+1}、D_n 分别化简为相应的函数式。由于该电路有两个输出函数，因此化简时应从整体出发，尽量利用公共项使整个电路门数最少，求出相应的与或非式为

$$D_n = \overline{A_n} \, \overline{B_n} \, \overline{C_n} + \overline{A_n} B_n C_n + A_n B_n \overline{C_n} + A_n \overline{B_n} C_n$$

$$C_{n+1} = \overline{\overline{B_n} \, \overline{C_n} + A_n \, \overline{C_n} + A_n \, \overline{B_n}}$$

当用异或门实现电路时，写出相应的函数式为

$$D_n = A_n \oplus B_n \oplus C_n$$
$$C_{n+1} = \overline{A_n} \, \overline{B_n} C_n + \overline{A_n} B_n \overline{C_n} + B_n C_n$$
$$= \overline{A_n}(B_n \oplus C_n) + B_n C_n = \overline{\overline{A_n}(B_n \oplus C_n) \cdot \overline{B_n C_n}}$$

式中，$(B_n \oplus C_n)$ 为 D_n 和 C_{n+1} 的公共项。

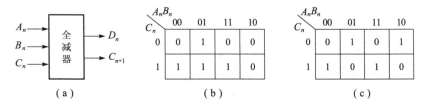

图 4-17 例 4-8 电路图
(a) 框图；(b) C_{n+1} 的卡诺图；(c) D_n 的卡诺图

（3）画出相应的逻辑电路，如图 4-18 所示。其中，图 4-18（a）所示为用与或非门实现全减器电路，图 4-18（b）所示为用异或门实现全减器电路。

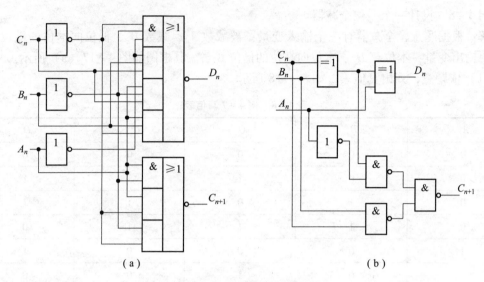

图 4-18 全减器逻辑电路图
(a) 用与或非门实现全减器电路;(b) 用异或门实现全减器电路

4.3 编码器和译码器

4.3.1 编码器

1. 编码器的概念

在数字设备中,数据和信息是用"0"和"1"组成的二进制代码来表示的,将若干个"0"和"1"按一定的规律编排在一起,编成不同的代码,并且赋予每个代码以固定的含义,这就叫编码。例如,可用三位二进制数组成的编码表示十进制数的 0~7,十进制数 0 编成二进制数"000",十进制数 1 编成二进制数"001",十进制数 2 编成二进制数"010",等等。用来完成编码工作的电路通称为编码器。可见,编码器是将有特定意义的输入数字信号或文字符号信号,编成相应的若干位二进制代码形式输出的组合逻辑电路。如 BCD 码编码器是将 0~9 十个数字转化为四位 BCD 码输出的组合电路。

2. 二-十进制编码器

1) 二进制编码器

将一般信号编为二进制代码的电路称为二进制编码器。一位二进制代码可以表示两个信号,两位二进制代码有 00、01、10、11 四种组合,可以代表四个信号。依次类推,n 位二进制代码可表示 2^n 个信号。

例 4-9 设计一个编码器,将 $I_0 \sim I_7$ 的 8 个信号编成二进制代码。

解:

(1) 分析题意,列出输入输出关系。

三位二进制代码的组合关系是 $2^3 = 8$,因此 $I_0 \sim I_7$ 的 8 个信号可用三位二进制代码表示,

设 Y_2、Y_1、Y_0 为三位二进制代码，可列出设计框图，如图 4-19 所示。

（2）列真值表。

对输入信号进行编码，任一输入信号分别对应一个编码。由于题中未规定编码，所以本题有多种解答方案。但是一旦选择某一编码方案，就可列出编码表，如表 4-9 所示。在制定编码的时候，应该使编码顺序有一定的规律可循，这样不仅便于记忆，同时也有利于编码器的连接。

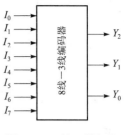

图 4-19 编码器框图

表 4-9 编码表

输入	输出		
	Y_2	Y_1	Y_0
I_0	0	0	0
I_1	0	0	1
I_2	0	1	0
I_3	0	1	1
I_4	1	0	0
I_5	1	0	1
I_6	1	1	0
I_7	1	1	1

（3）写出逻辑表达式。由编码表 4-9 直接写出输出量 A、B、C 和函数表达式，并化成与非式

$$\begin{cases} Y_2 = \bar{I_0}\bar{I_1}\bar{I_2}\bar{I_3}I_4\bar{I_5}\bar{I_6}\bar{I_7} + \bar{I_0}\bar{I_1}\bar{I_2}\bar{I_3}\bar{I_4}I_5\bar{I_6}\bar{I_7} + \bar{I_0}\bar{I_1}\bar{I_2}\bar{I_3}\bar{I_4}\bar{I_5}I_6\bar{I_7} + \bar{I_0}\bar{I_1}\bar{I_2}\bar{I_3}\bar{I_4}\bar{I_5}\bar{I_6}I_7 \\ Y_1 = \bar{I_0}\bar{I_1}I_2\bar{I_3}\bar{I_4}\bar{I_5}\bar{I_6}\bar{I_7} + \bar{I_0}\bar{I_1}\bar{I_2}I_3\bar{I_4}\bar{I_5}\bar{I_6}\bar{I_7} + \bar{I_0}\bar{I_1}\bar{I_2}\bar{I_3}\bar{I_4}\bar{I_5}I_6\bar{I_7} + \bar{I_0}\bar{I_1}\bar{I_2}\bar{I_3}\bar{I_4}\bar{I_5}\bar{I_6}I_7 \\ Y_0 = \bar{I_0}I_1\bar{I_2}\bar{I_3}\bar{I_4}\bar{I_5}\bar{I_6}\bar{I_7} + \bar{I_0}\bar{I_1}\bar{I_2}I_3\bar{I_4}\bar{I_5}\bar{I_6}\bar{I_7} + \bar{I_0}\bar{I_1}\bar{I_2}\bar{I_3}\bar{I_4}I_5\bar{I_6}\bar{I_7} + \bar{I_0}\bar{I_1}\bar{I_2}\bar{I_3}\bar{I_4}\bar{I_5}\bar{I_6}I_7 \end{cases}$$

因为任何时刻 $I_0 \sim I_7$ 中仅有一个取值为 1，利用这个约束条件将上式化简，得到

$$\begin{cases} Y_2 = I_4 + I_5 + I_6 + I_7 \\ Y_1 = I_2 + I_3 + I_6 + I_7 \\ Y_0 = I_1 + I_3 + I_5 + I_7 \end{cases}$$

（4）画出逻辑电路图，如图 4-20 所示。

2）二-十进制编码器

二-十进制编码器执行的逻辑功能是将十进制数的 0~9 十个数编为二-十进制代码。二-十进制代码（简称 BCD）是用四位二进制代码来表示一位十进制数。四位二进制代码有 16 种不同的组合，可以从中取 10 种来表示 0~9 十个数字。二-十进制编码方案很多，例如常用的

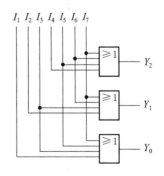

图 4-20 逻辑电路图

8421BCD 码、2421BCD 码、余3BCD 码等。对于每一种编码都可设计出相应的编码器。下面以常用的 8421BCD 码为例来说明二 – 十进制编码器的设计过程。

例 4 – 10 设计一个 8421BCD 码编码器。

解：

(1) 分析题意，确定输入输出变量。

设输入信号为 0~9，输出信号为 A、B、C、D，列出编码器框图，如图 4 – 21 所示。

(2) 列出真值表，采用 8421BCD 码编码，可得到真值表如表 4 – 10 所示。

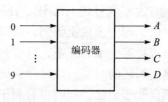

图 4 – 21 编码器框图

表 4 – 10 真值表

十进制数	D	C	B	A
0 (Y_0)	0	0	0	0
1 (Y_1)	0	0	0	1
2 (Y_2)	0	0	1	0
3 (Y_3)	0	0	1	1
4 (Y_4)	0	1	0	0
5 (Y_5)	0	1	0	1
6 (Y_6)	0	1	1	0
7 (Y_7)	0	1	1	1
8 (Y_8)	1	0	0	0
9 (Y_9)	1	0	0	1

(3) 写出输出变量逻辑表达式，并转化成与非式如下：

$$A = 1 + 3 + 5 + 7 + 9 = \overline{\overline{1} \cdot \overline{3} \cdot \overline{5} \cdot \overline{7} \cdot \overline{9}}$$

$$B = 2 + 3 + 6 + 7 = \overline{\overline{2} \cdot \overline{3} \cdot \overline{6} \cdot \overline{7}}$$

$$C = 4 + 5 + 6 + 7 = \overline{\overline{4} \cdot \overline{5} \cdot \overline{6} \cdot \overline{7}}$$

$$D = 8 + 9 = \overline{\overline{8} \cdot \overline{9}}$$

(4) 画出逻辑电路图，如图 4 – 22 所示。

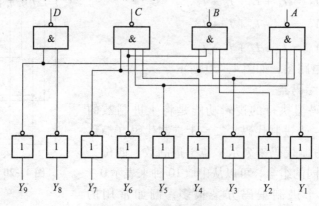

图 4 – 22 逻辑电路图

3. 优先编码器

上述讨论的编码器，是在任一时刻只允许一个信号输入有效，否则输出编码混乱。但是，在数字系统中，往往有几个输入信号同时出现，这就要求编码器能识别输入信号的优先级别，对其中高优先级的信号进行编码，完成这一功能的编码器称为优先编码器。也就是说，在同时存在两个或两个以上输入信号时，优先编码器只按优先级高的输入信号编码，优先级低的信号则不起作用。

74LS147 是一个十线－四线 8421BCD 码优先编码器，其功能真值表如表 4－11 所示。图 4－23 所示为 74LS147 引脚符号，该芯片是一个 16 脚集成块，除电源 V_{CC}（16）和 GND（8）外，15 脚是空脚（NC），其余芯片的输入、输出脚均表示在符号图上。

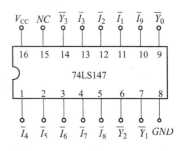

图 4－23 74LS147 引脚符号

表 4－11 74LS147 真值表

输入									输出			
1	2	3	4	5	6	7	8	9	D	C	B	A
1	1	1	1	1	1	1	1	1	1	1	1	1
×	×	×	×	×	×	×	×	0	0	1	1	0
×	×	×	×	×	×	×	0	×	0	1	1	1
×	×	×	×	×	×	0	×	×	1	0	0	0
×	×	×	×	×	0	×	×	×	1	0	0	1
×	×	×	×	0	×	×	×	×	1	0	1	0
×	×	×	0	×	×	×	×	×	1	0	1	1
×	×	0	×	×	×	×	×	×	1	1	0	0
×	0	×	×	×	×	×	×	×	1	1	0	1
0	×	×	×	×	×	×	×	×	1	1	1	0

74LS147 芯片中 $\overline{I}_1 \sim \overline{I}_9$ 为输入信号，D、C、B、A 是 8421BCD 码输出信号，输入、输出信号均以反码表示。

由表 4－11 真值表第一行可知，当 $\overline{I}_1 \sim \overline{I}_9$ 均无输入信号，输入均为"1"电平时，编码输出也无信号，均为"1"电平（反码表示）。

由真值表 4－11 第二行可知，当 $\overline{I}_9$ 为 0（有输入），则不管其余 $\overline{I}_1 \sim \overline{I}_8$ 有无输入信号（$\overline{I}_1 \sim \overline{I}_8$ 输入以随意×表示），均按 $\overline{I}_9$ 输入编码，编码输出为 9 的 8421BCD 码反码 0110。其余以此类推。由此可见，在 74LS147 优先编码器中，I_9 为最高优先级，其余输入的优先级依次为 $\overline{I}_8$、$\overline{I}_7 \sim \overline{I}_1$。

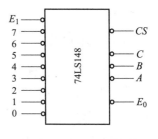

图 4－24 74LS148 逻辑符号

74LS148 是一个八线－三线优先编码器，其功能真值表如表 4－12 所示，逻辑符号如图 4－24 所示。

表 4-12　74LS148 真值表

序号	输入									输出				
	E_1	7	6	5	4	3	2	1	0	C	B	A	CS	E_0
1	1	×	×	×	×	×	×	×	×	1	1	1	1	1
2	0	1	1	1	1	1	1	1	1	1	1	1	1	0
3	0	0	×	×	×	×	×	×	×	0	0	0	0	1
4	0	1	0	×	×	×	×	×	×	0	0	1	0	1
5	0	1	1	0	×	×	×	×	×	0	1	0	0	1
6	0	1	1	1	0	×	×	×	×	0	1	1	0	1
7	0	1	1	1	1	0	×	×	×	1	0	0	0	1
8	0	1	1	1	1	1	0	×	×	1	0	1	0	1
9	0	1	1	1	1	1	1	0	×	1	1	0	0	1
10	0	1	1	1	1	1	1	1	0	1	1	1	0	1

图 4-24 中，小圆圈表示低电平有效，各引出端功能如下：

7~0 为状态信号输入端，低电平有效，7 的优先级别最高，0 的级别最低；C、B、A 为代码（反码）输出端，C 为最高位。

E_1 为使能（允许）输入端，低电平有效；当 $E_1=0$ 时，电路允许编码；当 $E_1=1$ 时，电路禁止编码，输出 C、B、A 均为高电平；E_0 和 CS 为使能输出端和优先标志输出端，主要用于级连和扩展。

从表 4-12 可以看出，当 $E_1=1$ 时，表示电路禁止编码，即无论 7~0 中有无有效信号，输出 C、B、A 均为 1，并且 $CS=E_0=1$。当 $E_1=0$ 时，表示电路允许编码，如果 7~0 中有低电平（有效信号）输入，则输出 C、B、A 是申请编码中级别最高的编码输出（注意是反码），并且 $CS=0$，$E_0=1$；如果 7~0 中无有效信号输入，则输出 C、B、A 均为高电平，并且 $CS=1$，$E_0=0$。

从另一个角度理解 E_0 和 CS 的作用。当 $E_0=0$，$CS=1$ 时，表示该电路允许编码，但无码可编；当 $E_0=1$，$CS=0$ 时，表示该电路允许编码，并且正在编码；当 $E_0=CS=1$ 时，表示该电路禁止编码，即无法编码。

4.3.2　译码器

译码器是将每一组输入代码译为一个特定输出信号，以表示代码愿意的组合逻辑电路。译码器种类很多，但可归纳为二进制译码器、二-十进制译码器和显示译码器。

1. 二进制译码器

二进制译码器的输入为二进制码，若输入有 n 位，数码组合有 2^n 种，可译出 2^n 个不同输出信号。现以 74LS138 三线-八线译码器为例来说明二进制译码器的逻辑电路构成、特点及应用。

1）逻辑电路

（1）逻辑电路的组成。

74LS138 的内部逻辑电路如图 4-25 所示。图 4-26（a）所示为 74LS138 引脚排列图，图 4-26（b）所示为逻辑功能图。从电路内部结构看，该电路由非门、与非门组成。其中：A_0、A_1、A_2 为输入信号，$\overline{Y}_0 \sim \overline{Y}_7$ 为输出信号且译出的信号均是反码，G_1、$\overline{G}_{2A}$、$\overline{G}_{2B}$ 为使能控制端。

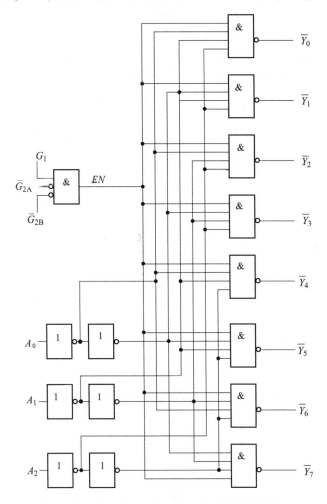

图 4-25　74LS138 三线-八线译码器逻辑电路图

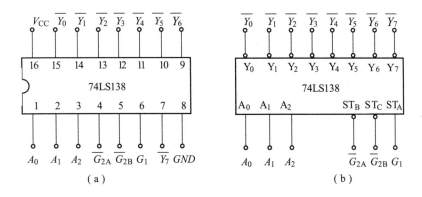

(a)　　　　　　　　　　　　　　(b)

图 4-26　74LS138 引脚功能图

(a) 引脚排列图；(b) 逻辑功能图

(2) 逻辑电路的工作原理。

①输入缓冲级。输入缓冲级由六个非门组成，用来形成 A_0、A_1、A_2 的互补信号，译码电路所需的原、反变量信号均由六个门提供，其目的为减轻输入信号源的负载。

②使能控制端。使能控制端由一个与门组成，由逻辑电路可知 $EN = G_1 \overline{G_{2A}} \overline{G_{2B}} = 0$ 时，$\overline{Y_0} \sim \overline{Y_7}$ 均为 1，即封锁了译码器的输出，译码器处于"禁止"工作状态；当 $EN = 1$ 时，译码器被选通，电路处于"工作"状态，输出信号 $\overline{Y_0} \sim \overline{Y_7}$ 的状态由输入变量 A_0、A_1、A_2 决定。

③输出逻辑表达式。当 $EN = 1$ 时，译码器的输出逻辑表达式为

$$\overline{Y_0} = \overline{\overline{A_2}\,\overline{A_1}\,\overline{A_0}} \quad \overline{Y_1} = \overline{\overline{A_2}\,\overline{A_1}A_0} \quad \overline{Y_2} = \overline{\overline{A_2}A_1\overline{A_0}} \quad \overline{Y_3} = \overline{\overline{A_2}A_1A_0}$$

$$\overline{Y_4} = \overline{A_2\,\overline{A_1}\,\overline{A_0}} \quad \overline{Y_5} = \overline{A_2\,\overline{A_1}A_0} \quad \overline{Y_6} = \overline{A_2A_1\overline{A_0}} \quad \overline{Y_7} = \overline{A_2A_1A_0}$$

④真值表。根据输出逻辑表达式列出真值表，如表 4 – 13 所示。

表 4 – 13 74LS138 功能真值表

输入					输出							
使能		选择码										
G_1	$\overline{G_{2A}} + \overline{G_{2B}}$	A_2	A_1	A_0	$\overline{Y_7}$	$\overline{Y_6}$	$\overline{Y_5}$	$\overline{Y_4}$	$\overline{Y_3}$	$\overline{Y_2}$	$\overline{Y_1}$	$\overline{Y_0}$
×	1	×	×	×	1	1	1	1	1	1	1	1
0	×	×	×	×	1	1	1	1	1	1	1	1
1	0	0	0	0	1	1	1	1	1	1	1	0
1	0	0	0	1	1	1	1	1	1	1	0	1
1	0	0	1	0	1	1	1	1	1	0	1	1
1	0	0	1	1	1	1	1	1	0	1	1	1
1	0	1	0	0	1	1	1	0	1	1	1	1
1	0	1	0	1	1	1	0	1	1	1	1	1
1	0	1	1	0	1	0	1	1	1	1	1	1
1	0	1	1	1	0	1	1	1	1	1	1	1

2) 74LS138 的应用

(1) 用译码器实现组合逻辑函数。

由译码器的工作原理可知，译码器可产生输入地址变量的全部最小项的非。例如一个 3 – 8 译码器，若输入为 A、B、C，则可产生 8 个输出信号：

$$\overline{Y_0} = \overline{\overline{A}\,\overline{B}\,\overline{C}} \quad \overline{Y_1} = \overline{\overline{A}\,\overline{B}C} \quad \overline{Y_2} = \overline{\overline{A}B\overline{C}} \quad \overline{Y_3} = \overline{\overline{A}BC}$$

$$\overline{Y_4} = \overline{A\overline{B}\,\overline{C}} \quad \overline{Y_5} = \overline{A\overline{B}C} \quad \overline{Y_6} = \overline{AB\overline{C}} \quad \overline{Y_7} = \overline{ABC}$$

即

$$\overline{Y_0} = \overline{m_0} \quad \overline{Y_1} = \overline{m_1} \quad \overline{Y_2} = \overline{m_2} \quad \overline{Y_3} = \overline{m_3}$$

$$\overline{Y_4} = \overline{m_4} \quad \overline{Y_5} = \overline{m_5} \quad \overline{Y_6} = \overline{m_6} \quad \overline{Y_7} = \overline{m_7}$$

而任何一个组合逻辑函数都可以用最小项之和来表示,所以可以用译码器来产生逻辑函数的全部最小项,再用或门将所有最小项相加,即可实现组合逻辑函数。

例 4-11 利用中规模集成电路 3-8 译码器,实现逻辑函数

$$P_1 = \bar{A}\bar{B}C + \bar{A}B\bar{C} + A\bar{B}\bar{C} + ABC$$
$$P_2 = \bar{A}BC + A\bar{B}C + AB\bar{C} + ABC$$

解:①将函数 P_1、P_2 写成最小项表达式并做相应变换:

$$P_1 = m_1 + m_2 + m_4 + m_7 = \overline{\bar{m}_1 \bar{m}_2 \bar{m}_4 \bar{m}_7}$$
$$P_2 = m_3 + m_5 + m_6 + m_7 = \overline{\bar{m}_3 \bar{m}_5 \bar{m}_6 \bar{m}_7}$$

②将函数输入变量 A、B、C 对应接到 3-8 译码器的 3 个输入端,即 $A = A_2$, $B = A_1$, $C = A_0$,画出符合题意的连线图,如图 4-27 所示。

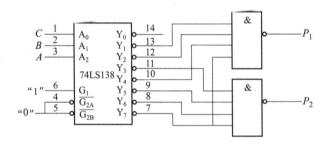

图 4-27 3-8 译码器实现 3 变量逻辑函数连线图

(2)利用"使能端"扩大译码器应用范围。

例 4-12 用两片 74LS138 构成四线-十六线译码器,并画出电路。

解:将"使能端"作为变量输入端,进行适当的组合,得到如图 4-28 所示由两片 74LS138 译码器扩展成的四线-十六线译码器的连线图。当 $E = 1$ 时,片Ⅰ和片Ⅱ均处于禁止态,$\bar{Y}_0 \sim \bar{Y}_7$ 均输出 1。当 $E = 0$ 时,若 $A_3 = 0$,则片Ⅰ的 $\bar{G}_{2A} = 0$,片Ⅱ的 $G_1 = 0$,因此片Ⅰ处于工作态,片Ⅱ处于禁止工作态。由 $A_2 A_1 A_0$ 决定 $\bar{Y}_0 \sim \bar{Y}_7$ 的状态;若 $A_3 = 1$,则片Ⅰ的 $\bar{G}_{2A} = 1$,片Ⅱ的 $G_1 = 1$,因此,片Ⅰ不工作,片Ⅱ工作,由 A_0、A_1、A_2 决定 $\bar{Y}_0 \sim \bar{Y}_7$ 的输出状态。

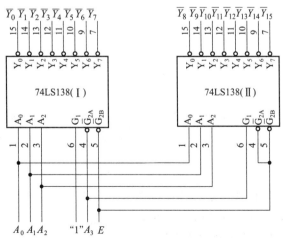

图 4-28 两片 74LS138 译码器扩展成的四线-十六线译码器的连线图

2. 二-十进制译码器

8421BCD 码是最常用的二-十进制码，它用二进制码 0000～1001 来代表十进制数 0～9。因此，这种译码器应有四个输入端，十个输出端。若译码器结果为低电平有效，则输入一组二进制码，对应的一个输出端为 0，其余为 1，这样就表示翻译了二进制码所对应的十进制数。

如果要设计一个将 8421BCD 码转换为十进制数码的译码器，可按组合逻辑电路一般的设计步骤进行：

（1）列出十进制数码输出对应于 8421BCD 码输入的真值表，如表 4-14 所示，约束项表中未列出。

表 4-14 真值表

十进制数	输入				输出									
	A_3	A_2	A_1	A_0	W_0	W_1	W_2	W_3	W_4	W_5	W_6	W_7	W_8	W_9
0	0	0	0	0	1	0	0	0	0	0	0	0	0	0
1	0	0	0	1	0	1	0	0	0	0	0	0	0	0
2	0	0	1	0	0	0	1	0	0	0	0	0	0	0
3	0	0	1	1	0	0	0	1	0	0	0	0	0	0
4	0	1	0	0	0	0	0	0	1	0	0	0	0	0
5	0	1	0	1	0	0	0	0	0	1	0	0	0	0
6	0	1	1	0	0	0	0	0	0	0	1	0	0	0
7	0	1	1	1	0	0	0	0	0	0	0	1	0	0
8	1	0	0	0	0	0	0	0	0	0	0	0	1	0

（2）由真值表写出逻辑函数表达式。

$$W_0 = \overline{A_3}\,\overline{A_2}\,\overline{A_1}\,\overline{A_0} \qquad W_1 = \overline{A_3}\,\overline{A_2}\,\overline{A_1}A_0 \qquad W_2 = \overline{A_3}\,\overline{A_2}A_1\overline{A_0}$$

$$W_3 = \overline{A_3}\,\overline{A_2}A_1A_0 \qquad W_4 = \overline{A_3}A_2\overline{A_1}\,\overline{A_0} \qquad W_5 = \overline{A_3}A_2\overline{A_1}A_0$$

$$W_6 = \overline{A_3}A_2A_1\overline{A_0} \qquad W_7 = \overline{A_3}A_2A_1A_0 \qquad W_8 = A_3\overline{A_2}\,\overline{A_1}\,\overline{A_0}$$

$$W_9 = A_3\overline{A_2}\,\overline{A_1}A_0$$

（3）用卡诺图化简逻辑函数。

图 4-29 所示为利用无关项化简的多输出复合卡诺图。

若按照我们惯用的方法，每一个输出 W 均应有一个对应于输入变量 A_3、A_2、A_1、A_0 的卡诺图，那么十个输出就有十个卡诺图。这里为了方便就形成图 4-29 所示的复合卡诺图，化简后的输出函数表达式为

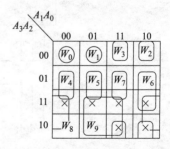

图 4-29 多输出复合卡诺图

$$W_0 = \overline{A}_3\,\overline{A}_2\,\overline{A}_1\,\overline{A}_0 \qquad W_1 = \overline{A}_3\,\overline{A}_2\,\overline{A}_1 A_0 \qquad W_2 = \overline{A}_2 A_1 \overline{A}_0$$

$$W_3 = \overline{A}_2 A_1 A_0 \qquad W_4 = A_2 \overline{A}_1 \overline{A}_0 \qquad W_5 = A_2 \overline{A}_1 A_0$$

$$W_6 = A_2 A_1 \overline{A}_0 \qquad W_7 = A_2 A_1 A_0 \qquad W_8 = A_3 \overline{A}_0$$

$$W_9 = A_3 A_0$$

(4) 由逻辑表达式画出逻辑图。

利用约束项化简的 8421BCD 码转换为十进制数码的译码器逻辑电路如图 4-30 所示。它不拒伪码,若输入伪码(即无关项),也可能有译码输出,但这种输出是错误的。我们设计的这个电路是输出 $W_0 \sim W_9$ 十个十进制数原码,实际常用的集成芯片为 7442,则输出的是反码(其实只要将图 4-30 中 $W_0 \sim W_9$ 的十个与门改为与非门就可以了),常见的码制变换

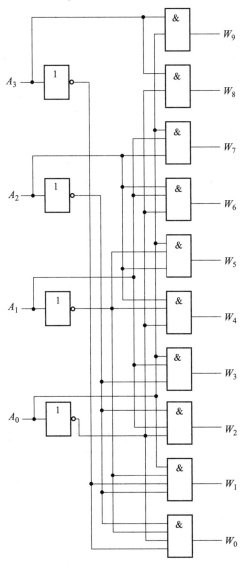

图 4-30 8421BCD 码转换为十进制数译码器逻辑电路图

器还有余3BCD码-十进制译码器7443等芯片。

3. 显示译码器

8421BCD译码器将译码结果用逻辑0来对应十进制的某一个数符，表达有时很不直观。在数字系统中，要将数字量直观地显示出来，就必须有数字显示电路。因此，数字显示电路是数字系统中不可缺少的部分。数字显示电路通常由译码器、驱动器和显示器组成，如图4-31所示。

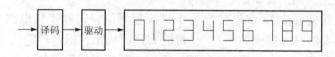

图4-31 数字显示电路的组成

1) 数字显示器

能够用来直观显示数字、文字和符号的器件称为显示器。数字显示器件种类很多，按发光材料不同可分为荧光管显示器、半导体发光二极管显示器（LED）和液晶显示器（LCD）等；按显示方式不同，可分为字形重叠式、分段式和点阵式等。

目前使用较普遍的是分段式发光二极管显示器，发光二极管是一种特殊的二极管，加正电压（或负电压）时导通并发光，所发的光有红、黄、绿等多种颜色。它有一定的工作电压和电流，所以在实际使用中应注意按电流的额定值，串接适当限流电阻来实现。

图4-32（a）所示为七段半导体发光二极管显示器示意图，它由七只半导体发光二极管组合而成，分共阳、共阴两种接法。共阴接法是指各段发光二极管阴极相连，如图4-32（b）所示，当某段阳极电位高时，该段发亮。共阳接法相反，如图4-32（c）所示。图4-32（d）所示为七段笔画与数字的关系。

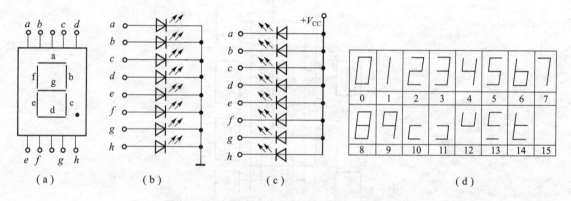

图4-32 七段半导体发光二极管显示器示意图
(a) 七段器组成示意图；(b) 共阴极接法；(c) 共阳极接法；(d) 七段笔画与数字的关系

根据七段发光二极管的显示原理，显然，采用前面介绍的二-十进制译码器已不能适合七段码的显示，必须采用专用的显示译码器。

2) 译码/驱动器

显示器需译码/驱动器配合才能很好地完成其显示功能。能与显示器配合的七段译码/驱动器为7448。该器件内部结构复杂，在这儿仅介绍其集成芯片引脚图及功能真值表。了解了这些内容，我们就可以用它来构成显示电路。

7448 译码/驱动器的引脚图如图 4-33 所示。

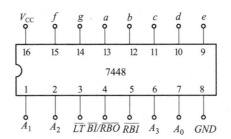

图 4-33　7448 译码/驱动器引脚图

图 4-33 中 A_3、A_2、A_1、A_0 是四位二进制数码输入信号；a、b、c、d、e、f、g 是七段译码输出信号；$\overline{LT}$、$\overline{RBI}$、$\overline{RI}/\overline{RBO}$ 是使能端，它们起辅助控制作用，从而增强了这个译码/驱动器的功能。7448 的功能可由表 4-15 得到。

表 4-15　7448 真值表

数字功能	输入							输出						
	$\overline{LT}$	$\overline{RBI}$	A_3	A_2	A_1	A_0	$\overline{RI}/\overline{RBO}$	a	b	c	d	e	f	g
0	1	1	0	0	0	0	1	1	1	1	1	1	1	0
1	1	×	0	0	0	1	1	0	1	1	0	0	0	1
2	1	×	0	0	1	0	1	1	1	0	1	1	0	1
3	1	×	0	0	1	1	1	1	1	1	1	0	0	1
4	1	×	0	1	0	0	1	0	1	1	0	0	1	1
5	1	×	0	1	0	1	1	1	0	1	1	0	1	1
6	1	×	0	1	1	0	1	0	0	1	1	1	1	1
7	1	×	0	1	1	1	1	1	1	1	0	0	0	0
8	1	×	1	0	0	0	1	1	1	1	1	1	1	1
9	1	×	1	0	0	1	1	1	1	1	0	0	1	1
10	1	×	1	0	1	0	1	0	0	0	1	1	0	1
11	1	×	1	0	1	1	1	0	0	1	1	0	0	1
12	1	×	1	1	0	0	1	0	1	0	0	0	1	1
13	1	×	1	1	0	1	1	1	0	0	1	0	1	1
14	1	×	1	1	1	0	1	0	0	0	1	1	1	1
15	1	×	1	1	1	1	1	0	0	0	0	0	0	0
$\overline{BI}$	×	×	×	×	×	×	0	0	0	0	0	0	0	0
$\overline{RBI}$	1	0	0	0	0	0	0	0	0	0	0	0	0	0
$\overline{LT}$	0	1	×	×	×	×	1	1	1	1	1	1	1	1

(1) 输入信号 A_3、A_2、A_1、A_0 对应的数字均可由输出 a、b、c、d、e、f、g 字段来构成，表 4-15 中字段为 "1" 表示这字段亮，为 "0" 表示这字段灭。可见它完全符合图 4-32 (d) 所示的显示规律。

如将 7448 译码器和 TS547 显示器做如图 4-34 所示的连接，7448 译码器的段输出信号 $a \sim g$ 接到 TS547 七段显示器的相应段输入端，并接上电源和地，TS547 就能按 7448 的 A_3、A_2、A_1、A_0 输入的数字做正常的七段显示。注意表 4-15 中使能端的控制信号值是保证 7448 译码器做正常译码的信号，有关使能端的其他作用，下面再做介绍。

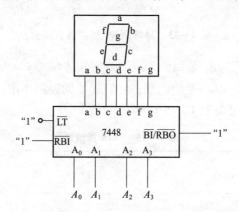

图 4-34 7448 译码器和 TS547 显示器连接图

(2) 使能端的作用。7448 芯片有三个辅助控制信号，它们增加了器件的功能，其功能如下：

①试灯输入端 $\overline{LT}$：低电平有效，当 $\overline{LT}=0$ 时，数码管的七段应全亮，与输入的译码信号无关，本输入端用于测试数码管的好坏。

②动态灭零输入端 $\overline{RBI}$：低电平有效，在 $\overline{LT}=1$，$\overline{RBI}=0$ 且译码输入全为 0 时，该位输出不显示，即 0 字被熄灭；当译码输入不全为 0 时，该位正常显示。本输入端用于消隐无效的 0，如数据 0034.50 可显示为 34.5。

③灭灯输入/动态灭输出端 $\overline{BI}/\overline{RBO}$：这是一个特殊的端钮，有时用作输入，有时用作输出。当 $\overline{BI}/\overline{RBO}$ 作为输入使用且 $\overline{BI}/\overline{RBO}=0$ 时，数码管七段全灭，与译码输入无关。当 $\overline{BI}/\overline{RBO}$ 作为输出使用时，受控于 $\overline{LT}$ 和 $\overline{RBI}$；当 $\overline{LT}=1$ 且 $\overline{RBI}=0$ 时，$\overline{BI}/\overline{RBO}=0$；其他情况下 $\overline{BI}/\overline{RBO}=1$。本端主要用于显示多位数字时，多个译码器之间的连接。图 4-35 所示为一个有灭零控制的五位数码显示系统。

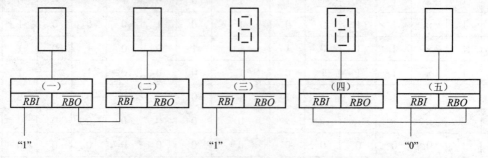

图 4-35 有灭零控制的五位数码显示系统

4.4 数据选择器与数据分配器

4.4.1 数据选择器

数据选择器又称多路选择器（Multiplexer，简称 MUX），其框图如图 4-36（a）所示，它有 n 位地址输入、2^n 位数据输入、1 位输出。每次在地址输入的控制下，从多路输入数据中选择一路输出，其功能类似于一个单刀多掷开关，如图 4-36（b）所示；完成这种功能的逻辑电路称为数据选择器。可见数据选择器的功能是将多路数据输入信号，在地址输入的控制下选择某一路数据到输出端的电路。

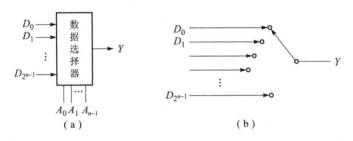

图 4-36 数据选择器框图及等效开关

（a）框图；（b）等效开关模型

常用的中规模集成电路数据选择器有：74LS157 4 选 1、74LS151 8 选 1、74LS153 双 4 选 1 等。注：双 4 选 1 是指在同一集成块内有两个 4 选 1。

图 4-37 所示为 4 选 1 数据选择器，其中 $D_0 \sim D_3$ 是数据输入端，A_1、A_0 是地址输入端；Y 是输出端；E 是使能端，低电平有效。当 $E=1$ 时，输出 $Y=0$，即 4 选 1 数据选择器不工作；当 $E=0$ 时，在地址输入 A_1、A_0 的控制下，从 $D_0 \sim D_3$ 中选择一路输出，其功能表如表 4-16 所示。

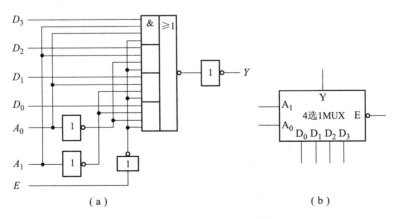

图 4-37 4 选 1 数据选择器

（a）逻辑图；（b）逻辑符号

表4-16 4选1数据选择器功能表

$\overline{E}$	A_1	A_0	Y
0	0	0	D_0
0	0	1	D_1
0	1	0	D_2
0	1	1	D_3
1	×	×	0

当 $E=0$ 时，4选1数据选择器的输出表达式为

$$Y = D_0(\overline{A_1}\,\overline{A_0}) + D_1(\overline{A_1}A_0) + D_2(A_1\overline{A_0}) + D_3(A_1A_0) = \sum_{i=0}^{3} m_i D_i$$

图4-38所示为74LS151 8选1数据选择器，表4-17所示为74LS151的功能表。A_2、A_1、A_0 为控制信号，用以选择不同的通道；$D_0 \sim D_7$ 为数据输入信号；$\overline{S}$ 为使能信号，当 $\overline{S}=1$ 时，输出 $Y=0$；当 $\overline{S}=0$ 时，选择器处于工作状态。按表4-17可写出数据选择器的逻辑表达式为

$$Y = D_0 \overline{A_2}\,\overline{A_1}\,\overline{A_0} + D_1 \overline{A_2}\,\overline{A_1}A_0 + D_2 \overline{A_2}A_1\overline{A_0} + D_3 \overline{A_2}A_1A_0 +$$

$$D_4 A_2 \overline{A_1}\,\overline{A_0} + D_5 A_2 \overline{A_1}A_0 + D_6 A_2 A_1 \overline{A_0} + D_7 A_2 A_1 A_0 = \sum_{i=0}^{7} m_i D_i$$

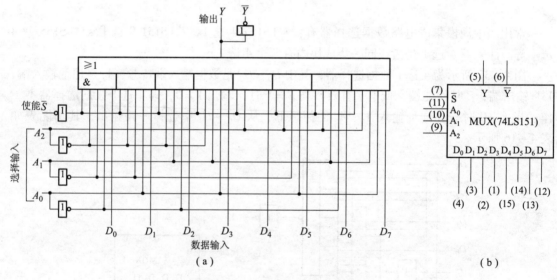

图4-38 74LS151 8选1数据选择器
(a) 逻辑图；(b) 74LS151 引脚图

表4-17 74LS151的功能表

输入				输出
$\overline{S}$	A_2	A_1	A_0	Y
0	0	0	0	I_0

续表

输入				输出
$\bar{S}$	A_2	A_1	A_0	Y
0	0	0	1	I_1
0	0	1	0	I_2
0	0	1	1	I_3
0	1	0	0	I_4
0	1	0	1	I_5
0	1	1	0	I_6
0	1	1	1	I_7
1	×	×	×	0

例4-13 试用8选1 MUX实现逻辑函数
$$F = \bar{A}B + A\bar{B} + C$$

解： 首先求出F的最小项表达式。

将F填入卡诺图，如图4-39所示，根据卡诺图可得
$$F(A,B,C) = \sum m(1,2,3,4,5,7)$$

8选1 MUX输出表达式为
$$Y = \sum_{i=0}^{7} m_i D_i$$

令$A_2 = A$，$A_1 = B$，$A_0 = C$，且令$D_1 = D_2 = D_3 = D_4 = D_5 = D_7 = 1$，$D_0 = D_6 = 0$，则有$Y = (ABC) m (01111101)$，故$F = Y$。用8选1 MUX实现函数$F$的逻辑图，如图4-40所示。

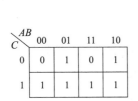

图4-39 例4-13卡诺图

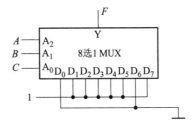

图4-40 例4-13电路图

需要注意的是，因为函数F中各最小项的标号是按A、B、C的权为4、2、1写出的，因此A、B、C必须依次加到A_2、A_1、A_0端。

例4-14 用8选1数据选择器实现4变量函数
$$F(A,B,C,D) = \sum m(1,3,5,7,10,14,15)$$

解：（1）设函数$F(A,B,C,D)$中的输入变量A、B、C分别接8选1选择器的A_2、A_1、A_0，D接选择器相关的数据输入I_i。
$$F(A,B,C,D) = \bar{A}\bar{B}\bar{C}D + \bar{A}\bar{B}CD + \bar{A}B\bar{C}D + \bar{A}BCD + A\bar{B}C\bar{D} + AB C\bar{D} + ABCD$$

（2）8选1数据选择器输出函数表达式为

$$Y = I_0\,\overline{A}\,\overline{B}\,\overline{C} + I_1\,\overline{A}\,\overline{B}C + I_2\overline{A}B\overline{C} + I_3\overline{A}BC + I_4A\overline{B}\,\overline{C} + I_5A\overline{B}C + I_6AB\overline{C} + I_7ABC$$

比较 F 与 Y 得

$$I_0 = I_1 = I_2 = I_3 = D$$
$$I_4 = 0 \quad I_5 = \overline{D} \quad I_6 = 0 \quad I_7 = 1$$

（3）由上述分析，可画出线路图，如图 4-41 所示。

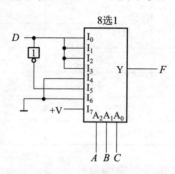

图 4-41　用 8 选 1 数据选择器实现 4 变量函数连接图

4.4.2　数据分配器

图 4-42 所示为数据分配器电路，它的作用和数据选择器恰好相反。由图 4-42 可见，它只有一个数据输入端 D，有四个输出端 Y_0、Y_1、Y_2、Y_3，由地址输入的不同取值组合来控制输入数据 D 从相应的某一输出端 Y_i（i 取 0、1、2、3）输出。根据图 4-42 可写出各输出端的逻辑表达式。

$$Y_0 = \overline{A}_1\,\overline{A}_0 D$$
$$Y_1 = \overline{A}_1\,\overline{A}_0 D$$
$$Y_2 = \overline{A}_1\,\overline{A}_0 D$$
$$Y_3 = \overline{A}_1\,\overline{A}_0 D$$

图 4-43 所示电路是用 74LS138 译码器作为数据分配器的电路，A、B、C 作为选择数据输出的地址，根据不同的组合，它可以选择八个地址，即可以在八个数据输出端分别输入数据。若地址输入 $CBA = 010$，则 $\overline{Y}_2$ 输出端即可将数据输入端信号输出。

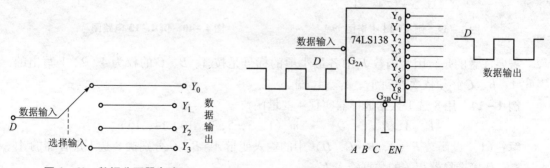

图 4-42　数据分配器电路　　　　图 4-43　用 74LS138 构成数据分配器

如果数据选择器和数据分配器配合使用，在数据通信过程中是非常有用的一种电路，例如能实现多位并行输入的数据转换成串行数据输出,具有如图 4-44(a)所示的双刀多掷开关的功能。图 4-44(b)所示为 16 选 1 的数据选择器 74150 与十六路数据分配器(用四线-十六线译码器 74154)通过总线相连,构成一个典型的总线串行数据传送系统。当多路开关的选择输入与译码器的变量输入一致时,其输入通道的数据 D_i 被多路开关选通,送上总线传送到译码器的使能端 $\overline{S}_1$,然后被译码器分配到相应的输出通道上。究竟哪路数据通过总线传送并经过分配器送至对应的输出端,完全由地址输入变量决定。只要地址输入同步控制,则相当于选择器与分配器对应的开关在相应位置上同时接通和断开。

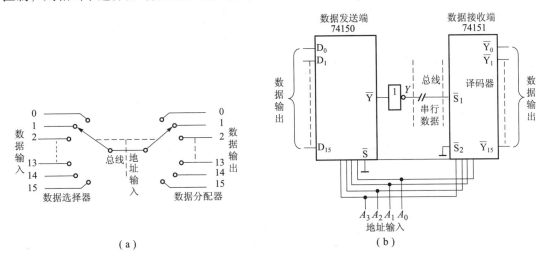

图 4-44 数据选择器和数据分配器配合使用
(a)构成双刀多掷开关;(b)构成总线串行数据传送系统

4.5 加法器和数值比较器

4.5.1 加法器

1. 加法器的概念

在计算机中经常要进行两个 n 位二进制数相加,如果被加数为 $A = A_n, A_{n-1}, A_{n-2}, \cdots, A_2, A_1$,加数 $B = B_n, B_{n-1}, B_{n-2}, \cdots, B_2, B_1$,则其运算过程可用下面的形式表示:

被加数	A	A_n	A_{n-1}	A_{n-2}	$\cdots$	A_2 A_1
加数	B	B_n	B_{n-1}	B_{n-2}	$\cdots$	B_2 B_1
低位向相邻高位进位	+	C_{n-1}	C_{n-2}	C_{n-3}	$\cdots$	C_1
本位向相邻高位进位	C	C_n	C_{n-1}	C_{n-2}	$\cdots$	C_2 C_1
和数	S	S_n	S_{n-1}	S_{n-2}	$\cdots$	S_2 S_1

对其中第 i 位的相加过程可概括为：第 i 位的被加数 A_i 和加数 B_i 及相邻低位来的进位 C_{i-1} 三者相加，得到本位的和数及向相邻高位 $(i+1)$ 的进位 C_i。所以要设计出能实现两个 N 位二进制数相加运算的运算器，就应先设计出能实现 A_i、B_i、C_{i-1} 三个一位二进制数相加的电路，这个电路称为全加器（Full Adder）；不考虑低位向相邻位的进位（C_{i-1}）的加法运算电路称为半加器（Half Adder）。

2. 一位半加器

设 A_i 和 B_i 是两个一位二进制数，半加后得到的和为 S_i，向高位的进位为 C_i。根据半加器的含义，可得如表 4-18 所示的真值表。由真值表 4-18 可求得逻辑表达式：

$$S_i = \overline{A_i}B_i + A_i\overline{B_i} = A_i \oplus B_i; C = A_i \cdot B_i$$

由上述的逻辑表达式可以得到半加器的逻辑电路图和逻辑符号，如图 4-45 所示。

表 4-18 真值表

输入		输出	
A_i	B_i	S_i	C_i
0	0	0	0
0	1	1	0
1	0	1	0
1	1	0	1

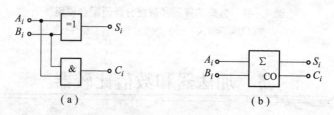

图 4-45 半加器
(a) 逻辑电路图；(b) 逻辑符号

3. 一位全加器

设 A_i 和 B_i 是两个一位二进制数，半加后得到的和为 S_i，向高位的进位为 C_i。根据全加器的含义，考虑低位向相邻位的进位（C_{i-1}），则可得到如表 4-19 所示的真值表。

表 4-19 一位全加器真值表

输入			输出	
A_i	B_i	C_{i-1}	S_i	C_i
0	0	0	0	0
0	0	1	1	0
0	1	0	1	0

续表

输入			输出	
A_i	B_i	C_{i-1}	S_i	C_i
0	1	1	0	1
1	0	0	1	0
1	0	1	0	1
1	1	0	0	1
1	1	1	0	1

由真值表可求得逻辑表达式：

$$S_i = \overline{A_i}\,\overline{B_i}C_{i-1} + \overline{A_i}B_i\,\overline{C_{i-1}} + A_iB_iC_{i-1} + A_i\overline{B_i}\,\overline{C_{i-1}} = \sum(1,2,4,7)$$

$$C_i = \overline{A_i}B_iC_{i-1} + A_i\overline{B_i}C_{i-1} + A_iB_i\overline{C_{i-1}} + A_iB_iC_{i-1} = \sum(3,5,6,7)$$

对表达式进行化简、变换形式得

$$\begin{aligned}
S_i &= \overline{A_i}\,\overline{B_i}C_{i-1} + \overline{A_i}B_i\,\overline{C_{i-1}} + A_i\,\overline{B_i}\,\overline{C_{i-1}} + A_iB_iC_{i-1} \\
&= \overline{A_i}(\overline{B_i}C_i + B_i\,\overline{C_{i-1}}) + A_i(\overline{B_i}\,\overline{C_{i-1}} + B_iC_{i-1}) \\
&= \overline{A_i}(B_i \oplus C_i) + A_i\,\overline{B_i \oplus C_{i-1}} \\
&= A_i \oplus B_i \oplus C_{i-1} \\
C_i &= \overline{A_i}B_iC_{i-1} + A_i\,\overline{B_i}C_{i-1} + A_iB_i \\
&= (\overline{A_i}B_i + A_i\,\overline{B_i})C_{i-1} + A_iB_i
\end{aligned}$$

由上述逻辑表达式画出相应全加器的逻辑电路，如图4-46(a)所示，全加器逻辑符号如图4-46(b)、(c)所示。

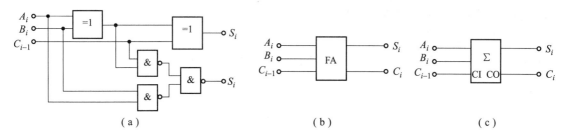

图4-46 全加器逻辑图

(a) 逻辑图；(b) 惯用符号；(c) 新标准符号

4. 多位全加器

在实际的日常生活中，加法器一般是多位加法器，若要实现两个 n 位二进制数的加法器，则要用 n 位一位全加器做如图4-47所示的连接，就可完成此任务，其方法是将第一位的本位向高位的进位 C_{i-1} 与第二位的低位向本位的进位相连 C_i，以此类推，即可完成两个 n 位二进制数的加法器，如图4-47所示。

中规模集成电路74LS83是四位二进制全加器，其引脚图如图4-48所示，若在图中 A_4、B_4，A_3、B_3，A_2、B_2，A_1、B_1 分别接上四位二进制被加数和加数，并将向最低位全加器输

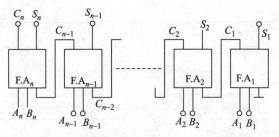

图 4–47 实现两个 n 位二进制加法运算的运算器

入进位信号的引脚接地，接上电源 V_{CC} 和地 GND 以后，就可由 S_4、S_3、S_2、S_1 得到两个四位二进制数的相加和，第四位向高位的进位 C_4。C_1、C_2、C_3 是内部连接的进位信号，为了保证两个四位数相加的正确，C_0 需接地，整个芯片无它们的外引脚。

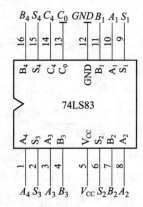

图 4–48 74LS83 四位二进制全加器引脚图

如果要进行两个八位二进制数 $A = A_8A_7A_6A_5A_4A_3A_2A_1$，$B = B_8B_7B_6B_5B_4B_3B_2B_1$ 的相加运算，可以用两片 74LS83 做如图 4–49 所示的扩展连接，高位片的 C_0 接低位片的 C_4，低位片的 C_0 接地，接上电源 V_{CC} 及地 GND 后，我们可在 C_8、S_8、S_7、S_6、S_5、S_4、S_3、S_2、S_1 获得它们做相加运算后的最后结果。由此可见 C_0 端可作为扩展端。

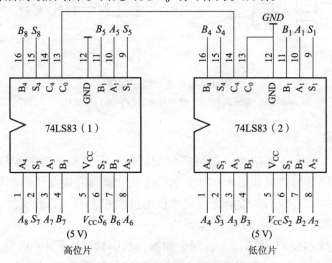

图 4–49 两片 74LS83 构成一个八位二进制数加法运算器

4.5.2 数值比较器

1. 数值比较器的概念

数值比较器是一种将两个 n 位二进制数 A、B 进行并行比较,以判别其大小的逻辑电路。两个 n 位二进制数比较的结果只可能有三种情况:$A>B$,$A=B$,$A<B$。可见数值比较器的示意图如图 4-50 所示。为了讨论两个 n 位二进制数 $A = A_{n-1}A_{n-2}\cdots A_1A_0$ 与 $B = B_{n-1}B_{n-2}\cdots B_1B_0$ 比较结果,首先讨论两个一位二进制数的比较器,然后讨论两个 n 位二进制数比较器。

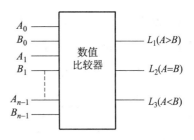

图 4-50 数值比较器的示意图

2. 两个一位二进制数的比较器

两个一位二进制数 A 和 B 的比较器如图 4-51(a)所示,其中 A、B 为输入端,L_1、L_2、L_3 为输出端,其逻辑功能分析如下:

(1) 写出 L_1、L_2、L_3 的逻辑表达式。

$$L_1 = A\overline{B}$$
$$L_2 = \overline{A\overline{B} + \overline{A}B} = \overline{A \oplus B}$$
$$L_3 = \overline{A}B$$

(2) 由逻辑表达式得真值表如表 4-20 所示。

表 4-20 真值表

输入		输出		
A	B	L_1	L_2	L_3
0	0	0	1	0
0	1	0	0	1
1	0	1	0	0
1	1	0	1	0

(3) 由 L_1、L_2、L_3 的逻辑表达式可以得到其逻辑电路,如图 4-51 所示。

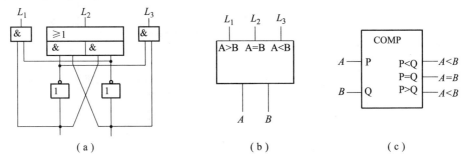

图 4-51 两个一位二进制数 A 和 B 的比较器
(a)逻辑电路;(b)逻辑符号;(c)新标准符号

L_1 为 $A>B$ 输出端；L_2 为 $A=B$ 输出端；L_3 为 $A<B$ 输出端，可用图 4-51（b）所示的惯用符号或图 4-51（c）所示的新标准符号表示。

3. 四位二进制数的比较器

若在一位二进制数比较器的基础上设计一个四位二进制数比较器，用来比较 $A=A_3A_2A_1A_0$ 与 $B=B_3B_2B_1B_0$，采用从高位向低位逐位比较的原则，则得到功能真值表如表 4-21 所示，实现该逻辑功能的集成芯片是 HC85（集成四位二进制数比较器）。

表 4-21 四位二进制比较器的功能真值表

比较输入				输出		
$A_3 \quad B_3$	$A_2 \quad B_2$	$A_1 \quad B_1$	$A_0 \quad B_0$	$A>B$	$A<B$	$A=B$
$A_3 > B_3$	×	×	×	1	0	0
$A_3 < B_3$	×	×	×	0	1	0
$A_3 = B_3$	$A_2 > B_2$	×	×	1	0	0
$A_3 = B_3$	$A_2 < B_2$	×	×	0	1	0
$A_3 = B_3$	$A_2 = B_2$	$A_1 > B_1$	×	1	0	0
$A_3 = B_3$	$A_2 = B_2$	$A_1 < B_1$	×	0	1	0
$A_3 = B_3$	$A_2 = B_2$	$A_1 = B_1$	$A_0 > B_0$	1	0	0
$A_3 = B_3$	$A_2 = B_2$	$A_1 = B_1$	$A_0 < B_0$	0	1	0
$A_3 = B_3$	$A_2 = B_2$	$A_1 = B_1$	$A_0 = B_0$	0	0	1

HC85 芯片是一个 16 脚的集成芯片，它的电源 V_{CC}（16）和地 GND（8），其余的输入、输出脚号如图 4-52 所示。HC85 中除了两个四位二进制数输入端，三个输出端 $A>B$，$A=B$，$A<B$，还有三个串联输入端 $(A>B)$，$(A=B)$，$(A<B)$，其逻辑功能相当于在四位二进制比较器中扩充了一位比 A_0、B_0 还低的低位进行比较。如当 $A_3=B_3$，$A_2=B_2$，$A_1=B_1$，$A_0=B_0$ 时，输出状态由串联输入端决定，而在其他情况下，高四位就可决定是 $A>B$ 还是

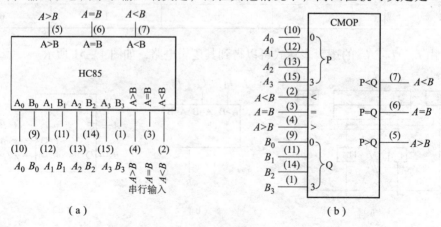

图 4-52 比较器 HC85 符号
(a) 惯用符号；(b) 新标准符号

$A<B$，其最后输出与串联输入无关。故一片 HC85 比较器在正常使用时，串联输入端（$A>B$）="0"，（$A=B$）="1"，（$A<B$）="0" 应接相应电平。加串联输入端的作用是为了比较器能"扩展"。

4. 主要应用

如图 4-53 所示，用两片 HC85 构成八位二进制数比较器电路图。比较器的总输出由片（Ⅱ）的输出状态决定，片（Ⅰ）的输出连到片（Ⅱ）的串联输入端，当片（Ⅱ）上高四位比较结果相同时，总的输出由低位片（Ⅰ）的输出状态决定。

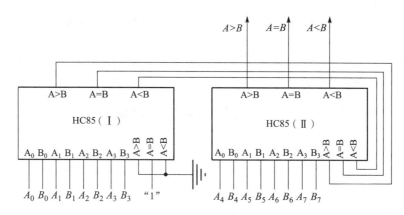

图 4-53 八位二进制数比较器

*4.6　组合逻辑电路中的竞争-冒险现象

4.6.1　竞争-冒险现象及其产生原因

1. 竞争-冒险现象

前面所述的组合逻辑电路的分析与设计，是在理想条件下进行的，忽略了门电路对信号传输带来的时间延迟的影响。数字逻辑门的平均传输延迟时间通常用 t_{pd} 表示，即当输入信号发生变化时，门电路输出经 t_{pd} 时间后，才能发生变化。这个过渡过程将导致信号波形变坏，因而可能在输出端产生干扰脉冲（又称毛刺），影响电路的正常工作，这种现象被称为竞争-冒险。

2. 产生竞争-冒险现象的原因

实际的组合电路因门电路存在延迟及传输波形畸变，会产生非正常的干扰脉冲（又称毛刺），它们有时会影响电路的正常工作。

如图 4-54（a）所示电路，在理想情况下 $Y_1 = A \cdot \overline{A} = 1$，但考虑门电路的延迟时间，在图 4-54（b）中 Y_1 的波形产生了一个正脉冲，这就说明电路产生了"干扰脉冲"；同样在图 4-55（a）中，在理想情况下 $Y_2 = A + \overline{A} = 1$，由于门电路的延迟时间，在图 4-55 中 Y_2 的波形产生了一个负脉冲，电路产生了"冒险"。综上所述，"竞争-冒险"的产生主要是由门电路的延迟时间和 $A+\bar{A}$、$A \cdot \bar{A}$ 引起的。

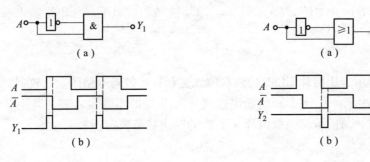

图 4-54　正向干扰脉冲　　　　　图 4-55　负向干扰脉冲

需要指出的是，有竞争未必就有冒险，有冒险也未必有危害，这主要取于负载对于干扰脉冲的响应速度，负载对窄脉冲的响应越灵敏，危险性也就越大。

4.6.2　竞争-冒险现象的判断和消除竞争-冒险的方法

1. 竞争-冒险现象的判断方法

判断一个电路是否可能产生竞争-冒险的方法有代数法和卡诺图法。

1）代数法

得到如下具有竞争能力的变量表达式，就产生冒险：

当 $F=A+\bar{A}$ 时，产生"0"冒险。

当 $F=A \cdot \bar{A}$ 时，产生"1"冒险。

例 4-15　判断 $F=\bar{A}B+A\bar{C}+BC$ 是否存在竞争-冒险。

解：分析 F 表达式中各种状态。

当 $B=0$，$C=0$ 时，$F=A$；
　　$B=0$，$C=1$ 时，$F=1$；
　　$B=1$，$C=0$ 时，$F=\bar{A}+A$，出现"0"冒险；
　　$B=0$，$C=0$ 时，$F=\bar{A}$。

当 $A=0$，$B=0$ 时，$F=C$；
　　$A=0$，$B=1$ 时，$F=1$；
　　$A=1$，$B=0$ 时，$F=C+\bar{C}$，出现"0"冒险；
　　$A=1$，$B=1$ 时，$F=\bar{C}$。

当 $C=0$，$A=0$ 时，$F=B$；
　　$C=0$，$A=1$ 时，$F=1$；
　　$C=1$，$A=0$ 时，$F=B+\bar{B}$，出现"0"冒险；
　　$C=1$，$A=1$ 时，$F=\bar{B}$。

可见，该逻辑函数将出现"0"冒险。

2）卡诺图法

判断冒险的另一种方法是卡诺图法。其具体方法是：首先作出函数卡诺图，并画出和逻辑表达式中各"与"项对应的卡诺图圈。然后观察卡诺图，若发现某两个卡诺图圈存在

"相切"关系,即两个卡诺图之间存在不被同一个卡诺图包含的相邻最小项,则该电路可能产生冒险,下面举例说明。

例 4 – 16 已知某逻辑电路对应的逻辑表达式 $Y = \overline{A}D + \overline{A}C + AB\overline{C}$,试判断该电路是否可能产生冒险。

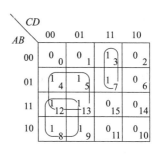

图 4 – 56 卡诺图

解:作出给定函数 Y 的卡诺图,并画出逻辑表达式中各"与"项对应的卡诺图,如图 4 – 56 所示,观察图所示的卡诺图可发现,包含最小项的 m_1、m_3、m_5、m_7 卡诺圈和包含最小项的 m_{12}、m_{13} 卡诺图中,m_5 和 m_{13} 相邻且不被同一卡诺图所包含,所以这两个卡诺图"相切"。这说明相应电路可能产生冒险。这一结论可用代数法进行验证,即假定 $B = D = 1$,$C = 0$,代入逻辑表达式可得 $Y = A + \overline{A}$,可见相应电路可能由于 A 的变化而产生冒险。

3)实验法

两个以上的输入变量同时变化引起的功能冒险难以用上述方法判断,因而发现冒险现象最有效的方法是实验。利用示波器仔细观察在输入信号各种变化情况下的输出信号,发现毛刺则分析原因并加以消除,这是经常采用的方法。

2. 消除竞争 – 冒险的方法

产生竞争 – 冒险的原因不同,排除的方法也各有差异,其消除竞争 – 冒险方法一般有以下几种:

1)选择可靠性高的码制

格雷码在任一时刻只有一位变化。因此,在系统设计中需要自己选定码制,在其他条件合适的前提下,若选择格雷码,可大大减少产生竞争 – 冒险的可能性。

2)引入封锁脉冲

在系统输出门的一个输入端引入封锁脉冲。在信号变化过程中,封锁脉冲使输出门封锁,输出端不会出现干扰脉冲;待信号稳定后,封锁脉冲消失,输出门有正常信号输出。

3)引入选通脉冲

选通和封锁是两种相反的措施,但目的是相同的。待信号稳定后选通脉冲有效,输出门开启,输出正常信号。

4)接滤波电容

无论是正向毛刺电压还是负向毛刺电压,脉宽一般都很窄,可通过在输出端并联适当小电容进行滤波,把毛刺幅度降低到系统允许的范围之内。对于 TTL 电路,电容一般在几皮法至几百皮法之间,具体大小由实验确定,这是一种简单而有效的办法。读者在工作中可视具体情况选用。

5)增加冗余项

(1)代数法。

在产生冒险现象的逻辑表达式上,加上多余项或乘上多余因子,使之不会出现 $A + \overline{A}$ 或 $A \cdot \overline{A}$ 的形式,即可消除冒险。

例 4 – 17 逻辑函数 $Y = AB + \overline{A}C$,在 $B = C = 1$ 时,产生冒险现象。

因为 $AB + \overline{A}C = AB + \overline{A}C + BC$,所以式中加入了多余项 BC 就可消除冒险现象。

当 $B=0$，$C=0$ 时，$Y=0$；
$B=0$，$C=1$ 时，$Y=\bar{A}$；
$B=1$，$C=0$ 时，$Y=A$；
$B=1$，$C=1$ 时，$Y=1$。

可见不存在 $A+\bar{A}$ 形式，是由于加入了 BC 项，消除了冒险。

例 4—18 逻辑函数 $Y=(A+C)(\bar{A}+B)$，在 $B=C=0$ 时，产生冒险。若乘上多余因子 $(B+C)$，则 $(A+C)(\bar{A}+B)(B+C)=(A+C)(\bar{A}+B)$ 就不会有 $A\cdot\bar{A}$ 形式出现，消除了冒险现象。

验算 $Y=(A+C)(\bar{A}+B)(B+C)$

当 $B=0$，$C=0$ 时，$Y=0$；
$B=0$，$C=1$ 时，$Y=\bar{A}$；
$B=1$，$C=0$ 时，$Y=A$；
$B=1$，$C=1$ 时，$Y=1$。

可见，没有 $A\cdot\bar{A}$ 形式，冒险消除。

(2) 卡诺图法。

将卡诺图中相切的两个卡诺圈，用一个多余的卡诺圈连接起来，就能消除冒险现象。

例如，将 $Y=AB+\bar{A}C$ 最小项填入卡诺图。如图 4—57 所示，其中上下两个卡诺圈为 AB 和 $\bar{A}C$ 相切。为消除冒险，用上下卡诺圈将 ABC 和 $\bar{A}BC$ 两个最小项围起来，则得到的 $Y=AB+\bar{A}C+BC$ 就不会产生冒险。

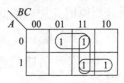

图 4—57 卡诺图

技能训练 3　组合逻辑电路的设计及应用

1. 实训目的

掌握组合逻辑电路的设计与测试方法。

2. 实训设备与器件

(1) +5 V 直流电源。

(2) 逻辑电平开关。

(3) 逻辑电平显示器。

(4) 直流数字电压表。

(5) CC4011×2（74LS00），CC4012×3（74LS20），CC4030（74LS86），CC4081（74LS08），74LS54×2（CC4085），CC4001（74LS02）。

3. 实训内容

(1) 用与非门及用异或门、与门组成半加器电路。

要求按本章所述的设计步骤进行，直到测试电路逻辑功能符合设计要求为止。

(2) 设计一个一位全加器，要求用异或门、与门、或门组成。

（3）设计一位全加器，要求用与或非门实现。

（4）设计一个对两个两位无符号的二进制数进行比较的电路；根据第一个数是否大于、等于、小于第二个数，使相应的三个输出端中的一个输出为"1"，要求用与门、与非门及或非门实现。

4．实训要求

（1）根据实训任务要求设计组合电路，并根据所给的标准器件画出逻辑图。

（2）如何用最简单的方法验证"与或非"门的逻辑功能是否完好？

（3）"与或非"门中，当某一组与端不用时，应做何处理？

5．实训报告

（1）列写实训任务的设计过程，画出设计的电路图。

（2）对所设计的电路进行实验测试，记录测试结果。

（3）组合逻辑电路的设计体会。

注：四路2－3－3－2输入与或非门74LS54的引脚排列及逻辑图如图J3－1所示。

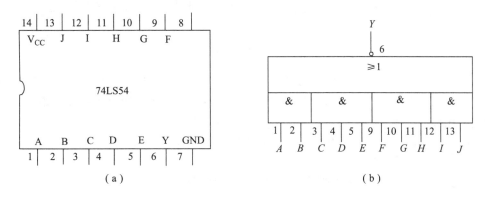

图 J3－1 与或非门74LS54的引脚排列及逻辑图

(a) 引脚排列；(b) 逻辑图

逻辑表达式为

$$Y = \overline{A \cdot B + C \cdot D \cdot E + F \cdot G \cdot H + I \cdot J}$$

本章小结

组合逻辑电路是数字电路中两大组成部分之一。它在逻辑功能上的特点是任意时刻的输出仅仅取决于该时刻的输入，而与电路过去的状态无关；它在电路结构上的特点是只包含门电路，而没有存储（记忆）单元。组合电路种类很多，本章重点介绍了加法器、数字比较器、编码器、译码器和数据选择器等几种典型的组合逻辑电路。通过本章学习，要求做到：

1．熟练掌握组合电路的分析和设计方法。

2．理解全加器的概念和功能，掌握它的分析、设计方法，并能扩展应用。

3．理解数字比较器的概念和功能，熟悉四位比较器74LS85的功能及其应用。

4．理解编码器的概念和功能，熟悉典型的八线－三线优先编码器74LS148的功能及其应用。

5. 理解译码器的概念和功能，熟悉典型的变量译码器 74LS138 的功能并能扩展应用。

6. 理解数据选择器的概念和功能，熟悉典型的 8 选 1 数据选择器 74LS151 的功能，并能扩展应用。

7. 掌握用 74LS138 译码器、74LS151 数据选择器等中规模集成电路设计组合电路的方法。

思考与练习题

4.1 试分析逻辑图 P4-1 的逻辑功能。

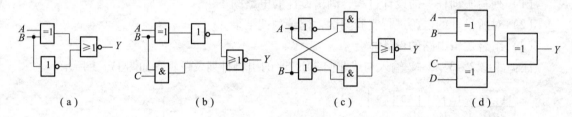

图 P4-1 逻辑图

4.2 一种比赛有 A、B、C 三个裁判员，另外还有一名总裁判，当总裁判认为合格时算两票，而 A、B、C 裁判认为合格时分别算为一票，试设计多数通过的表决逻辑电路。

4.3 用与非门设计一个组合逻辑电路。设 ABCD 是一个 8421BCD 码的四位，若此码表示的数字 X 符合下列条件，输出 Y 为 1，否则输出 Y 为 0：（1） $4 < X_1 \leq 9$；（2） $X_2 < 3$ 或者 $X_2 > 6$。

4.4 设计一个用与非门实现的 8421BCD 优先编码器。

4.5 设计一个代码转换器，它把格雷码变换为二十进制（DCBA = 7421）代码。

4.6 设计一个将余 3BCD 码转换为 8421BCD 码的组合逻辑电路。

4.7 设计一个能把四位二进制代码（8421）转换为循环码的组合逻辑电路。

4.8 设计一个将余 3BCD 循环码译为七段显示的译码电路。

4.9 设计一个满足表 P4-1 所示功能要求的组合逻辑电路。

表 P4-1

输入			输出
A	B	C	Y
0	0	0	0
0	0	1	1
0	1	0	1
0	1	1	0
1	0	0	0
1	0	1	0
1	1	0	0
1	1	1	1

4.10 请用与非门设计一位全加器电路和一位全减器电路,画出逻辑图。

4.11 七段译码器中,若输入为 $DCBA = 0100$,译码器 7 个输出端的状态如何?而当输入数码为 $\overline{DCBA} = 0100$ 时,译码器的输出状态又如何?

4.12 设计一个乘法器,输入是两个二位二进制数($a_1, a_0; b_1, b_0$),输出是两者的乘积:一个四位二进制数。

4.13 8 线 $-$ 3 线编码器如图 P4 $-$ 2 所示。其输入、输出均为高电平有效。优先等级按 $I_7 \sim I_0$ 依次递降。设 $I_7 I_6 I_5 I_4 I_3 I_2 I_1 I_0 = 00110010$,试问:

(1)当使能端 $\overline{S} = 0$ 时,输出什么状态?

(2)当 $\overline{S} = 1$ 时,输出什么状态?

4.14 用数据选择器组成的电路如图 P4 $-$ 3 所示,分别写出电路的输出函数逻辑表达式。

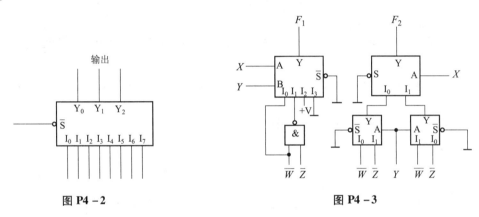

图 P4 $-$ 2   图 P4 $-$ 3

4.15 试用两片双 4 选 1 选择器,接成一个 16 选 1 数据选择器。允许附加必要的逻辑门。

4.16 试用一片 4 线 $-$ 16 线译码器和负或非门实现下列四变量逻辑函数:

$$Y_1 = \sum (0, 3, 6, 10, 15)$$

$$Y_2 = A\overline{B}CD + \overline{A}\,\overline{B}C + ACD$$

$$Y_3 = A\overline{B}\overline{C} + A\overline{B}CD + \overline{A}\,\overline{B}C$$

4.17 试画出用 3 线 $-$ 8 线译码器(74LS138)和门电路产生如下多输出函数的连接图:

$$Y_1 = AC$$

$$Y_2 = \overline{A}\,\overline{B}C + A\overline{B}\overline{C} + \overline{B}C$$

$$Y_3 = AB + \overline{A}C$$

$$Y_4 = (A \oplus B)C + \overline{(A \oplus B)\,\overline{C}}$$

4.18 试用 4 选 1 数据选择器实现逻辑函数:$Y = \overline{A}\,\overline{B}\,\overline{C} + \overline{A}BC + A\overline{B}\,\overline{C} + ABC$。

4.19 试用 8 选 1 数据选择器实现下列逻辑函数:

(1)$Y_1 = \sum (1, 2, 3, 5, 6, 8, 9, 12)$;

(2)$Y_2 = A\overline{B}C + \overline{A}BC + \overline{A}D + \overline{B}D$。

4.20 试分析图 P4 $-$ 4 所示电路,写出输出函数 Y 的逻辑表达式。

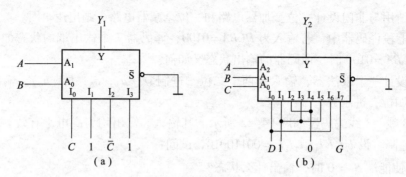

图 P4-4

(a) Y_1;(b) Y_2

4.21 用一片译码器和一片数据选择器实现两个三位二进制码的比较,并画出电路图。

4.22 用与、或、非门构成的逻辑函数 $Y = A\overline{B} + \overline{A}C + \overline{B}C$,试分析该电路是否存在竞争-冒险现象。

4.23 如图 P4-5(a)所示。G_1、G_2 的平均传输时间均为 25 ns,输入波形如图 P4-5(b)所示。

(1) 分析电路是否存在竞争-冒险现象;

(2) 画出 Y 的波形。

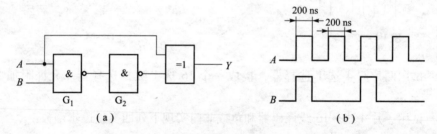

图 P4-5

(a) 逻辑电路;(b) 波形

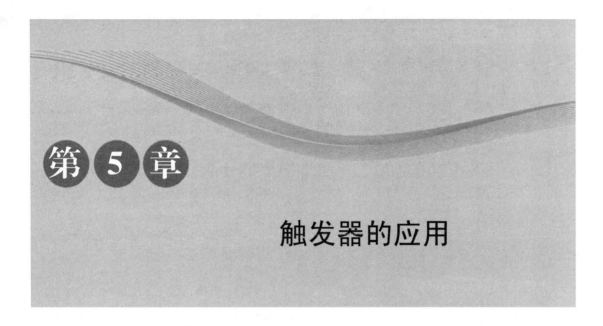

第 5 章 触发器的应用

学习目标

(1) 理解触发器的分类及特点。
(2) 掌握基本 SR 触发器、JK 触发器、D 触发器及 T 触发器的逻辑功能及动作特点。
(3) 理解集成触发器的逻辑功能和电路。
(4) 理解各种触发器的相互转换方法。
(5) 掌握各种触发器及集成触发器的应用。

能力目标

(1) 能够对各种类型触发器及动作特点进行归纳总结。
(2) 能够正确地应用各类触发器和集成触发器。

5.1 概 述

在数字系统中不但需要对"0""1"信息进行算术运算和逻辑运算,还需要将这些信息和运算结果保存起来。为此,需要使用具有记忆功能的单元电路。能够存储 0、1 信息的基本单元电路称为触发器(Flip – Flop)。

触发器属于双稳态电路。任何具有两个稳定状态且可以通过适当的信号注入方式使其从一个稳定状态转换到另一个稳定状态的电路都称为触发器。所有触发器都具有两个稳定状态,但使输出状态从一个稳定状态翻转到另一个稳定状态的方法却有多种,由此构成了具有各种功能的触发器。

5.1.1 触发器的性质

触发器是一种具有记忆功能,能存储一位二进制信息的逻辑电路。每个触发器都应有两个互非的输出端 Q 和 $\bar{Q}$,并且有两个基本性质:

(1) 在一定的条件下,触发器具有两个稳定的工作状态("1"态和"0"态)。用触发器输出端 Q 的状态作为触发器的状态。即当输出 $Q=1$, $\bar{Q}=0$ 时,表示触发器"1"状态;当输出 $Q=0$, $\bar{Q}=1$,表示触发器"0"状态。

(2) 在一定外界信号作用下,触发器可以从一个稳定工作状态翻转为另一个稳定状态。这里所指的"稳定"状态,是指没有外界信号的作用时,触发器电路中的电流和电压均维持恒定的数值。

由于触发器具有上述两个基本性质,故触发器能够记忆二进制信号"1"和"0",被用作二进制的存储单元。

5.1.2 触发器的分类

触发器是一种应用在数字电路上具有记忆功能的循环逻辑组件,是构成时序逻辑电路以及各种复杂数字系统的基本逻辑单元。触发器的电路结构形式有多种,它们的触发方式和逻辑功能也各不相同,我们有必要对触发器进行分类。主要有以下四种分类方式:

(1) 按触发方式不同,可分为电平触发器、边沿触发器和主从触发器。
(2) 按逻辑功能不同,可分为 SR 触发器、JK 触发器、T 触发器和 D 触发器等。
(3) 按电路结构不同,可分为基本 SR 触发器和钟控触发器。
(4) 按构成触发器的基本器件不同,可分为双极型触发器和 MOS 型触发器。

此外,根据存储数据的原理不同,还把触发器分成静态触发器和动态触发器两大类。静态触发器是靠电路状态和自锁存储数据的,而动态触发器是通过 MOS 管栅极输入电容存储电荷来存储数据的。

5.2 基本触发器

没有时钟脉冲输入端 CP 的触发器叫基本触发器。CP 是时钟脉冲(Clock Pulse)的缩写。基本触发器是一种最简单的触发器,是构成各种触发器的基础。

5.2.1 用与非门构成的基本触发器

图 5-1 所示为一个由两个与非门交叉耦合组成的基本触发器,它有两个互非输出端 Q 和 $\bar{Q}$,两个输入端 $\bar{S}_D$(称为置位输入端或置"1"端)和 $\bar{R}_D$(称为复位输入端或置"0"端)。

当 $\bar{S}_D=1$, $\bar{R}_D=1$ 时,不管此时触发器的状态是"1"还是"0",触发器都能维持原来的状态不变。

当 $\bar{S}_D=0$, $\bar{R}_D=1$ 时,不管触发器原来为什么状态,触

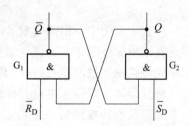

图 5-1 由两个与非门交叉耦合组成的基本触发器

发器状态均保持"1"状态。

当 $\overline{S}_D=1$，$\overline{R}_D=0$ 时，不管触发器原来为什么状态，触发器状态均保持"0"状态。

当 $\overline{S}_D=0$，$\overline{R}_D=0$ 时，与非门 G_1、与非门 G_2 输出"1"，但在 $\overline{S}_D$、$\overline{R}_D$ 同时回到"1"以后，基本触发器的新状态要看与非门 G_1、G_2 翻转的速度谁快谁慢，从逻辑关系来说是不能确定的，因此在正常工作时输入信号应遵守 $\overline{S}_D+\overline{R}_D=1$ 的约束条件，即不允许输入 $\overline{S}_D=\overline{R}_D=0$ 的信号。

将上述逻辑关系列出真值如表 5-1 所示。其中，触发器新的状态 Q^{n+1}（也叫作次态），不仅与输入状态有关，而且与触发器原来的状态 Q^n（也叫作初态）有关，所以把 Q^n 也作为一个输入变量列入真值表，并将其称作状态变量，把这种含有状态变量的真值表叫作触发器的功能真值表（或称为特性表）。表 5-1 中的 $\overline{S}_D$、$\overline{R}_D$ 上加非号是因为输入信号在低电平起作用。

表 5-1 与非门组成基本触发器的功能真值表

$\overline{S}_D$	$\overline{R}_D$	Q^n	Q^{n+1}
1	1	0	0
1	1	1	1
0	1	0	1
0	1	1	1
1	0	0	0
1	0	1	0
0	0	0	1* 不定
0	0	1	1* 不定

例 5-1 由与非门组成的基本触发器如图 5-1 所示，设触发器初始状态为"0"，已知输入 $\overline{S}_D$、$\overline{R}_D$ 的波形图 [见图 5-2 (a)]，试画出触发器 Q 和 $\overline{Q}$ 的输出波形图。

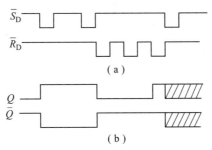

图 5-2 例 5-1 由与非门组成的基本触发器的波形图

解：初态为 0 决定了起初 Q 为低，$\overline{Q}$ 为高，此后，当 $\overline{S}_D$、$\overline{R}_D$ 同时为高时触发器状态不变；当 $\overline{S}_D$、$\overline{R}_D$ 某一端变低时，按功能真值表 5-1 画出相应的波形图；当 $\overline{S}_D$、$\overline{R}_D$ 同时变低时，使触发器 $Q=\overline{Q}=1$ 出现不正常；而在 $\overline{S}_D$、$\overline{R}_D$ 同时恢复"1"后，新状态不定（阴影部分），Q 和 $\overline{Q}$ 的输出波形图如图 5-2 (b) 所示。

5.2.2 用或非门构成的基本触发器

除了用与非门组成基本触发器外，还可以用其他门电路来构造，下面就以或非门来组成基本触发器为例分析其原理。

如图5-3所示,是由两个或非门交叉耦合组成的基本触发器,Q和$\overline{Q}$为两个输出端,S_D和R_D为两个输入端。S_D为置位端,R_D为复位端。

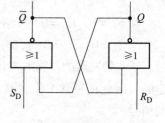

图5-3 由两个或非门交叉耦合组成的基本触发器

由于用或非门代替了与非门,所以这种触发器具有以下几点不同:

(1) 当S_D、R_D均为低电平时,触发器保持原状态不变。

(2) 当$S_D=1$,$R_D=0$时,则使触发器成为"1"状态。

(3) 当$S_D=0$,$R_D=1$时,则使触发器成为"0"状态。

(4) 当S_D、R_D同时为高电平时,Q和$\overline{Q}$出现同时为低电平的不正常情况,在高电平同时消失以后,触发器的新状态不定,因此,在正常工作时输入信号应遵守$S_D \cdot R_D = 0$的约束条件,即不允许输入$S_D = R_D = 1$的信号,同时S_D、R_D两个输入端均为高电平有效,其功能真值表如表5-2所示。

表5-2 由或非门构成的基本触发器的功能真值表

S_D	R_D	Q^n	Q^{n+1}
0	0	0	0
0	0	1	1
1	0	0	1
1	0	1	1
0	1	0	0
0	1	1	0
1	1	0	0* 不定
1	1	1	0* 不定

例5-2 由或非门组成的基本触发器如图5-3所示,设触发器初始状态为"0",已知输入S_D、R_D的波形图[见图5-4(a)],试画出触发器Q和$\overline{Q}$的输出波形图。

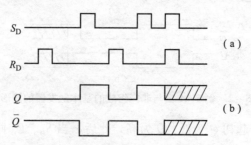

图5-4 由或非门组成基本触发器波形图

解:根据表5-2可知,或非门组成的基本触发器的输入端S_D、R_D为高电平起作用,Q和$\overline{Q}$输出波形如图5-4(b)所示。图5-4(b)中阴影部分波形是由于或非门延迟时间不一致,在S_D、R_D同时从高电平变为低电平时,将不能确立触发器是处于"1"状态或者"0"状态。

5.3 时钟触发器的逻辑功能

根据逻辑功能的不同，时钟触发器可分为 SR 触发器、D 触发器、JK 触发器和 T 触发器等。下面分别介绍它们的逻辑功能。

5.3.1 SR 触发器

1. 电路结构

同步式 SR 触发器如图 5-5 所示，CP 是时钟输入端，输入周期性连续脉冲，S、R 是数据输入端（又称控制输入端）。该电路由两部分组成：由与非门 G_1、G_2 组成基本触发器和由与非门 G_3、G_4 组成输入控制电路。

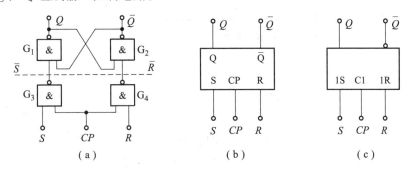

图 5-5 同步式 SR 触发器
(a) 电路结构；(b) 曾用符号；(c) 国标符号

2. 逻辑功能

当 $CP=0$ 时，不管控制输入信号 R 和 S 是低电平还是高电平，与非门 G_3 和与非门 G_4 的输出恒为 1，此时与非门 G_1、与非门 G_2 构成基本触发器，触发器的状态维持原状态。

当 $CP=1$ 时，R、S 信号通过与非门 G_3、G_4 反相加到由与非门 G_1、G_2 组成的基本 SR 触发器上，使 Q 和 $\bar{Q}$ 的状态跟随输入信号 R、S 的变化而改变。SR 触发器的功能真值表如表 5-3 所示。

表 5-3 SR 触发器的功能真值表

S	R	Q^n	Q^{n+1}	说明
0	0	0	0	$Q^{n+1}=Q^n$
0	0	1	1	维持原态
0	1	0	0	$Q^{n+1}=0$
0	1	1	0	置"0"态
1	0	0	1	$Q^{n+1}=1$
1	0	1	1	置"1"态
1	1	0	不定	状态不定
1	1	1	不定	状态不定

当 $CP=1$ 时,若 $S=R=0$,与非门 G_3、G_4 输出为 1,由基本触发器原理分析可知,触发器的次态 $Q^{n+1}=$ 初态 Q^n。当 $CP=1$ 时,若 $S=0$,$R=1$,与非门 G_3 输出 1,与非门 G_4 输出 0,因此不管触发器原态为 0 还是 1,它的次态 Q^{n+1} 总是 0。

当 $CP=1$ 时,若 $S=1$,$R=0$,与非门 G_4 输出 0,与非门 G_3 输出 1,因此不管触发器原态为 0 还是 1,它的次态 Q^{n+1} 总是 1。

当 $CP=1$ 时,若 $R=S=1$ 时,与非门 G_3、G_4 均输出 0,此时触发器状态因与非门 G_1、G_2 输入端均为 0,使得触发器输出状态 $Q^{n+1}=\overline{Q^{n+1}}=1$,而在 CP 由高变低时,因 SR 同时由低变高,触发器的次态就不能确定,故同步 SR 触发器的约束条件为 $SR=0$。

3. 触发器功能的几种表示方法

1)特性方程

将表 5-3 SR 触发器的功能真值表,经过图 5-6 所示次态卡诺图的化简,就可以得到该时钟触发器的逻辑表达式——特性方程,这个方程反映次态和数据输入、初态之间的关系。

$$Q^{n+1}=S+\bar{R}Q^n$$
$$SR=0\text{(约束条件)}$$

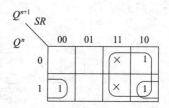

图 5-6 SR 触发器的次态卡诺图

2)激励表

所谓激励表,是指用表格的形式表达在时钟脉冲作用下,实现初态转换为次态($Q^n\rightarrow Q^{n+1}$)时应有怎样的控制输入条件。SR 触发器的激励表如表 5-4 所示。

表 5-4 SR 触发器的激励表

$Q^n \rightarrow Q^{n+1}$	S	R
$0\rightarrow 0$	0	×
$0\rightarrow 1$	1	0
$1\rightarrow 0$	0	1
$1\rightarrow 1$	×	0

表 5-4 表示的信息是:

第一行为实现初态 $Q=0$ 到次态 $Q^{n+1}=0$ 的状态转换,时钟脉冲作用下,它的控制输入端 SR 应为 $S=0$,$R=×$(随意),这个关系从表 5-4 可知;初态 Q^n "0" →次态 Q^{n+1} "0" 的转换条件分别为 $S=0$,$R=0$ 及 $S=0$,$R=1$,两种输入情况均能实现,可见,控制输入端 $S=0$,而 R 为 0 或为 1 均可以,可用随意的符号 "×" 来表示。

第二行为实现 $0\rightarrow 1$ 状态转换,时钟脉冲作用时的控制输入应为 $S=1$,$R=0$。

第三行为实现 $1\rightarrow 0$ 状态转换,时钟脉冲作用时的控制输入应为 $S=0$,$R=1$。

第四行为实现 $1\rightarrow 1$ 状态转换,时钟脉冲作用时的控制输入应为 $S=×$,$R=0$。

可见激励表 5-4 显然是从功能真值表转变来的,它适用于时序逻辑电路的设计。

3)状态图

所谓状态图,是以图形的形式表达在时钟脉冲作用下,状态变化与控制输入之间的关系，也称状态转换图。SR 触发器的状态图如图 5-7 所示。

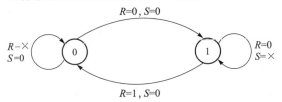

图 5-7 SR 触发器的状态图

状态图中的一个圆圈代表触发器的一个状态，对一个 SR 触发器来说，它只有"0""1"两个状态，因此状态图中只有两个圆圈，即"0"表示 $Q^{n+1}=0$ 状态，"1"表示 $Q^{n+1}=1$ 状态。状态图中的弧线表示状态变化的方向，箭头所指的状态为次态，没有箭头的一端状态为初态，弧线上标明了控制输入 S 和 R 应有的取值，实际上状态图以图形的形式表示了触发器的激励表。

应当指出，SR 触发器的功能真值表、激励表、状态图、特性方程只是表达 SR 触发器逻辑功能的形式不同而已，它们的实质是一致的。因此，记住其中一种形式（如功能真值表），就可以推出其他形式，D、JK、T 触发器功能描述与 SR 触发器相似，所以不再一一细述。

5.3.2 D 触发器

由于 SR 触发器存在 $R=S=1$ 时，次态有不定的情况，针对这一问题，将 S 换成 D，R 换成 $\overline{D}$，这样就得到只有一个输入信号控制端 D，称作 D 触发器，其逻辑图如图 5-8 所示。

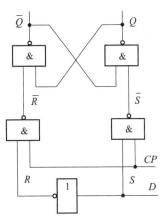

图 5-8 D 触发器的逻辑图

从功能真值表 5-5 可以写出 D 触发器的特性方程为

$$Q^{n+1} = D$$

表 5-5 D 触发器的功能真值表

D	Q^n	Q^{n+1}	说明
0	0	0	$Q^{n+1}=0$
0	1	0	
1	0	1	$Q^{n+1}=1$
1	1	1	

表 5-6 所示为 D 触发器的激励表，图 5-9 所示为 D 触发器的状态图。

表 5-6 D 触发器的激励表

$Q^n \to Q^{n+1}$	D
0→0	0
0→1	1
1→0	0
1→1	1

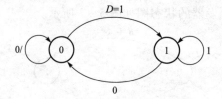

图 5-9　D 触发器的状态图

5.3.3　JK 触发器

凡是时钟信号作用下逻辑功能符合表 5-7 所规定的逻辑功能者,无论其触发方式如何,均称为 JK 触发器。JK 触发器的控制输入端为 J、K,图 5-10 所示为同步式 JK 触发器的逻辑图,表 5-7 和表 5-8 分别为 JK 触发器的功能真值表和激励表。

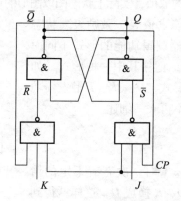

图 5-10　同步式 JK 触发器的逻辑图

表 5-7　JK 触发器的功能真值表

J K	Q^n	Q^{n+1}	说明
0　0 0　0	0 1	0 1	$Q^{n+1}=Q^n$ 维持
0　1 0　1	0 1	0 0	$Q^{n+1}=0$ 置"0"
1　0 1　0	0 1	1 1	$Q^{n+1}=1$ 置"1"
1　1 1　1	0 1	1 0	$Q^{n+1}=\overline{Q^n}$ 与原状态相反

表 5-8　JK 触发器的激励表

$Q^n \rightarrow Q^{n+1}$	J	K
0→0	0	×
0→1	1	×
1→0	×	1
1→1	×	0

根据表 5-7 可以写出 JK 触发器的特性方程，化简后得到：$Q^{n+1} = J\overline{Q^n} + \overline{K}Q^n$。JK 触发器的状态图如图 5-11 所示。

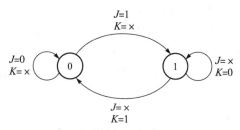

图 5-11　JK 触发器的状态图

5.3.4　T 触发器

T 触发器可看成 JK 触发器在 $J = K$ 条件下的特例，T 触发器只有一个控制输入端 T。图 5-12 所示为同步式 T 触发器的逻辑图，表 5-9 所示为 T 触发器的功能真值表，表 5-10 所示为 T 触发器的激励表，图 5-13 所示为 T 触发器的状态图。T 触发器的特性方程为

$$Q^{n+1} = T\overline{Q^n} + \overline{T}Q^n$$

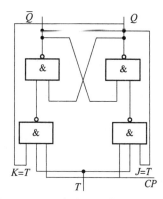

图 5-12　同步式 T 触发器的逻辑图

表 5-9　T 触发器的功能真值表

T	Q^n	Q^{n+1}	说明
0	0	0	$Q^{n+1} = Q^n$
0	1	1	
1	0	1	$Q^{n+1} = \overline{Q^n}$
1	1	0	

表 5-10　T 触发器的激励表

$Q^n \to Q^{n+1}$	T
0→0	×
0→1	1
1→0	1
1→1	×

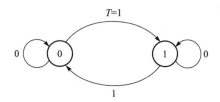

图 5-13　T 触发器的状态图

T 触发器的逻辑功能可概括为：当 $T=0$ 时，触发器保持原状态不变；当 $T=1$ 时，触发器状态与原状态相反，即 $Q^{n+1}=\overline{Q^n}$。

本节中为了便于理解和叙述，我们讨论 SR、JK、D、T 四种触发器的功能时，仅以同步时钟触发器为例。实际上，上述讨论的结论完全适用于其他结构形式的时钟触发器（维持阻塞触发器、边沿触发器和主从触发器），它们的功能真值表、激励表、特性方程、状态图均与同步式相应功能触发器完全一致。下面就讨论这些不同结构形式的时钟触发器以及它们各自的触发方式。

5.4 时钟触发器的结构及触发方式

5.4.1 同步触发器

1. 同步触发器的触发方式

时钟触发器的各种结构形式中最简单的是同步触发器。所谓时钟触发器的触发方式，是指时钟触发器在 CP 脉冲的什么时该接收控制输入信号，并且可以改变状态。触发器的触发方式可以分为电平触发和边沿触发，电平触发可分为高电平触发和低电平触发，边沿触发可分为上升沿触发和下降沿触发。

图 5-14 所示为同步式 D 触发器。在时钟脉冲 CP 为低电平时，与非门 G_3、G_4 被封锁，这时，不管控制输入信号 D 是 0 还是 1，它们的输出均为高电平，上面两个与非门 G_1 和 G_2 交叉耦合成基本触发器，在 $\overline{S}$、$\overline{R}$ 均为高电平的条件下，不可能改变原先状态。当时钟脉冲 CP 为高电平时，对 G_3、G_4 的封锁解除，它们的输出则由当时的输入数据 D 来决定，若 $D=1$，$\overline{S}=0$，$\overline{R}=1$，基本触发器状态可变为 "1"；若 $D=0$，$\overline{S}=1$，$\overline{R}=0$，基本触发器状态可变为 "0"，可见，同步触发器属于高电平触发方式。

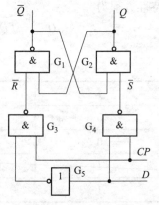

图 5-14 同步式 D 触发器

综上所述，同步触发器在 CP 高电平期间接收控制信号并改变状态，这种触发方式称为 CP 高电平触发方式，或简称电平触发。

2. 同步式时钟触发器的缺点——空翻

由于同步式时钟触发器的触发方式是 CP 高电平触发，若在 CP 高电平期间，分析可知：控制输入端状态改变，触发器的输出状态也会跟着改变。

如果在一个时钟脉冲作用下，触发器的状态发生了两次或两次以上的翻转，这种现象称为"空翻"。

对于触发器来说，"空翻"意味着失控，也就是说触发器的输出不能严格地按时钟节拍动作。下面就以同步式式 SR 触发器为例来说明"空翻"现象。如果在同步式 SR 触发器加图 5-15 (a) 所示的输入信

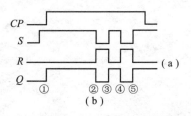

图 5-15 波形图

号 CP、S、R，并设触发器的初态为"0"，则触发器的输出 Q 端将有波形，如图 5-15（b）所示。从波形看出，在一个时钟脉冲内，触发器输出状态变化了五次，这就是触发器的"空翻"现象，同步式的 D、JK、T 触发器也同样有这种"空翻"现象。

特别是 T 功能触发器，当 T=1 时（或 JK 触发器在 J=K=1），在 CP 为高电平期间，触发器总是做相反状态变化，由于反馈线的作用，触发器一旦由 0 变成 1，就具备由 1 变成 0 的翻转条件，直到 CP 由 1 变成 0 才停止，因此它们绝不能在一个脉冲期间只改变一次状态，总会在 CP=1 期间多次翻转，而使最终状态无法确定。

因此，同步式 JK 触发器和 T 触发器是根本不能使用的，而同步式 D 触发器和 SR 触发器只有在 CP=1 期间时，D 输入或 SR 输入状态不变时才能使用。

人们寻找种种途径解决"空翻"现象，也就是寻求比同步触发器更完善的结构形式来克服"空翻"现象。

5.4.2 维持阻塞触发器

维持阻塞触发器是一种利用电路内的维持阻塞线所产生的"维持阻塞"作用来克服"空翻"现象的时钟触发器，它的触发方式是边沿触发（一般为上升沿触发），即仅在时钟脉冲上升沿接收控制输入信号并改变状态，由于维持阻塞触发器逻辑图及它内部工作情况较复杂，而这一切又与它的外部应用无关，除半导体制造专业人员要很好熟悉它外，在实际应用时，只要牢牢掌握其触发方式为上升沿触发就可以了，因此我们在教材中将这部分内容简略了。

例 5-3 维持阻塞 D 触发器（即具有 D 功能的维持阻塞触发器），其初始状态为"1"。已知 CP、D 的波形图如图 5-16（a）所示，请画出 Q 和 $\bar{Q}$ 的波形图。

解：维持阻塞 D 触发器为上升沿触发方式，当第一个 CP 上升沿到来时，输入状态 D=0，故触发器状态应由 1 变为 0，即 $Q^{n+1}=0$。即使 CP 在高电平期间，输入状态 D 由 0 变为 1，但触发器状态却不会改变。

当第二个 CP 上升沿到来时，因为输入状态 D=0，故触发器状态为 0，即 $Q^{n+1}=0$。

当第三个 CP 上升沿到来时，输入状态 D=1，故触发器状态 $Q^{n+1}=1$。尽管第三个 CP 高电平期间有出现过短暂的 D=0，但触发器状态仍为 1，直到下一个 CP 上升沿到来时才有可能发生改变。

当第四个 CP 上升沿到来时，输入状态 D=0，故触发器状态 $Q^{n+1}=0$。

因此我们可以画出 Q 和 $\bar{Q}$ 的波形，如图 5-16（b）所示。

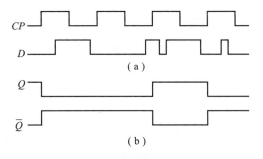

图 5-16 波形图

5.4.3 边沿触发器

边沿触发器是利用电路内部速度差来克服"空翻"的时钟触发器。

它的触发方式是边沿触发,在一般集成电路中边沿触发器多是采用下降沿触发方式的,仅在 CP 下降沿时刻接收控制输入信号并改变状态。

例 5-4 下降沿触发的 JK 边沿触发器,其初始状态为"0",在已知的图 5-17 所示的 CP、J、K 波形作用下,试画出其输出 Q 和 $\overline{Q}$ 的波形。

解: 因 JK 边沿触发器为下降沿触发方式,当第一个 CP 下降沿到来时,输入状态 $J=1$,$K=0$,触发器状态应由 0 变为 1,即 $Q^{n+1}=1$。直到下个 CP 下降沿到来时,触发器的状态才可能发生改变。

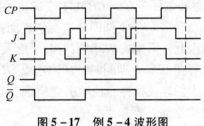

图 5-17 例 5-4 波形图

当第二个 CP 下降沿到来时,输入状态 $J=0$,$K=1$,触发器状态应置 0,即 $Q^{n+1}=0$。

当第三个 CP 下降沿到来时,输入状态 $J=1$,$K=1$,故触发器状态与原状态相反,即触发器状态 $Q^{n+1}=1$。

当第四个 CP 下降沿到来时,输入状态 $J=0$,$K=0$,触发器状态保持不变,即 $Q^{n+1}=Q^n$。输出 Q 和 $\overline{Q}$ 的波形如图 5-17 所示。

5.4.4 主从触发器

主从触发器具有主从结构,并以双拍工作方式工作。图 5-18 所示为主从 JK 触发器。它由主触发器、从触发器和非门三个部分组成,$Q_主$ 和 $\overline{Q}_主$ 为内部输出端,Q 和 $\overline{Q}$ 为触发器输出端。

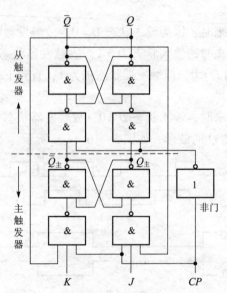

图 5-18 主从 JK 触发器逻辑图

主从触发器在一个时钟脉冲作用下工作过程分为两个阶段，即双拍工作方式。

（1） CP 高电平期间主触发器接收控制输入信号。主触发器和从触发器都是同步触发器。当 $CP=1$（高电平）时，主触发器接收控制输入信号并改变状态，与此同时，$CP=0$（低），从触发器被封锁，保持原状态不变。

（2）在 CP 下降沿（负跳变时刻），主触发器开始被封锁，保持原状态不变。与此同时，CP 从 0 变为 1，从触发器的封锁被解除，取与主触发器一致的状态——向主触发器看齐。

例 5 – 5 一个主从 JK 触发器，初始状态为 0，其中 CP、J、K 输入波形如图 5 – 19 所示，试画出 Q 和 $\overline{Q}$ 波形（为方便分析，同时画出主触发器波形）。

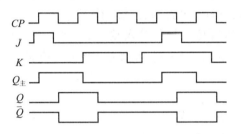

图 5 – 19 主从 JK 触发器波形

解：Q、$\overline{Q}$ 的波形如图 5 – 19 所示，波形分析如下：

每个 CP 脉冲高电平期间，主触发器可以根据 JK 输入端的情况以及 JK 功能真值表，改变一次主触发器的状态 $Q_主$（这是主从 JK 触发器的一次"空翻"特性，详细说明这里从略）。当 CP 由高变低时，从触发器向主触发器看齐，即 Q 的状态由此时的 $Q_主$ 决定，$\overline{Q}$ 由 $\overline{Q}_主$ 决定。

图 5 – 19 中第一个脉冲 CP 上升沿时，$J=1$，$K=0$，具备 $Q_主=1$，$\overline{Q}_主=0$ 的条件，因此主触发器输出在 CP 上升沿时就可做 0→1 的变化，在 $CP=1$ 期间 J 虽然由 1→0，但 $Q_主$ 一旦翻转，状态就不变了；当 CP 由高变低跳变时，从触发器向主触发器看齐，Q 由 0→1，$\overline{Q}$ 由 1→0。

第二个脉冲 CP 上升沿时，$J=K=0$，不具备翻转条件。但在 $CP=1$ 期间，因 K 由 0→1，此时 $Q_主$ 做由 1→0 的变化，$\overline{Q}_主$ 由 0→1；当 CP 下降沿时，从触发器向主触发器看齐，即 Q 由 1→0，$\overline{Q}$ 由 0→1。

第三个脉冲 CP 上升沿时，$J=0$，$K=1$，主触发器输出端 $Q_主=0$，当 $CP=1$ 时，K 由 1→0。

从以上分析可见：

在 CP 高电平期间，主触发器可接收控制输入信号，并改变状态，在 CP 下降沿，从触发器向主触发器看齐，请注意这种触发方式与下降沿触发方式的区别。

主从触发器在一个时钟脉冲作用下，从触发器的状态最多改变一次，因此克服了"空翻"现象。

5.5 集成触发器及其应用

1. 时钟触发器的直接置位和直接复位

除了时钟脉冲输入端 CP、控制输入端及触发器输出端外，绝大多数实际的触发器电路有以下两个输入端：$\bar{S}_D$ 直接置位输入端（或称作"直接置 1 端"）和 $\bar{R}_D$ 直接复位输入端（或称作"直接置 0 端"）。直接置 1 端和直接置 0 端的工作原理是：

当 $\bar{S}_D = 1$，$\bar{R}_D = 1$ 时，它们对触发器工作无影响，触发器的状态由 CP 和输入控制端决定。

当 $\bar{S}_D = 0$，$\bar{R}_D = 1$ 时，不管 CP 和控制输入端如何，触发器状态均被置 1。

当 $\bar{S}_D = 1$，$\bar{R}_D = 0$ 时，不管 CP 和控制输入端如何，触发器状态均被置 0。

当 $\bar{S}_D = 0$，$\bar{R}_D = 0$ 时，触发器的状态不定。

由此可见，时钟触发器可以通过以下两种途径改变状态：

（1）不管 CP 和控制输入信号如何，通过直接置位端 $\bar{S}_D$ 和直接复位端 $\bar{R}_D$ 改变状态。

（2）当 $\bar{S}_D$、$\bar{R}_D$ 为 1 状态时，通过时钟脉冲 CP 和控制输入改变状态。

7474 集成芯片是一个带置位、复位输入端，上升沿触发的双 D 触发器，它有 14 个引脚，其引脚图如图 5-20 所示，表 5-11 所示为其功能真值表。

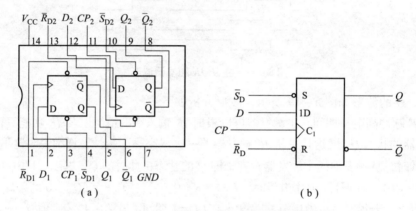

图 5-20 7474 双 D 触发器的引脚图

（a）引脚图；（b）逻辑符号

表 5-11 7474 双 D 触发器的功能真值表

输入				输出	
$\bar{S}_D$	$\bar{R}_D$	D	CP	Q	$\bar{Q}$
0	0	×	×	1	1
0	1	×	×	1	0
1	0	×	×	0	1
1	1	1	↑	1	0
1	1	0	↑	0	1

74112 集成芯片是一个带置位、复位输入端，下降沿触发的双 JK 触发器，它的引脚图如图 5-21 所示，表 5-12 所示为其功能真值表。

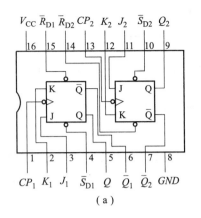
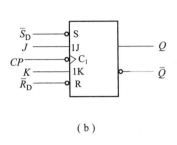

图 5-21 74112 双 JK 触发器引脚图

（a）引脚图；（b）逻辑符号

表 5-12 74112 双 JK 触发器的功能真值表

输入					输出	
$\bar{S}_D$	$\bar{R}_D$	J	K	CP	Q	$\bar{Q}$
0	0	×	×	×	1	1
0	1	×	×	×	1	0
1	0	×	×	×	0	1
1	1	0	0	↑	Q^n	$\overline{Q^n}$
1	1	0	1	↑	0	1
1	1	1	0	↑	1	0
1	1	1	1	↑	$\overline{Q^n}$	Q^n

2. 触发器的主要应用

触发器是构成时序逻辑电路的基本单元，通过各种触发器的相互连接，就可以实现具有一定功能的逻辑电路。

1）触发器构成分频器

如图 5-22 所示的 D 触发器，将触发器输出端 $\bar{Q}$ 与输入端 D 相连，在输入时钟脉冲 CP 的作用下，试分析触发器输出端 Q 的波形图。

由 D 触发器连接图可知，D 触发器为上升沿触发，D 触发器特性方程是：

$$Q^{n+1} = D, \quad D = \overline{Q^n}$$

则 $Q^{n+1} = \overline{Q^n}$。

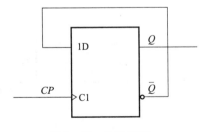

图 5-22 D 触发器

根据 D 触发器功能，D 触发器在输入时钟脉冲 CP 上升沿作用下，输入一次 CP 脉冲就会与 D 触发器原状态相反，其波形图如图 5-23 所示，这样就实现了将时钟脉冲信号 CP 的二分频,即 Q 的波形周期是 CP 的 2 倍。

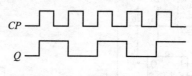

图 5 – 23 分频器的波形图

2) 触发器构成计数器

图 5 – 24 所示为由两个 D 触发器和两个 JK 触发器相互连接构成的逻辑电路。从图 5 – 24 中看出,D 触发器构成二分频电路,JK 触发器也构成二分频电路,四个触发器的输出端分别连接指示灯 $L_0 \sim L_3$,触发器之间的连接是通过触发器的输出端 Q 或 $\overline{Q}$ 与触发器的输入脉冲 CP 端相连,这里要特别注意各触发器的触发方式。即触发器 F_1 是 CP 的上升沿触发,触发器 F_2 是触发器 F_1 输出端 $\overline{Q}$ 的上升沿触发,触发器 F_3 是触发器 F_2 输出端 Q 下降沿触发,触发器 F_4 是触发器 F_3 输出端 Q 的下降沿触发。

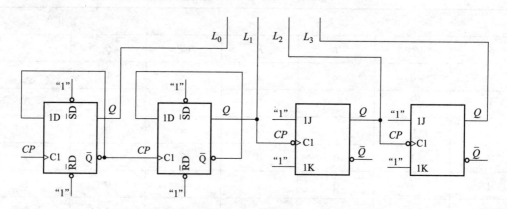

图 5 – 24 逻辑电路

由以上分析可知,F_1 的输出波形是在时钟脉冲 CP 上升沿作用下,来一次 CP 脉冲就与触发器原状态相反翻转一次,同样可得到 F_2 的输出波形是在 F_1 输出端 Q 下降沿的触发下进行翻转,F_3 的输出波形是在 F_2 输出端 Q 的下降沿触发下进行翻转,F_4 的输出波形是在 F_3 的输出端 Q 的下降沿触发下进行翻转。分析的波形图如图 5 – 25 所示,四个触发器在总的时钟脉冲 CP 作用下,实现了递增计数器。其功能真值表如表 5 – 13 所示。

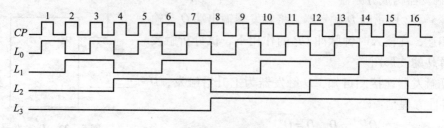

图 5 – 25 波形图

表 5-13 功能真值表

CP	电平指示灯				数码显示
	L_3	L_2	L_1	L_0	
CP↑	0	0	0	1	0
	0	0	1	0	1
	0	0	1	1	2
	0	1	0	0	3
	0	1	0	1	4
	0	1	1	0	5
	0	1	1	1	6
	1	0	0	0	7
	1	0	0	1	8
	1	0	1	0	9
	1	0	1	1	a
	1	1	0	0	b
	1	1	0	1	c
	1	1	1	0	d
	1	1	1	1	f

3) 各种类型触发器之间的相互转换

触发器按功能可分为 SR、D、JK、T 触发器,分别对应有各自的特性方程,在实际应用中,有时可以将一种类型的触发器转换为另一种类型的触发器。下面介绍几种转换方式:

(1) JK 触发器转换为 D 触发器。

已知 JK 触发器的特性方程为 $Q^{n+1} = J\overline{Q^n} + \overline{K}Q^n$,待求的 D 触发器的特性方程为 $Q^{n+1} = D$。

转换时,可将 D 触发器的特性方程变换为 JK 触发器特性方程相似的形式:

$$Q^{n+1} = D = D(Q^n + \overline{Q^n}) = DQ^n + D\overline{Q^n} = J\overline{Q^n} + \overline{K}Q^n$$

可见,若 $J = D$,$K = \overline{D}$,则可利用 JK 触发器完成 D 触发器的逻辑功能,其逻辑图如图 5-26 所示。

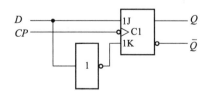

图 5-26 JK 触发器转换为 D 触发器的逻辑图

(2) D 触发器转换为 JK 触发器。

已知 D 触发器的特性方程为 $Q^{n+1} = D$，待求的 JK 触发器的特性方程为 $Q^{n+1} = J\overline{Q^n} + \overline{K}Q^n$。

整个触发器的输入应为 J、K，则 $D = J\overline{Q^n} + \overline{K}Q^n$，其转换的逻辑图如图 5 – 27 所示。

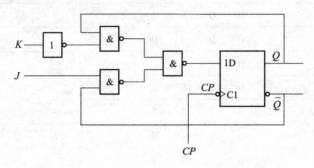

图 5 – 27　D 触发器转换为 JK 触发器的逻辑图

（3）D 触发器转换为 T 触发器。

因 T 触发器的特性方程为 $Q^{n+1} = T\overline{Q^n} + \overline{T}Q^n$，而 D 触发器的特性方程为 $Q^{n+1} = D$，将两个方程对比，可得到 $D = T\overline{Q^n} + \overline{T}Q^n$，由 D 触发器转换为 T 触发器的逻辑图如图 5 – 28 所示。

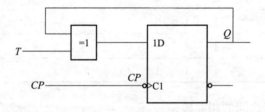

图 5 – 28　D 触发器转换为 T 触发器的逻辑图

技能训练 4　触发器及其应用

1. 实训目的

（1）掌握基本 SR、JK、D 和 T 触发器的逻辑功能。

（2）掌握集成触发器的逻辑功能及使用方法。

（3）熟悉触发器之间相互转换的方法。

2. 实训设备与器件

（1）+5 V 直流电源。

（2）双踪示波器。

（3）连续脉冲源。

（4）单次脉冲源。

（5）逻辑电平开关。

（6）逻辑电平显示器。

（7）74LS112（或 CC4027）、74LS00（或 CC4011）、74LS74（或 CC4013）。

3. 实训内容

1）测试基本 SR 触发器的逻辑功能

如图 J4-1 所示，用两个与非门组成基本 SR 触发器，输入端 $\bar{R}$、$\bar{S}$ 接逻辑开关的输出插口，输出端 Q、$\bar{Q}$ 接逻辑电平显示输入插口，按表 J4-1 要求测试，记录之。

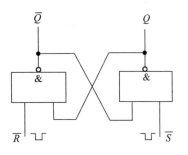

图 J4-1　基本 SR 触发器

表 J4-1

$\bar{R}$	$\bar{S}$	Q	$\bar{Q}$
1	1→0		
	0→1		
1→0	1		
0→1			
0	0		

2）测试双 JK 触发器 74112 逻辑功能

（1）测试 $\bar{R}_D$、$\bar{S}_D$ 的复位、置位功能。

任取一只 JK 触发器，$\bar{R}_D$、$\bar{S}_D$、J、K 端接逻辑开关输出插口，CP 端接单次脉冲源，Q、$\bar{Q}$ 端接至逻辑电平显示输入插口。要求改变 $\bar{R}_D$、$\bar{S}_D$（J、K、CP 处于任意状态），并在 $\bar{R}_D = 0$（$\bar{S}_D = 1$）或 $\bar{S}_D = 0$（$\bar{R}_D = 1$）作用期间任意改变 J、K 及 CP 的状态，观察 Q、$\bar{Q}$ 状态，自拟表格并记录之。

（2）测试 JK 触发器的逻辑功能。

按表 J4-2 的要求改变 J、K、CP 端状态，观察 Q、$\bar{Q}$ 状态变化，观察触发器状态更新是否发生在 CP 脉冲的下降沿（即 CP 由 1→0），自拟表格记录之。

（3）将 JK 触发器的 J、K 端连在一起，构成 T 触发器。

在 CP 端输入 1 Hz 连续脉冲，观察 Q 端的变化。

在 CP 端输入 1 kHz 连续脉冲，用双踪示波器观察 CP、Q、$\bar{Q}$ 端波形，注意相位关系，描绘之。

表 J4-2

J	K	CP	Q^{n+1}	
			$Q^n = 0$	$Q^n = 1$
0	0	0→1		
		1→0		
0	1	0→1		
		1→0		

续表

J	K	CP	Q^{n+1}	
			$Q^n=0$	$Q^n=1$
1	0	0→1		
		1→0		
1	1	0→1		
		1→0		

3）测试双 D 触发器 7474 的逻辑功能

（1）测试 $\overline{R}_D$、$\overline{S}_D$ 的复位、置位功能。

测试方法同实验内容 1）、2），自拟表格记录之。

（2）测试 D 触发器的逻辑功能。

按表 J4-3 要求进行测试，并观察触发器状态更新是否发生在 CP 脉冲的上升沿（即由 0→1），自拟表格记录之。

表 J4-3

D	CP	Q^{n+1}	
		$Q^n=0$	$Q^n=1$
0	0→1		
	1→0		
1	0→1		
	1→0		

（3）将 D 触发器的 $\overline{Q}$ 端与 D 端相连接，构成 T' 触发器。

测试方法同实验内容 2）、3），自拟表格记录之。

4）双相时钟脉冲电路

用 JK 触发器及与非门构成的双相时钟脉冲电路如图 J4-2 所示，此电路是用来将时钟脉冲 CP 转换成两相时钟脉冲 CP_A 及 CP_B，其频率相同、相位不同。

分析电路工作原理并按图 J4-2 接线，用双踪示波器同时观察 CP、CP_A，CP、CP_B 及 CP_A、CP_B 波形，并描绘之。

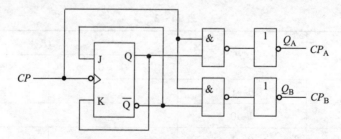

图 J4-2 双相时钟脉冲电路

5) 乒乓球练习电路

电路功能要求：模拟两名运动员在练球时，乒乓球能往返运转。

提示：采用双 D 触发器 7474 设计实训线路，两个 CP 端触发脉冲分别由两名运动员操作，两触发器的输出状态用逻辑电平显示器显示。

4. 实训要求

（1）复习有关触发器内容。

（2）列出各触发器功能测试表格。

（3）按实训内容 4）、5）的要求设计线路，拟定实训方案。

5. 实训报告

（1）列表整理各类触发器的逻辑功能。

（2）总结观察到的波形，说明触发器的触发方式。

（3）体会触发器的应用。

（4）利用普通机械开关组成的数据开关所产生的信号是否可作为触发器的时钟脉冲信号？为什么？是否可以用作触发器的其他输入端的信号？又是为什么？

本章小结

触发器是组成数字逻辑电路的另一类基本单元电路，它具有记忆功能，与门电路相配合，可以组成各种类型的时序逻辑电路。通过本章学习，要求掌握：

1. 深刻理解触发器的性质。触发器有两个基本性质：一是有两个稳态，二是可以触发翻转，因此触发器可以存储二进制信息。

2. 掌握触发器的功能。触发器的功能可以用功能真值表、激励表、状态表、状态图和特性方程等形式来描述，但在记忆中，只要记住其中之一就可以推得另外几种表达形式。

3. 理解触发器的组成结构和触发方式。改变触发器的结构，可以彻底克服"空翻"现象。触发器的触发方式是说明触发器在改变状态时，是 CP 信号的哪一端使得触发器工作的。

4. 了解各种功能触发器的逻辑符号，如表 5-14 所示。触发器逻辑符号中 CP 端加上升沿和下降沿触发，则表示边沿触发；不加此，则表示电平触发；CP 输入端加"0"，表示下降沿触发；不加"0"表示上升沿触发。

表 5-14 触发器的逻辑符号

触发器类型	由与非门构成的基本 SR 触发器	由或非门构成的基本 SR 触发器	同步式时钟触发器（以 SR 功能触发器为例）	维持阻塞触发器和上升沿触发的边沿触发器（以 D 功能触发器为例）	边沿式触发器及下降沿触发的维持阻塞触发器（以 JK 功能触发器为例）	主从式触发器（以 JK 功能触发器为例）
惯用符号	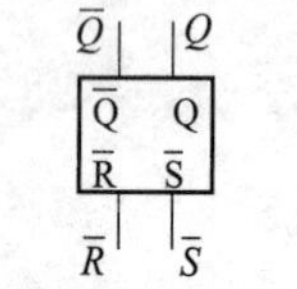	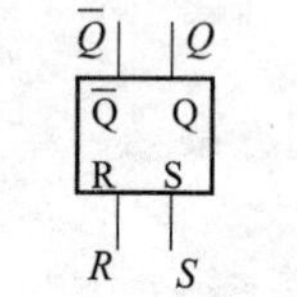	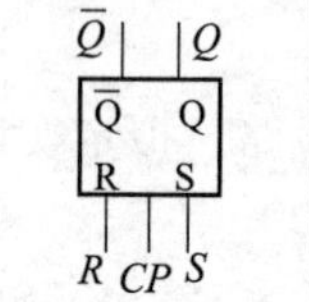	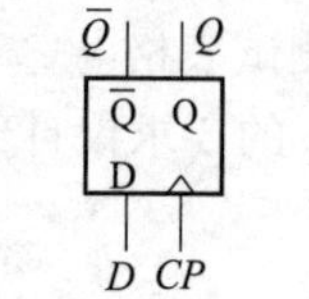	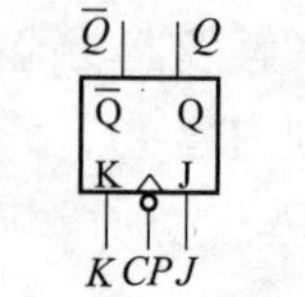	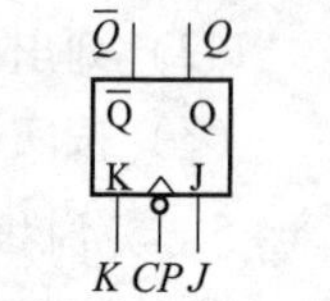
新标准符号	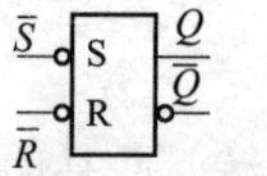	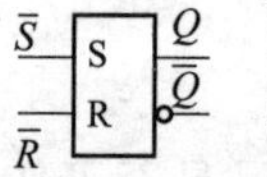	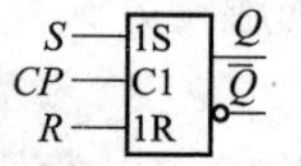	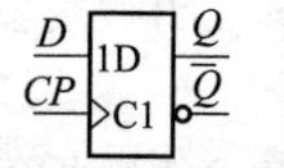	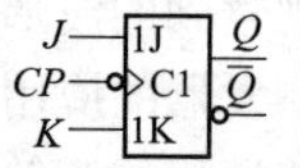	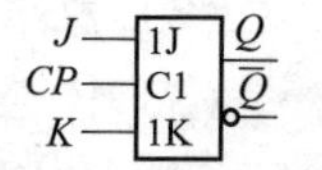

5. 了解触发器的分类。

（1）按逻辑功能分：SR 触发器、D 触发器、JK 触发器、T 触发器。

（2）按结构和触发方式分：同步触发器（一般是高电平触发方式）、维持阻塞触发器（一般是上升沿触发方式）、边沿触发器（一般是下降沿触发方式）、主从触发器（主从触发方式）。

6. 利用特性方程可实现不同功能触发器间逻辑功能的相互转换。

7. 在使用时钟触发器及画出时钟触发器的波形图时，主要抓住下列两点；

（1）它的逻辑功能是 SR、JK、D、T 中哪一种，就能得到相应逻辑功能表达形式。

（2）它的结构形式是"同步式""维持阻塞""边沿""主从"中哪一种，就能知道相应的触发方式。

8. 同步时钟触发器会产生"空翻"现象，主从式触发器由于内部结构存在一次"空翻"现象。

思考与练习题

1. 由与非门构成的基本触发器 $\bar{S}$ 和 $\bar{R}$ 输入如图 P5-1 所示波形，试画出 Q 和 $\bar{Q}$ 的对应输出波形（设触发器初始状态为"0"）。

2. 在由或非门构成的基本触发器输入波形如图 P5-2 所示，试画出 Q 和 $\bar{Q}$ 的对应波形（设触发器初始状态为"0"）。

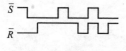

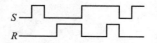

图 P5-1 题 1 波形图　　　　图 P5-2 题 2 波形图

3. 在同步式 D 触发器的输入端，输入如图 P5-3 所示波形，试画出 Q 和 $\overline{Q}$ 端的波形（设触发器初态为"0"）。

4. 在同步式 SR 触发器的输入端，输入如图 P5-4 所示波形，试画出 Q 和 $\overline{Q}$ 的波形（设触发器初态为"1"）。

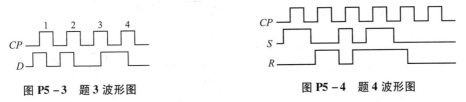

图 P5-3　题 3 波形图　　　　　图 P5-4　题 4 波形图

5. 什么是触发器空翻现象？造成空翻的原因是什么？什么是触发器的不定状态？造成不定状态的原因是什么？空翻和不定状态有什么区别？如何避免空翻现象和不定状态？

6. 设维持阻塞 D 触发器的初始状态为 0。试画出在图 P5-5 所示的 CP、D 信号作用下触发器 Q 端的工作波形。

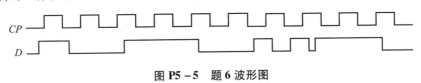

图 P5-5　题 6 波形图

7. 将图 P5-6 的波形作用在下降沿触发器的边沿式 D 触发器上，画出触发器 Q 端的工作波形。

8. 将图 P5-6 的波形作用在下降沿触发器的边沿式 JK 触发器上，试画出触发器 Q 端的波形，设触发器初态为"0"。

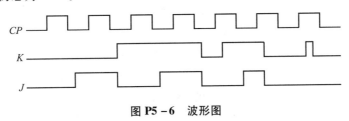

图 P5-6　波形图

9. 设主从 JK 触发器的初态为"0"，试画出在图 P5-6 的信号作用下，触发器 Q 的工作波形。

10. 设主从 T 触发器的初态为"0"，试画出在图 P5-7 的信号作用下，触发器 Q 的工作波形。

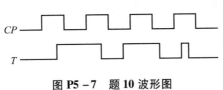

图 P5-7　题 10 波形图

11. 图 P5-8 中各个触发器的初态 $Q^n=0$，试画出连续五个时钟脉冲作用下，各触发器 Q 的工作波形。（设各触发器均为 TTL 电路）

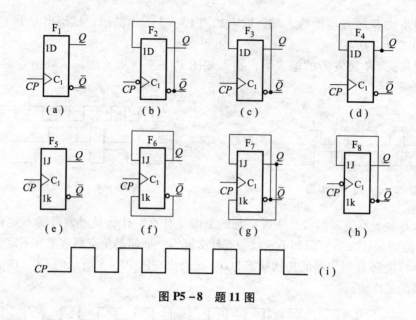

图 P5-8 题 11 图

第6章 时序逻辑电路的应用

学习目标

(1) 理解时序逻辑电路的共同特点。
(2) 掌握时序电路分析方法和基本的应用方法。
(3) 理解计数器的分类及特点。
(4) 掌握寄存器、移位寄存器和计数器的工作过程及应用方法。
(5) 掌握常用的时序逻辑电路的功能及应用。

能力目标

(1) 能够对时序逻辑电路的功能及特点进行归纳总结。
(2) 能够正确地应用各类时序逻辑电路。
(3) 能够正确地应用寄存器、移位寄存器和计数器。

6.1 概 述

时序逻辑电路简称时序电路,是数字系统中非常重要的一类逻辑电路。常见的时序逻辑电路有计数器、寄存器和序列信号发生器等。

所谓时序逻辑电路,是指电路此刻的输出不仅与电路此刻的输入组合有关,还与电路前一时刻的输出状态有关。它是由门电路和记忆元件(或反馈元件)共同构成的。

6.1.1 时序逻辑电路的特点

时序逻辑电路的特点是,在任何时刻电路产生的稳定输出信号不仅与该时刻电路的输入信号有关，而且与电路过去的状态有关。由于它与过去的状态有关，所以电路中必须具有"记忆"功能的器件，记住电路过去的状态，并与输入信号共同决定电路的现时输出。而前面介绍的组合逻辑电路在任何时刻的输出只取决于该时刻电路的输入，与过去的历史情况无关。因而组合逻辑电路是只用门电路构成的数字电路。时序逻辑电路和组合逻辑电路的对比如表6-1所示。

表6-1 时序逻辑电路和组合逻辑电路的对比

项目	时序逻辑电路	组合逻辑电路
工作情况	任何时刻电路的输出不仅与该时刻电路的输入信号有关，而且与电路过去的状态有关	任何时刻的输出只取决于该时刻电路的输入，与过去的历史情况无关
电路结构	由门电路和存储电路（如触发器）构成	只由门电路构成

实现时序电路"记忆"功能的器件最常见的是各种触发器。按触发脉冲输入方式的不同，时序电路可分为两大类：同步时序电路和异步时序电路。它们的对比如表6-2所示。

表6-2 同步时序电路和异步时序电路的对比

项目	同步时序电路	异步时序电路
工作情况	存储电路中所有触发器状态的变化在同一个时钟脉冲 CP 作用下同时发生，不出现瞬间的逻辑混乱	存储电路中触发器状态的变化有先有后，会出现瞬间的逻辑混乱（有暂态或过渡状态出现）
时钟输入	存储电路中所有触发器时钟脉冲端接同一个时钟信号	存储电路中触发器时钟脉冲端接的时钟信号不完全相同

6.1.2 时序电路逻辑功能的描述方法

1. 时序电路结构框图及相关方程

时序电路结构框图如图6-1所示。它由两部分组成：一部分是由门电路构成的组合逻辑电路，另一部分是由触发器构成的、具有记忆功能的反馈电路或存储电路。图6-1中，$X_0 \sim X_i$ 代表时序电路输入信号，$Z_0 \sim Z_k$ 代表时序电路输出信号，$Y_0 \sim Y_m$ 代表存储电路现时输入信号，$Q_0 \sim Q_n$ 代表存储电路现时输出信号。$X_0 \sim X_i$ 和 $Q_0 \sim Q_n$ 共同决定时序电路输出信号 $Z_0 \sim Z_k$。这些信号之间的关系可以用三个向量函数来表示：

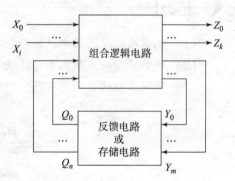

图6-1 时序电路结构框图

$$Z(t_n) = F[X(t_n), Q(t_n)] \quad (6-1)$$
$$Y(t_n) = H[X(t_n), Q(t_n)] \quad (6-2)$$
$$Q(t_{n+1}) = G[Y(t_n), Q(t_n)] \quad (6-3)$$

式中，t_n、t_{n+1} 表示两个相邻的离散时间。式（6-1）称为输出方程，式（6-2）称为驱动方程，式（6-3）称为状态方程，存储电路的输出 Q 称为状态向量，其中 $Q(t_n)$ 表示存储电路各触发器输出的现时状态,简称现态或初态;$Q(t_{n+1})$ 表示存储电路下一个工作周期(来过一个时钟脉冲之后)各触发器的输出状态,简称次态。由输出方程可知,电路的现时输出 $Z(t_n)$ 取决于存储电路的现时状态 $Q(t_n)$ 及现时输入 $X(t_n)$,而现时状态 $Q(t_n)$ 与过去的输入状况有关。符合这个输出方程条件的时序电路称为米莱型(Mealy 型)电路。许多时序电路结构简单,其输出只与存储电路现时状态 $Q(t_n)$ 有关,与现时输入 $X(t_n)$ 无关,因此输出方程为 $Z(t_n) = F[Q(t_n)]$,这种时序电路称为穆尔型(Moore 型)电路。

2. 状态转换表、状态转换图和时序图

时序电路的逻辑功能除了用状态方程、输出方程和驱动方程等方程表示之外,还可以用状态转换表、状态转换图和时序图等形式来表示。时序电路在每一时刻的状态都与前一个时钟脉冲作用时电路的原状态有关。如果能把在一系列时钟信号操作下电路状态转换的全过程都找出来,那么电路的逻辑功能和工作情况便一目了然。状态转换表、状态转换图和时序图都是描述时序电路状态转换全过程的方法,它们之间可以相互转换。

1)状态转换表

将任何一组输入变量及电路初态(现态)的取值代入状态方程和输出方程,便可算出电路的次态和输出值,所得到的次态又成为新的初态,与这时的输入变量取值一起再代入状态方程和输出方程进行计算,又可得到一组新的次态和输出值。如此继续下去,把这些计算结果列成真值表的形式,就得到状态转换表。

2)状态转换图

将状态转换表的形式表示为状态转换图,对于 Mealy 型电路的状态转换图——是以小圆圈表示电路的各个状态,圆圈中填入存储单元的状态值,圆圈之间用箭头表示状态转换的方向,在箭头旁注明输入变量取值和输出变量的计算值,输入和输出用斜线分开,斜线上方写输入值,斜线下方写输出值,如图 6-2 (a) 所示。对于 Moore 型电路的状态转换图——是以小圆圈表示电路的各个状态和输出,圆圈中填入存储单元的状态值和输出值,状态值和输出值之间用斜线分开,圆圈之间用箭头表示状态转换的方向,在箭头旁注明输入变量取值,如图 6-2 (b) 所示。

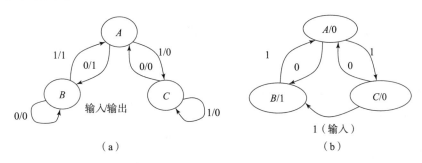

图 6-2 两种状态图

(a) Mealy 型状态图;(b) Moore 型状态图

3)时序图

为了便于通过实验方法检查时序电路的功能,把在时钟序列脉冲作用下存储电路的状态和输出状态随时间变化的波形画出来,称为时序图。

6.2 时序逻辑电路的分析

根据时序逻辑电路图,分析出时序电路逻辑功能,称为时序逻辑电路的分析。

时序逻辑电路的分析与组合逻辑电路的分析有很大区别:组合逻辑电路的分析过程是根据已知电路,逐级写出各级输出的逻辑函数表达式,最后用代入法便可得到最终输出变量的逻辑函数表达式;时序电路逻辑分析过程比较复杂,需根据已知电路,采用求解相关方程、求真值表、画状态图和时序图等方法才能找出电路中触发器输出端的状态变化规律及输出变量的变化规律。

6.2.1 时序逻辑电路的分析方法

分析时序逻辑电路的目的是确定已知电路的逻辑功能和工作特点,其具体步骤如下:

1. 写相关方程(时钟方程、驱动方程、输出方程)

根据给定的逻辑电路图写出电路中各个触发器的时钟方程、驱动方程和输出方程。
(1) 时钟方程:时序电路中各个触发器 CP 脉冲的逻辑表达式。
(2) 驱动方程:时序电路中各个触发器输入信号的逻辑表达式。
(3) 输出方程:时序电路的输出 $Z = f(X, Q)$,若无输出,此方程可省略。

2. 求各个触发器的状态方程

将时钟方程和驱动方程代入相应触发器的特征方程中,求出触发器的状态方程。

3. 求出对应状态值
(1) 列状态表。

将电路输入信号和触发器现态的所有取值组合代入相应的状态方程,求得相应触发器的次态和输出,以表格形式列出。

(2) 画状态图。

状态图为反映时序逻辑电路状态转换规律及相应输入、输出信号取值情况的几何图形。

(3) 画时序图。

时序图为反映输入、输出信号及各触发器状态的取值在时间上对应关系的波形图。画时序图时,应在 CP 触发沿到来时更新状态。

(4) 归纳上述分析结果,确定时序电路的功能。

根据状态表、状态图和时序图进行分析归纳,确定电路的逻辑功能和工作特点,上述对时序电路的分析步骤不是一成不变的,可根据电路的繁简情况和分析者的熟悉程度进行取舍。时序逻辑电路的分析过程如图 6-3 所示。

6.2.2 同步时序逻辑电路的分析

例 6-1 分析图 6-4 所示的同步时序逻辑电路的逻辑功能,电路中的各触发器为 TTL 负边沿 JK 触发器。

解:在该电路图中,时钟脉冲 CP 接到了每个 JK 触发器的时钟输入端,所有 JK 触发器

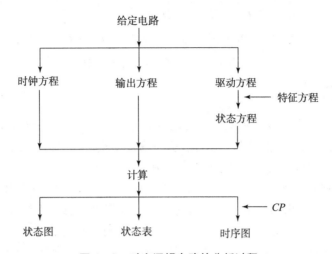

图 6-3 时序逻辑电路的分析过程

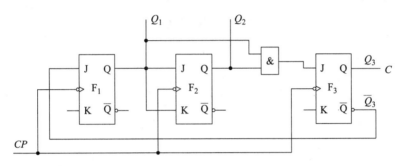

图 6-4 同步时序逻辑电路

在同一时钟 CP 的作用下同时变化,因此该电路是一个同步时序逻辑电路。根据时序逻辑电路的分析步骤,先求取相关方程。

1) 写相关方程

(1) 时钟方程

$$CP_1 = CP_2 = CP_3 = CP\downarrow$$

(2) 驱动方程

$$J_1 = \overline{Q_3^n}, \ K_1 = 1$$
$$J_2 = K_2 = Q_1^n$$
$$K_3 = 1, \ J_3 = Q_2^n Q_1^n$$

(3) 输出方程。

若将该电路的第三个 JK 触发器的输出端 Q_3 规定为 C,则它的输出方程为

$$C = Q_3^n$$

显然输出变量 C 仅取决于存储电路的现态,因此该电路为 Moore 型时序逻辑电路。

2) 求各个触发器的状态方程

JK 触发器特性方程为

$$Q^{n+1} = J\overline{Q^n} + \overline{K}Q^n (CP\downarrow)$$

将对应驱动方程分别代入特性方程,进行化简变换可得状态方程:

$$Q_1^{n+1} = \overline{Q_3^n} \cdot \overline{Q_1^n} + \overline{1} \cdot Q_0^n = \overline{Q_3^n} \cdot \overline{Q_1^n}(CP\downarrow)$$
$$Q_2^{n+1} = Q_1^n \cdot \overline{Q_2^n} + \overline{Q_1^n} Q_2^n = Q_2^n \oplus Q_1^n (CP\downarrow)$$
$$Q_3^{n+1} = \overline{Q_3^n} \cdot Q_2^n Q_1^n + \overline{1} \cdot \overline{Q_3^n} = \overline{Q_3^n} \cdot Q_2^n Q_1^n (CP\downarrow)$$

3) 求出对应状态值

(1) 列状态表。

列出电路输入信号和触发器现态的所有取值组合，代入相应的状态方程，求得相应的触发器次态及输出。因在该电路中没有出现单独的输入变量 X，输出变量 C 也等于第三个 JK 触发器的输出端 Q_3，因此主要变化情况是三个 JK 触发器在时钟脉冲 CP 作用下发生一些状态变化的过程。在列真值表的过程中，假定电路中三个 JK 触发器的输出端 $Q_3Q_2Q_1$ 的初态为 000，根据特性方程求出第一个脉冲过后的次态，再将该次态作为初态，求出第二个脉冲过后的次态，以此类推。当求出的次态是曾出现的初态时，再选一个未曾出现的组合作为初态，然后重复以上步骤，直到三个 JK 触发器的输出端 $Q_3Q_2Q_1$ 所有的 8 种组合（初态）均已求出次态。将所有的初态到次态的转换列表得到表 6-3 所示的状态真值表。

表 6-3 状态真值表

时钟 $CP\downarrow$	现态 $Q_3^n Q_2^n Q_1^n$	次态 $Q_3^{n+1} Q_2^{n+1} Q_1^{n+1}$	输出 $C(Q_3^n)$
1	000	001	0
2	001	010	0
3	010	011	0
4	011	100	0
5	100	000	1
6	101	010	1
7	110	010	1
8	111	000	1

(2) 画状态转换图，如图 6-5 所示。

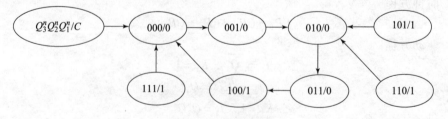

图 6-5 状态转换图

从状态转换图可以发现，五个状态 000~100 构成了一个闭环，随着 CP 脉冲的输入，将在这五个状态之间不停地转换，并且是递增的过程，当递增到 100 时输出 $C=1$，在一个 CP 脉冲过后回到状态 000，输出 C 变为 0，随着 CP 脉冲的输入，进行下一轮递增。初步可以判定该电路是一个五进制的加法计数器，C 为进位输出。另外三个状态 101、110、111 在一个 CP 脉冲过后，转入到 010、000 两个状态之一，在以后 CP 脉冲作用下，又继续 5 个状态 000~100 的递增变化过程。所以无论最初的状态是 000~111 的哪一个状态，随着 CP 脉冲输入，必将进入 000～100 构成递增循环过程中，因此我们可以称该电路是具有自启动功能的五进制加法计数器。三个状态 101、110、111 称为无效状态。所谓自启动，是指假定电路由于某种原因处在无效状态时，在 CP 时钟信号的作用下仍自行进入有效状态，开始有效循环。

（3）画时序波形图，如图 6-6 所示。

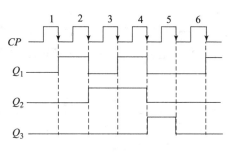

图 6-6 时序波形图

例 6-2 分析图 6-7 所示时序电路的逻辑功能。

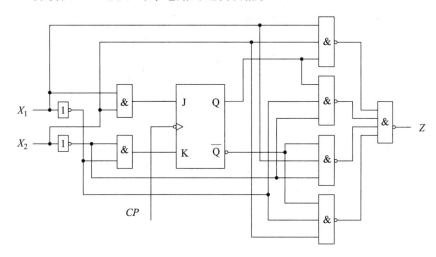

图 6-7 时序逻辑电路

解：此电路中只有一个 JK 负边沿触发器，并且时钟受 CP 控制，所以该电路是同步时序电路，现分析该电路的具体功能。

1）写相关方程

（1）时钟方程

$$CP_1 = CP \downarrow$$

（2）驱动方程

$$J_1 = X_1 \cdot X_2, K_1 = \overline{X_1} \cdot \overline{X_2}$$

（3）输出方程

$$Z = X_1 X_2 Q^n + \overline{X_1}\,\overline{X_2} Q^n + X_1 \overline{X_2}\,\overline{Q^n} + \overline{X_1} X_2 \overline{Q^n}$$

显然输出变量 Z 不仅取决于存储电路的现态 Q^n，还取决于电路此时的输入变量 X_1、X_2 的值，因此该电路为 Mealy 型时序逻辑电路。

2）求触发器的状态方程

JK 触发器特性方程为

$$Q^{n+1} = J\overline{Q^n} + \overline{K}Q^n(CP\downarrow)$$

将对应驱动方程分别代入特性方程，进行化简变换可得状态方程：

$$Q^{n+1} = X_1X_2\overline{Q^n} + (X_1 + X_2)Q^n(CP\downarrow)$$

3）求出对应状态值

由于该电路是 Mealy 型时序逻辑电路，求状态真值表时需根据状态方程和输出方程，对应触发器初态和输入变量的所有取值组合求取状态方程和输出方程的真值，然后列真值表，如表 6-4 所示。

表 6-4 状态转移真值表

时钟 $CP\downarrow$	输入及现态 X_2X_1/Q^n	次态 Q^{n+1}	输出 Z
↓	0 0/0	0	0
↓	0 0/1	0	1
↓	0 1/0	0	1
↓	0 1/1	1	0
↓	1 0/0	0	1
↓	1 0/1	1	0
↓	1 1/0	1	0
↓	1 1/1	1	1

4）画状态转换图

根据真值表画出状态转换图，如图 6-8 所示。

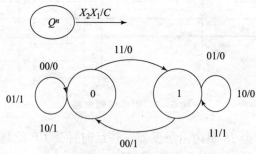

图 6-8 状态转换图

5）画卡诺图并化简

Q^{n+1} 卡诺图如图 6-9 所示；Z 卡诺图如图 6-10 所示。

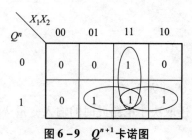

图 6-9 Q^{n+1} 卡诺图   图 6-10 Z 卡诺图

结合卡诺图和公式法化简输出方程和状态方程,可得

$$Q^{n+1} = X_1X_2 + X_1Q^n + X_2Q^n \quad (CP\downarrow)$$
$$Z = X_1 \oplus X_2 \oplus Q^n$$

如果把 X_1、X_2 当成两个加数,Q^n 当成进位,经化简的输出方程反映的是二进制数的全加和,状态方程反映的是全加器的进位,与组合逻辑实现的全加器所不同的是该时序逻辑全加电路可从 X_1、X_2 串行输入两个二进制的加数,Z 串行输出两个加数的和,Q 端输出进位。所以该电路实现了串行加法器的逻辑功能,其逻辑框图如图 6 – 11 所示。

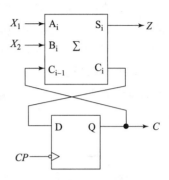

图 6 – 11 串行加法器的逻辑框图

6.2.3 异步时序逻辑电路的分析

异步时序逻辑电路的分析方法与同步时序逻辑电路的分析方法大体相同。不同的是:在异步时序逻辑电路中,每次状态转换时并不是所有的触发器都有时钟信号,而状态方程所表示的逻辑关系只有 CP 信号到达时才能成立,因而必须把时钟信号也作为一个变量写入特征方程中去。因此,异步时序逻辑电路的分析方法要比同步时序逻辑电路的分析方法略为复杂一些。下面通过一个例子来说明具体的分析方法和步骤。

例 6 – 3 已知异步时序逻辑电路的逻辑图如图 6 – 12 所示,试分析它的逻辑功能,画出状态转换图,说明逻辑功能的特点,检查电路能否自启动。

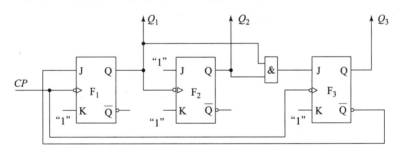

图 6 – 12 异步时序逻辑电路的逻辑图

解:由图 6 – 12 可知,$CP_1 = CP_3 = CP$,$CP_2 = Q_1$,因此该时序电路是异步的,它以 Q_3、Q_2、Q_1 作为输出,因此它是 Moore 型电路。

具体分析如下:

(1) 写出各触发器驱动方程。

$$J_1 = \overline{Q_3^n}, K_1 = 1$$
$$J_2 = K_2 = 1$$
$$J_3 = Q_2^n Q_1^n, K_3 = 1$$

(2) 将驱动方程代入特性方程得状态方程,并标出它们各自的时钟方程。

$$Q_1^{n+1} = \overline{Q_3^n}\,\overline{Q_1^n} \quad (CP_1 = CP)$$
$$Q_2^{n+1} = \overline{Q_2^n} \quad (CP_2 = Q_1^n)$$
$$Q_3^{n+1} = Q_1^n Q_2^n \overline{Q_3^n} \quad (CP_3 = CP)$$

注意：各触发器均为下降沿触发方式，因此状态方程只有在它的时钟输入脉冲下降沿到来时才成立，若是它的时钟脉冲下降沿未到来，各触发器只能维持原状态不变。

（3）根据状态方程和时钟方程，列出状态转换表，如表 6-5 所示。

列状态真值表时，$Q_3^n Q_2^n Q_1^n$ 现态从 000 开始，包含所有组合。时钟信号 CP_3、CP_1 由外部脉冲信号 CP 提供，在每次现态到次态的转换时均会有下降沿出现，CP_2 则由 F_1 的输出端 Q_1 产生，只有在 F_1 的输出端 Q_1 由 1 向 0 变化时，才会出现下降沿。因此 Q_3、Q_1 的现态向次态的转变只需根据它们的状态方程计算便可得出。而 Q_2 的现态向次态的转变需在 F_2 触发器的时钟方程（$CP_2 = Q_1^n$）出现下降时再由状态方程 $Q_2^{n+1} = \overline{Q_2^n}$ 求出，否则 Q_2 不变（即次态等于现态）。

表 6-5 状态转换表

时钟 CP_3、CP_2、CP_1			现态 $Q_3^n Q_2^n Q_1^n$	次态 $Q_3^{n+1} Q_2^{n+1} Q_1^{n+1}$
↓		↓	000	001
↓	↓	↓	001	010
↓		↓	010	011
↓	↓	↓	011	100
↓		↓	100	000
↓	↓	↓	101	010
↓		↓	110	010
↓	↓	↓	111	000

（4）由状态转换表画出状态转换图，如图 6-13 所示。

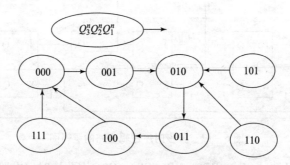

图 6-13 状态转换图

（5）由状态转换表和状态转换图画出时序波形图，如图 6-14 所示。

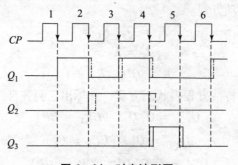

图 6-14 时序波形图

画时序图时，各触发器只有在它的时钟输入端有下降沿输入信号时才可能改变状态，但由于是异步时序电路，各触发器不像同步时序电路那样在同一个时钟脉冲作用下同时翻转，而是在各自的时钟脉冲作用下先后翻转。例如在第二个时钟脉冲下降沿↓时，F_1 触发器先做由 1→0 的翻转，Q_1 的负跳变又触发 F_2 触发器做由 0 到 1 的翻转，若考虑触发器的翻转延迟，每个触发器的翻转都应在时钟脉冲下降沿↓之后的 Δt 时间之后完成。波形图应做虚线所示的修正，这才反映出异步时序电路的工作特点。

综合以上分析，特别是由状态转换图可以看到，每来五个脉冲，$Q_3Q_2Q_1$ 便可在 000～100 之间循环改变一周，因此该电路是异步五进制加法计数器。如果 $Q_3Q_2Q_1$ 的现态是 111，在一个脉冲过后便转为 000，如果 $Q_3Q_2Q_1$ 的现态是 101 或 110，在一个脉冲过后便转为 010，因此该电路具有自启动功能。

6.3 寄存器和移位寄存器的应用

寄存器和移位寄存器均是数字系统中常见的重要部件，寄存器能够存放数码，移位寄存器除具有寄存数码的功能外，还可将数码移位。

6.3.1 寄存器

寄存器的功能是存储二进制数码，它由具有存储功能的触发器构成。因为一个触发器只有 0 和 1 两个状态，只能存储 1 位二进制数码，所以 N 个触发器构成的寄存器能存储 N 位二进制数码。寄存器还应有执行数据接收和清除命令的控制电路，控制电路一般是由门电路构成的。

按照接收数码的方式不同，寄存器有双拍工作方式和单拍工作方式两种。

1. 双拍工作方式的寄存器

图 6-15 所示为由四个基本 SR 触发器构成的双拍工作方式的寄存器，它接收数码分两步（双拍）进行。

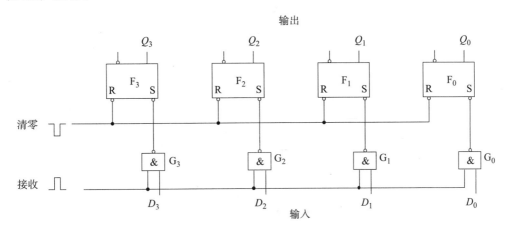

图 6-15 双拍工作方式的寄存器

第一步，先用"清零"负脉冲将所有触发器置0。

第二步，再用"接收"正脉冲把控制门 $G_3 \sim G_0$ 打开，使数据存入触发器。凡是输入数据为1的位，相应与非门一定会给出一个负脉冲将该触发器置1；数据输入为0的位，相应与非门无负脉冲输出，对应的触发器保持0状态不变。

寄存器的内容从 $Q_3 \sim Q_0$ 这四个触发器的输出端读出。

双拍工作方式的优点是电路简单，其缺点是每次接收数据都必须给两个控制脉冲，不仅操作不够方便，而且限制了电路的工作速度，所以定型产品集成寄存器很少采用双拍工作方式，大都采用单拍工作方式。

2. 单拍工作方式的寄存器

图 6-16 所示为由四个基本 SR 触发器构成的单拍工作方式的寄存器，但它们都通过控制门接成了 D 触发器的形式。当 CP 正脉冲接收指令到达时，无论数据 $D_3 \sim D_0$ 为何值，$\bar{R}$ 和 $\bar{S}$ 状态都相反，触发器同步翻转，输出 $Q_3 \sim Q_0$ 将分别随 $D_3 \sim D_0$ 数值而变。这种电路寄存数据时不需要清除原来数据的过程，只要 $CP = 1$ 一到达，新的数据就会存入，所以为单拍工作方式。

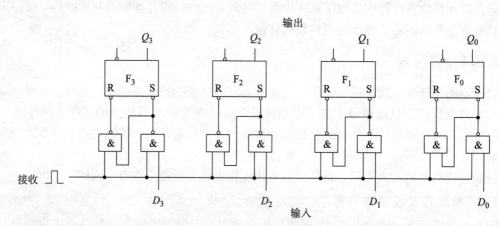

图 6-16 单拍工作方式的寄存器

由 D 触发器直接构成的单拍工作方式的寄存器如图 6-17 所示。

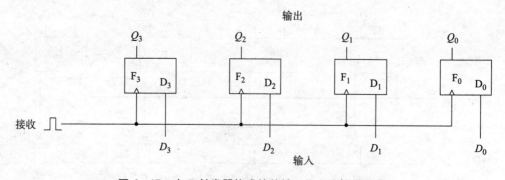

图 6-17 由 D 触发器构成的单拍工作方式的寄存器

在图 6-15、图 6-16 和图 6-17 中，因为接收数码时所有各位都是同时输入和读出的，所以称为并行输入、并行输出方式。

3. 集成六位寄存器 74LS174

带公共时钟和复位的六位 D 触发器构成的 74LS174 集成寄存器，其逻辑电路如图 6-18 所示，它的引脚图如图 6-19 所示，74LS174 是一种 16 脚的集成芯片，16 脚是电源 V_{CC}，8 脚是电源地 V_{SS}，$D_1 \sim D_6$ 为数据输入引脚，$Q_1 \sim Q_6$ 为数据输出引脚，CP 是公共时钟输入引脚，$\overline{C}_r$ 是复位引脚。

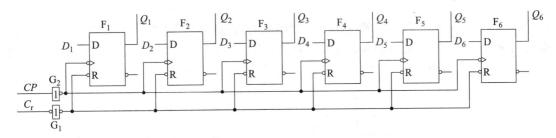

图 6-18　74LS174 六位寄存器的逻辑图

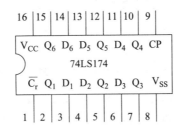

图 6-19　74LS174 寄存器的引脚图

从图 6-18 逻辑图可以看到，复位信号 $\overline{C}_r$ 经缓冲器 G_1 门送到各触发器复位端 R，当 $\overline{C}_r$ 为"0"时，带两个小圈的 G_1 门为同相驱动门电路，触发器复位端接收到有效的复位信号，每个触发器都同时复位，它们的输出 Q 均为 0。只有当 $\overline{C}_r = 1$ 时，寄存器才可能接收数据输入信号。

由图 6-18 逻辑图还可以看到，组成六位寄存器的六个触发器均是下降沿触发的 D 触发器，由于外加时钟脉冲 CP 经非门 G_2 倒相再加到各触发器时钟输入端，因此六个触发器均在外加时钟脉冲 CP 的上升沿作用下，同时接收它们各自的数据输入端 D_i 的信号。一旦接收这数据信号，寄存器均能加以保持，直到下一个时钟脉冲 CP 上升沿时，送入新的数据信号。

74LS174 寄存器的功能真值表如表 6-6 所示。

表 6-6　74LS174 寄存器的功能真值表

输入			输出	
$\overline{C}_r$	CP	D_i	Q_i	$\overline{Q}_i$
0	×	×	0	1
1	↑	0	0	1
1	↑	1	1	0

除 74LS174 外，常用的集成寄存器还有 74LS173 四位寄存器、74LS373 八位寄存器等。

6.3.2 移位寄存器

移位寄存器不但具有存储数码的功能,而且具有移位功能。移位功能就是使寄存器里存储的数码在移位脉冲的作用下左移或右移。移位寄存器可用于存储数码,也可用于数据的串行/并行转换、数据的运算和数据的处理等。

1. 单向移位寄存器

图 6-20 所示为由维持阻塞型 D 触发器构成的右移移位寄存器。前一个触发器的输出端 Q 依次接到下一个触发器的数据输入端 D,仅由第一个触发器 F_0 的输入端 D_0 接收外部的输入信号 D_0,D_0 为串行输入端,$Q_3 \sim Q_0$ 为并行输出端,Q_3 还可作为串行输出端。

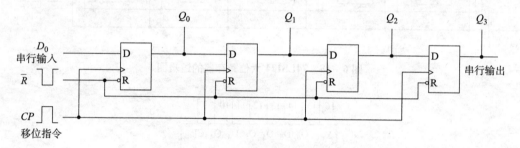

图 6-20 D 触发器构成的右移移位寄存器

现在分析将数据"1101"从高位至低位送入移位寄存器的情况。设寄存器的原始状态为 $Q_3Q_2Q_1Q_0$ = "0000",先送入的是高位数据,那么当第一个 CP 上升沿到来时寄存器状态为 $Q_3Q_2Q_1Q_0$ = "0001";当第二个上升沿到达时,次高位数据进入 F_0,各触发器的状态都移入右边相邻的触发器,于是 $Q_3Q_2Q_1Q_0$ = "0011"。以此类推,第三个 CP 上升沿到达后,$Q_3Q_2Q_1Q_0$ = "0110";第四个 CP 上升沿到达后,$Q_3Q_2Q_1Q_0$ = "1101",这时并行输出端的数码与输入的数据相对应,完成了将四位数码由串行输入转换为并行输出的过程。其时序波形图如图 6-21 所示。

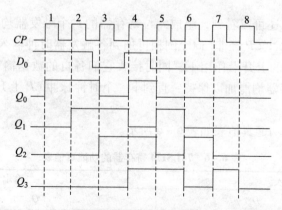

图 6-21 D 触发器构成的右移移位寄存器的时序波形图

由以上分析可知,图 6-20 所示右移移位寄存器具有三个功能特征:

(1) 串行数据"1101"由高位至低位依次从第一个触发器 F_0 的输入端 D_0 串行输入。数据移位过程如图 6-22 所示。

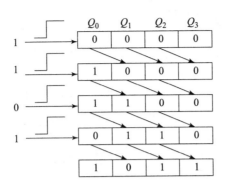

图6-22 数据移位过程示意图

(2) 在第四个 CP 上升沿到达后,串行数据"1101"从四个触发器的输出端 $Q_3Q_2Q_1Q_0$ 并行输出。

(3) 从第四个 CP 上升沿开始,串行数据"1101"由高位至低位依次从第三个触发器 F_3 的输出端 Q_3 串行输出。

图6-23 所示为由 JK 触发器构成的右移移位寄存器,图中每个 JK 触发器都接成了 D 触发器的形式(J 与 K 的输入相反,$J_0 = D$,$K_0 = \bar{D}$),所以该电路具有与图6-20电路同样的功能。

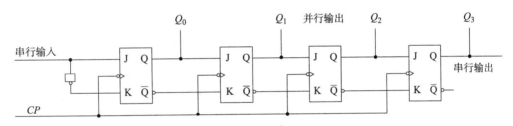

图6-23 由 JK 触发器构成的右移移位寄存器

2. 双向移位寄存器

在单向移位寄存器的基础上,增加由门电路组成的控制电路,就可以构成既能左移又能右移的双向移位寄存器。图6-24和图6-25分别给出了四位双向移位寄存器定型产品 74LS194 的引脚图和逻辑图,下面简要分析一下该电路的逻辑功能。

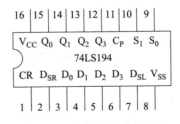

图6-24 74LS194 的引脚图

1) 74LS194 引脚

由于双向移位寄存器 74LS194 引脚较多,可对照图6-24和表6-7 74LS194 引脚功能理解和记忆每个引脚的作用。

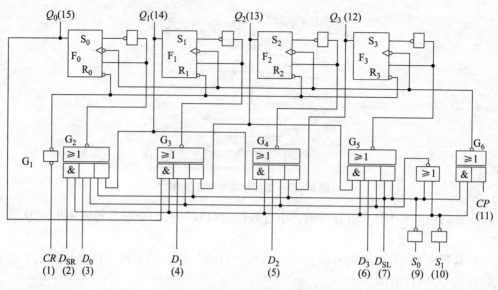

图 6-25 74LS194 的逻辑图

表 6-7 双向移位寄存器 74LS194 的引脚功能

引脚号	引脚名称	引脚功能
1	$\overline{CR}$	异步清零端
11	CP	移位时钟输入端
10，9	$S_1 S_0$	控制方式选择端
2	D_{SR}	右移串行数据输入端
7	D_{SL}	左移串行数据输入端
3，4，5，6	$D_0 \sim D_3$	并行数据输入端
15，14，13，12	$Q_0 \sim Q_3$	并行数据输出端
16	V_{CC}	电源正极
8	V_{SS}	电源负极

2）74LS194 功能

从图 6-25 可以看到，74LS194 由四个下降沿触发的 SR 触发器、四个与或非门、若干个缓冲级门电路构成。SR 触发器作为存储电路的记忆元件，与或非门作为数据选择器件，通过 $S_1 S_0$ 选择 SR 触发器的 R、S 端的数据源。四个 SR 触发器的工作过程相似，以触发器 F_1 为例，分析 74LS194 电路的工作原理。

（1）数据移位与锁存。

根据图 6-25 的逻辑图，由 SR 触发器的特征方程可得

$$Q_1^{n+1} = S + \overline{R} Q_1^n$$

而

$$S = \overline{R}$$

所以
$$Q_1^{n+1} = \bar{R} + RQ_1^n = \bar{R} = \bar{S}_0 Q_2^n + \bar{S}_1 Q_0^n + S_0 S_1 D_1$$

分析：

当 $S_1 S_0 = 10$ 时，$Q_1^{n+1} = Q_2^n$，即左移移位寄存器；

当 $S_1 S_0 = 01$ 时，$Q_1^{n+1} = Q_0^n$，即右移移位寄存器；

当 $S_1 S_0 = 11$ 时，$Q_1^{n+1} = D_1$，是具有并行输入锁存功能的寄存器；

当 $S_1 S_0 = 00$ 时，虽然 $Q_1^{n+1} = Q_2^n + Q_0^n$，但从逻辑图中可看到此时与或非门 G_6 输出为 "0"，时钟脉冲 CP 被屏蔽，各触发器的时钟端被强行置成低电平，数据既不能移位也不能输入，触发器状态保持不变，寄存器具有保持功能，称为"动态保持"。

（2）异步清零。

上述 74LS194 实现数据移位和锁存等功能的前提条件是异步清零端 $\overline{CR} = 1$，移位时钟输入端 CP 有脉冲输入。当 $\overline{CR} = 0$ 时，则送到各个触发器的复位信号也为 "0"，这是因为 $\overline{CR}$ 向内输入时经过的两边带圈的缓冲门 G_1 没有反相作用，而是一个同相的增加驱动能力的门电路。因此各触发器在经驱动后的复位信号作用下被清零，且清零时无须与时钟脉冲 CP 同步，称之为"异步清零"。

（3）静态保持。

当 $\overline{CR} = 1$，$CP = 0$ 时，也就是各个触发器虽不处于异步清零状态，但没有时钟脉冲输入，此时各个触发器将处于静止状态，输出保持不变，这称之为"静态保持"功能。

综上所述，四位双向移位寄存器 74LS194 的功能表如表 6-8 所示。

表 6-8 四位双向移位寄存器 74LS194 功能表

功能	输入					输出
	清零 $\overline{CR}$	使能 $S_0 S_1$	串行输入 D_{SL} D_{SR}	时钟 CP	并行输入 $D_0 D_1 D_2 D_3$	$Q_0 Q_1 Q_2 Q_3$
异步清零	0	× ×	× ×	×	× × × ×	0000
静态保持	1	× ×	× ×	0	× × × ×	$Q_0 Q_1 Q_2 Q_3$
并行输入	1	1 1	× ×	↑	$D_0 D_1 D_2 D_3$	$D_0 D_1 D_2 D_3$
右移	1	0 1 0 1	× 1 × 0	↑ ↑	× × × × × × × ×	$1 Q_0 Q_1 Q_2$ $0 Q_0 Q_1 Q_2$
左移	1	1 0 1 0	1 × 0 ×	↑ ↑	× × × × × × × ×	$Q_1 Q_2 Q_3 1$ $Q_1 Q_2 Q_3 0$
动态保持	1	0 0	× ×	↑	× × × ×	$Q_0 Q_1 Q_2 Q_3$

6.3.3 移位寄存器的应用

移位寄存器除具有寄存数码及将数码移位的功能外，还可以构成各种计数器和分频器。将移位寄存器的串行输出以一定的方式反馈到串行输入端，就可构成许多特殊编码的移位寄存器型 N 进制计数器，这种方法称为串行反馈法。反馈的逻辑电路不同，得到的计数器形式也有所不同。

1. 环形计数器

环形计数器是将单向移位寄存器的串行输入端和串行输出端相连，构成一个闭合的环，如图 6-26（a）所示。

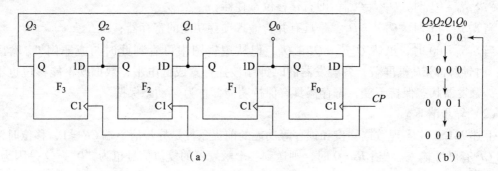

图 6-26　环形计数器

(a) 逻辑图；(b) 状态图

实现环形计数器时，电路必须预先设置适当的初态，且输出 $Q_3Q_2Q_1Q_0$ 端初始状态不能完全一致（即不能全为"1"或"0"），这样电路才能实现计数，环形计数器的进制数 N 与移位寄存器内的触发器个数 n 相等，即 $N=n$，环形计数器的状态图如图 6-26（b）所示（电路中初态为 0100）。

2. 扭环形计数器

扭环形计数器是将单向移位寄存器的串行输入端和串行反相输出端相连，构成一个闭合的环，如图 6-27（a）所示。

实现扭环形计数器时，电路不必设置初态。扭环形计数器的进制数 N 与移位寄存器内的触发器个数 n 满足 $N=2n$ 的关系，图 6-27（a）所示电路包括四个触发器，设初态为 0000，电路状态循环变化，循环过程包括八个状态，可实现八进制计数。扭环形计数器的状态图如图 6-27（b）所示。

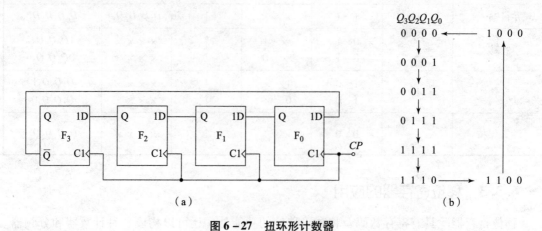

图 6-27　扭环形计数器

(a) 逻辑图；(b) 状态图

3. 奇数分频器

图 6-28 所示为一个由 74LS194 移位寄存器构成的奇数分频器。

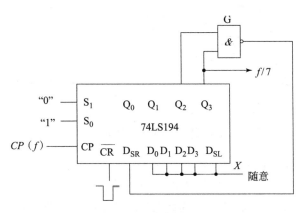

图 6-28 奇数分频器

图 6-28 中控制方式选择位 $S_1 S_0 = 01$，74LS194 移位寄存器工作在右移方式。当电路工作时，首先会在异步清零端 $\overline{CR}$ 输入一个负脉冲，74LS194 移位寄存器将被清零，四个输出端 $Q_0 Q_1 Q_2 Q_3$ 输出"0000"。在这之后，从时钟脉冲输入端 CP 输入频率为 f 的脉冲信号，74LS194 将做右移操作。串行右移输入端 D_{SR} 的输入信号是与非门 G 的输出信号。与非门 G 的两个输入信号是 74LS194 的两位输出数据 $Q_2 Q_3$。首先列一下该电路的状态表，如表 6-9 所示。

表 6-9 奇数分频器的状态表

CP	$Q_0 Q_1 Q_2 Q_3$	$\left(\dfrac{D_{SR}}{\overline{Q_3 \cdot Q_2}} \right)$
0	0000	1
1	1000	1
2	1100	1
3	1110	1
4	1111	0
5	0111	0
6	0011	0
7	0001	1
8	1000	1
9	1100	1

从状态表 6-9 可知，电路在清零之后输出"0000"，输入第一个 CP 脉冲之后，输出"1000"，输入七个脉冲循环一周，循环过程如表 6-9 中带箭头的连线所示，因此是一个七进制计数器。由于该电路首先需异步清零，清零之后的"0000"不包含在循环态序中，相当于是一个启动状态，该电路不具有自启动能力。这个电路的工作波形图如图 6-29 所示，从图中可以看到四个输出端输出的脉冲信号是时钟信号 CP 的 7 分频信号，所以该电路也是一个 7 分频电路。

前面讲述的扭环形计数器是将右移时最右边的一位输出通过与非门反馈到输入端，其计

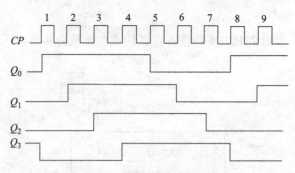

图 6-29 奇数分频器波形图

数模 $M=2n$,n 为扭环形计数器的位数,是偶计数器。本电路中将最右边的两位输出通过与非门产生反馈数据 $\overline{Q_3 \cdot Q_2}$,反馈到输入端,这样右移串行输入数据 D_{SR} 提前一个周期由 "0" 变为 "1",而由 "1" 变为 "0" 的周期则没有改变,因此整个计数器的模 M 由 $2n$ 变为 $2n-1$,形成奇数进制计数器,也就是奇数分频器。

图 6-30、图 6-31 和图 6-32 分别为 3 分频电路、5 分频电路、13 分频电路,请读者根据上面的介绍,分别列出它们的状态表和画出波形图。

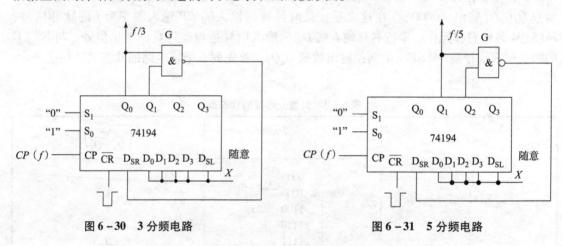

图 6-30 3 分频电路　　　　　　图 6-31 5 分频电路

6.4 计数器的应用

计数器是数字系统中应用最多的时序电路,它不仅能用于对时钟脉冲进行计数,还能用于定时、分频及进行数字运算等。

计数器的种类繁多,从不同角度有不同的分类方法。

1. 按数制分

1) 二进制计数器

在数字电路中,广泛采用二进制计数体系,与此相适应的计数器为二进制计数器。在输入脉冲的作用下,计数器按二进制数变化顺序经历 2^n 个独立状态(n 为计数器中触发器的

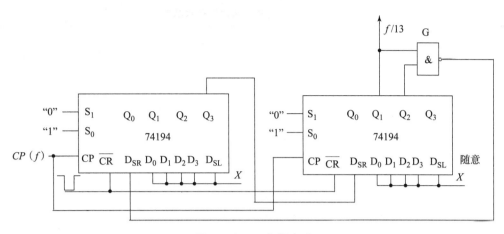

图 6-32 13 分频电路

个数),因此又可称作模 2^n 进制计数器,模数 $M=2^n$。

2) 非二进制计数器

计数器在计数时所经历的独立状态数不为 2^n(模数 $M \neq 2^n$),则可称为非二进制计数器,如十进制计数器、任意进制(也称 N 进制,即除二进制、十进制之外的其他进制)计数器。

2. 按计数增减趋势分

1) 加法计数器

每输入一脉冲就进行一次加 1 的计数器,称为加法计数器。以 2^3 进制加法计数器为例,它输入脉冲个数与自然态序二进制数及计数器中触发器状态的关系如表 6-10 所示。

表 6-10 二进制加法计数器状态表

输入脉冲个数	Q_2 2^2	Q_1 2^1	Q_0 2^0	十进制数
0	0	0	0	0
1	0	0	1	1
2	0	1	0	2
3	0	1	1	3
4	1	0	0	4
5	1	0	1	5
6	1	1	0	6
7	1	1	1	7
8	0	0	0	0
9	0	0	1	1

2) 减法计数器

每输入一脉冲就进行一次减 1 的计数器,称为减法计数器。以 2^3 进制减法计数器为例,它输入脉冲个数与自然态序二进制数及计数器中触发器状态的关系如表 6-11 所示。

表 6-11　二进制减法计数器状态表

输入脉冲个数	Q_2 2^2	Q_1 2^1	Q_0 2^0	十进制数
0	0	0	0	0
1	1	1	1	7
2	1	1	0	6
3	1	0	1	5
4	1	0	0	4
5	0	1	1	3
6	0	1	0	2
7	0	0	1	1
8	0	0	0	0
9	1	1	1	7

3) 可逆计数器

既可做加运算，也可做减运算的计数器，叫作可逆计数器。当然可逆计数器不可同时既做加运算，又做减运算，它只可能在加减控制信号作用下选择加运算和减运算中的一种运算。

(1) 同步计数器。计数脉冲接到计数器所有触发器的 CP 输入端，需翻转的触发器能同时翻转的计数器叫同步计数器。

(2) 异步计数器。计数脉冲不接到计数器所有触发器的 CP 输入端，需翻转的触发器不能同时翻转的计数器叫异步计数器。

计数器只是时序逻辑电路中的一种常见的数字器件，它的分析和设计方法均与前面介绍的时序电路的分析和设计方法相同，因此在这一节里不做过多介绍，必要时再做一些分析。

在各种进制的计数器中，二进制计数器比较简单，另外在掌握了二进制计数器的规律之后再了解其他进制的计数器也相当方便。下面先介绍一下二进制计数器。

6.4.1　二进制计数器

二进制计数器根据计数脉冲输入方式的不同，可分为同步二进制计数器和异步二进制计数器，异步二进制计数器的构成较同步二进制计数器简单。我们首先介绍异步二进制计数器。

1. 异步二进制计数器

1) 异步二进制加法计数器

在介绍异步二进制加法计数器时，我们先以三位二进制加法计数器为例，找出规律，再推广到任意位二进制加法计数器。

三位二进制加法计数器的状态表如表 6-10 所示，我们分析一下状态表，可找到以下规律：

(1) 最低位触发器 F_0 的状态 Q_0 在时钟脉冲作用下，每来一个脉冲就翻转一次。

(2) 次高位触发器 F_1 的状态 Q_1 则在 Q_0 由 1 变 0 时翻转一次。

(3) 最高位触发器 F_2 的状态 Q_2 也与 F_1 相似，在它的相邻位 Q_1 由 1 变 0 时翻转一次。

由以上分析可知，要构成异步的二进制加法计数器，只需用具有 T' 功能的触发器来实现计数器的每一位。计数器的最低位上的触发器的时钟输入端接用来计数的时钟脉冲源 CP，其他位上的触发器的时钟输入端则接到相邻低位的 Q 端或 $\overline{Q}$ 端。究竟接相邻低位的 Q 端还是 $\overline{Q}$ 端，则应视触发器的触发方式而定：

如果采用的触发器为上升沿触发，则相邻低位做由 1→0 变化时，它的 $\overline{Q}$ 端产生 0→1 的变化，因此 $\overline{Q}$ 端可接到上升沿触发器的时钟脉冲输入端，触发相邻位的触发器翻转；如果采用的触发器为下降沿触发，则相邻低位的触发器 Q 端产生 1→0 的变化，因此 Q 端可接到下降沿触发器的时钟脉冲输入端，触发相邻位的触发器翻转。

图 6-33（a）所示为用上升沿触发的具有 T' 功能的 D 触发器构成的三位异步二进制加法计数器逻辑图。各触发器状态变化的波形图如图 6-34（a）所示。

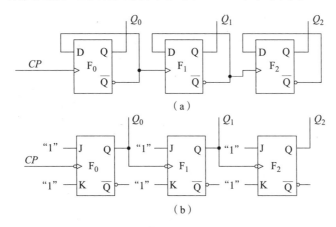

图 6-33 三位异步二进制加法计数器逻辑图
（a）上升沿 D 触发器构成的加法计数器；（b）下降沿 JK 触发器构成的加法计数器

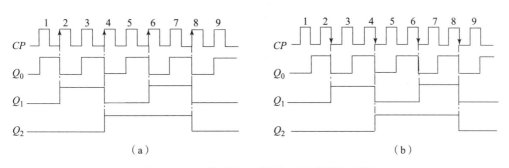

图 6-34 三位异步二进制加法计数器波形图
（a）上升沿触发波形图；（b）下降沿触发波形图

图 6-33（b）所示为用上升沿触发的具有 T' 功能的 JK 触发器构成的三位异步二进制加法计数器逻辑图。各触发器状态变化的波形图如图 6-34（b）所示。

请注意：在图 6-33 中用来构成三位异步二进制加法计数器的触发器分别是 D 触发器和 JK 触发器，在这两个逻辑图中，为了让它们具有 T' 功能，我们已做了功能变换。

在图 6-33（a）中构成异步二进制加法计数器的三个 D 触发器的 $\overline{Q}$ 输出端均接到了各自的控制输入端 D，每次输入时钟脉冲的上升沿时，触发器就会发生翻转，即具备了 T' 功能，所以这样的连接实现了 D 触发器向具有 T' 功能的触发器的转换。

在图 6–33（b）中构成异步二进制加法计数器的三个 JK 触发器的 J、K 端均接"1"电平，同样使得这三个 JK 触发器均变成了具有 T' 功能的翻转触发器。

三位异步二进制加法计数器的状态转换图如图 6–35 所示。

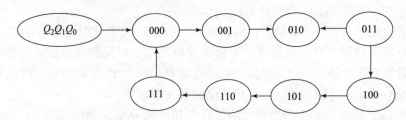

图 6–35 三位异步二进制加法计数器的状态转换图

2）异步二进制减法计数器

异步二进制减法计数器的介绍，我们也以三位二进制计数器为例。

分析表 6–11 不难发现以下规律：

（1）最低位触发器 F_0 的状态 Q_0，在时钟脉冲作用下来一个脉冲就翻转一次。

（2）次高位触发器 F_1 的状态 Q_1 在其相邻低位 Q_0 由 0 变 1 时翻转一次，也就是在 F_0 原为"0"状态，做减 1 计数时，因不够减而向相邻高位借"1"当 2 时，使它相邻高位 F_1 翻转一次。

（3）最高位触发器 F_2 的状态 Q_2 也与 F_1 相似，在相邻低位 Q_1 由 0→1，产生借位时翻转。

由上述分析可知，要构成异步二进制减法计数器，各触发器应具有 T' 功能，最低位时钟脉冲输入端应接时钟脉冲源 CP，其他位的时钟端则接其相邻低位的 Q 端或 $\overline{Q}$ 端。

究竟接相邻低位的 Q 端还是 $\overline{Q}$ 端，则应视触发器的触发方式而定：

如果触发器为上升沿触发，则相邻低位做由 0→1 变化时，它的 Q 端就产生了上升沿，因此应接相邻低位 Q 端；如果触发方式为下降沿触发，则应接相邻低位的 $\overline{Q}$ 端。

图 6–36（a）所示为上升沿触发的 T' 功能 D 触发器构成的三位异步二进制减法计数器逻辑电路图，在时钟脉冲的作用下，各触发器状态变化的波形图如图 6–37（a）所示。

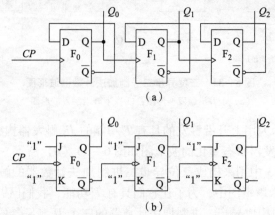

图 6–36 三位异步二进制减法计数器

（a）上升沿 D 触发器构成的减法计数器；（b）下降沿 JK 触发器构成的减法计数器

图 6-36（b）所示为下降沿触发的 T' 功能 JK 触发器构成的三位二进制减法计数器逻辑电路图，在时钟脉冲的作用下，各触发器状态变化的波形图如图 6-37（b）所示。

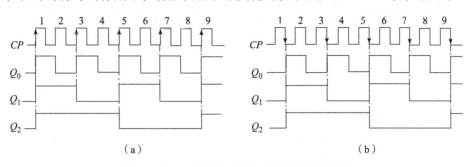

图 6-37 三位异步二进制减法计数器波形图
(a) 上升沿触发波形图；(b) 下降沿触发波形图

请注意：图 6-36 中的 T' 功能触发器与图 6-33 异步二进制加法计数器的 T' 功能触发器一样，分别是由 D 触发器和 JK 触发器转换过来的。

异步三位二进制减法计数器的状态转换图如图 6-38 所示。

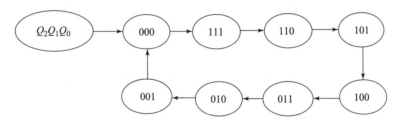

图 6-38 异步三位二进制减法计数器的状态转换图

3) 异步二进制可逆计数器

由于可逆计数器是在加减控制信号作用下，在某个时刻可作加法计数或减法计数的计数器，因此其逻辑图的构成可建立在图 6-33 和图 6-36 基础上。

图 6-39 所示为一个上升沿触发器构成的三位二进制可逆计数器。当加减控制信号 $X=1$ 时做加计数，$X=0$ 时做减计数。

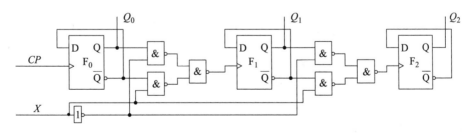

图 6-39 上升沿的触发异步可逆计数器

分析此电路，可发现最低位 F_0 在每个时钟脉冲到来时均可翻转，符合加/减法计数器最低位的工作规律。次高位的时钟脉冲信号 $CP_1 = X\overline{Q_0} + \overline{X}Q_0$，当 $X=1$ 时，$CP_1 = \overline{Q_0}$ [与图 6-33（a）一致]，做加计数；当 $X=0$ 时，$CP_1 = Q_0$ [与图 6-36（a）一致]，做减计数。最高位的时钟脉冲信号 $CP_2 = X\overline{Q_1} + \overline{X}Q_1$；当 $X=1$ 时，做加计数，$CP_2 = \overline{Q_1}$；当 $X=0$ 时，做

减计数，$CP_2 = Q_1$。

图 6-40 所示为一个下降沿触发器构成的三位二进制可逆计数器。其中 $CP_0 = CP$，$CP_1 = XQ_0 + \bar{X}\bar{Q_0}$，$CP_2 = XQ_1 + \bar{X}\bar{Q_1}$，当 $X = 1$ 时，$CP_0 = CP$，$CP_1 = Q_0$，$CP_2 = Q_1$，与图 6-33（b）一致，做加计数；当 $X = 0$ 时，$CP_0 = CP$，$CP_1 = \bar{Q_0}$，$CP_2 = \bar{Q_1}$，与图 6-36（b）一致，做减计数。

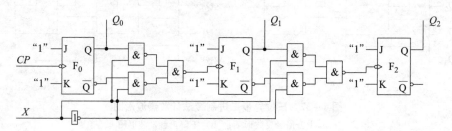

图 6-40 下降沿触发器构成的异步可逆计数器

当然，加减控制信号 X 做相反的规定也是可以的，即 $X = 0$ 时做加计数；$X = 1$ 时做减计数，在构成可逆计数器时，各触发器时钟脉冲表达式就应做相应的变化，请读者自行分析。

4）异步二进制计数器的连接规律和特点

根据以上对异步二进制加/减法计数器连接规律的分析，用触发器构成异步 n 位二进制计数器的连接规律如表 6-12 所示。

表 6-12 异步二进制计数器的连接规律

功能 \ 规律	$CP_0 = CP\downarrow$	$CP_0 = CP\uparrow$
	$J_i = K_i = 1$，$T_i = 1$，$D_i = \bar{Q_i}$ $[0 \leqslant i \leqslant (n-1)]$	
加法计数器	$CP_i = Q_{(i-1)}$ （$i \geqslant 1$）	$CP_i = \overline{Q_{(i-1)}}$ （$i \geqslant 1$）
减法计数器	$CP_i = \overline{Q_{(i-1)}}$ （$i \geqslant 1$）	$CP_i = Q_{(i-1)}$ （$i \geqslant 1$）

一般来说异步计数器电路结构较为简单，但异步计数器输出状态的变化需要经过多个触发器的延迟时间才能稳定下来。例如，在图 6-33 和图 6-36 所示的异步三位二进制计数器中，输出从 111 变为 000 时，就需要三个触发器的延迟时间才能稳定下来；而同步三位二进制计数器中的各个触发器由相同的时钟脉冲 CP 触发，只要经过一个触发器的延迟时间就能稳定下来，所以同步计数器的计数速度比异步计数器快得多；而且异步计数器在计数过程中存在过渡状态，容易出现因触发器先后翻转而产生的干扰毛刺，造成计数错误，因此在计数要求较高的场合一般多采用同步计数器。下面我们来了解同步二进制计数器。

2. 同步二进制计数器

同步二进制计数器时钟脉冲同时触发计数器中的全部触发器，各个触发器的翻转与时钟脉冲同步，所以工作速度较快，工作频率较高。

1）同步二进制加法计数器

对同步二进制加法计数器分析，我们仍然根据表 6-10 找同步触发时的规律，最低位 Q_0（亦即第一位）是每来一个脉冲变化一次（翻转一次）；次低位 Q_1（亦即第二位）是每来两个脉冲翻转一次,且当 Q_0 为 1 时,Q_1 翻转,高位 Q_2(亦即第三位)是每来四个脉冲翻转一次,且当 $Q_1Q_0 = 11$ 时,Q_2 翻转。以此类推,如以 Q_i 代表第 i 位,则每来 2^i 个脉冲,该位 Q_i 翻转一次,且当 $Q_{i-1}Q_{i-2}\cdots Q_0 = 11\cdots 1$ 时 Q_i 翻转。

由于同步计数器各触发器均由同一时钟脉冲触发,因此控制它们的翻转可由其输入信号的状态决定,对于利用 T 触发器构成同步二进制计数器来说,它只有一个输入端 T,当 $T = 1$ 时,时钟脉冲到来时,T 触发器便会翻转;当 $T = 0$ 时,保持状态不变。结合三位二进制加法计数器的计数规律,考虑如何用三个 T 触发器构成三位同步二进制加法计数器,对于最低位的 T_0 触发器,令输入端 $T_0 = 1$,每来一个脉冲变化一次(翻转一次);次低位 T_1 触发器的输入端 $T_1 = Q_0$,当 Q_0 为 1 时,T_1 翻转;最高位 T_2 触发器的输入端 $T_2 = Q_1Q_0$,当 $Q_1Q_0 = 11$ 时,T_2 翻转。具体电路如图 6-41 所示。

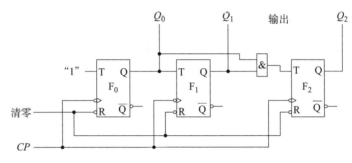

图 6-41 由 T 触发器构成的四位二进制加法计数器

用 JK 触发器也很容易实现 T 触发器的功能,即令 $J = K = T$ 就可以了。图 6-42 所示为由 JK 触发器构成的三位同步二进制加法计数器。

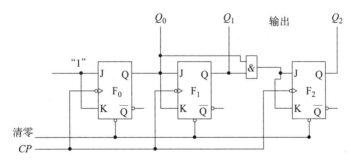

图 6-42 由 JK 触发器构成的三位同步二进制加法计数器

2)同步二进制减法计数器

与加法计数器相似,可由表 6-11 所示的二进制减法计数器状态转换表看出,在同一的时钟脉冲作用下:

(1)最低位来一个脉冲就翻转一次。

(2)其他位在所有比它低的位均为 0 时会翻转,因为来脉冲减 1 时低位不可减向本位产生借位。

因此,用上升沿触发的 JK 触发器构成的三位同步二进制减法计数器,如图 6-43 所示。其中

$$CP_3 = CP_2 = CP_1 = CP_0 = CP(时钟)$$

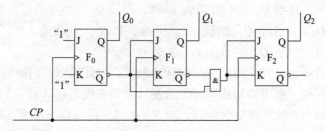

图 6-43 由 JK 触发器构成的三位二进制减法计数器

$$J_0 = K_0 = 1$$
$$J_1 = K_1 = \overline{Q_0}$$
$$J_2 = K_2 = \overline{Q_1} \cdot \overline{Q_0}$$

3) 同步二进制可逆计数器

同步二进制可逆计数器的构成可建立在同步二进制加法计数器和减法计数器的基础上。若令加减控制信号 $X=1$ 时做加法计数，$X=0$ 时做减法计数，则最低位 JK 触发器 F_0 的 $J_0 = K_0 = 1$，次高位 JK 触发器 F_1 的 $J_1 = K_1 = XQ_0 + \overline{X}\,\overline{Q_0}$，最高位 JK 触发器 F_2 的 $J_2 = K_2 = XQ_1Q_0 + \overline{X}\,\overline{Q_1}\,\overline{Q_0}$，$CP_0 = CP_1 = CP_2 = CP$，其逻辑图如图 6-44 所示。

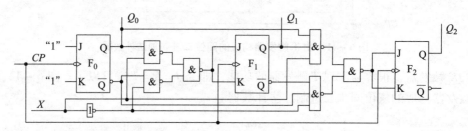

图 6-44 三位同步二进制可逆计数器

另外由图 6-34 和图 6-37 二进制计数器的波形图均可看出，相邻高位输出 Q_{i+1} 的波形是相邻低位输出 Q_i 波形的二分频，也就是说相邻高位的波形周期是相邻低位波形周期的 2 倍。因此一个三位二进制加法计数器或减法计数器均可实现八分频，最高位 Q_2 输出波形的周期是脉冲信号 CP 周期的 8 倍，频率是其 $\frac{1}{8}$。

4) 同步二进制计数器的连接规律和特点

同步二进制计数器一般由 JK 触发器和门电路构成，有 n 个 JK 触发器（$F_0 \sim F_{n-1}$）可以构成 n 位同步二进制计数器，其具体的连接规律如表 6-13 所示。

表 6-13 同步二进制计数器的连接规律

类型	
	$CP_0 = CP_1 = \cdots = CP_{(n-1)} = CP\downarrow$（$CP\uparrow$）（$n$ 个触发器）
加法计数器	$J_0 = K_0 = 1$ $J_i = K_i = Q_{(i-1)}Q_{(i-2)}\cdots Q_0$　（$n-1 \geq i \geq 1$）
减法计数器	$J_0 = K_0 = 1$ $J_i = K_i = \overline{Q_{(i-1)}}\,\overline{Q_{(i-2)}}\cdots\overline{Q_0}$　（$n-1 \geq i \geq 1$）

根据表6-13所示连接规律可构成同步任意位二进制计数器，从图6-41、图6-42、图6-43和图6-44所示电路可得出相应结论：同步二进制计数器中不存在外部反馈，并且计数器进制数N和计数器中触发器个数n之间满足$N=2^n$。因为同步计数器中的各个触发器均在输入CP脉冲的同一时刻触发，所以计数速度快，并且避免出现因触发器翻转时刻不一致而产生干扰毛刺现象。

6.4.2 构成任意进制计数器的方法

在计数脉冲的驱动下，计数器中的循环状态个数称为计数器的模数。如用N来表示，n位二进制计数器的模数为$N=2^n$（n为构成计数器的触发器个数）。而1位十进制计数器的模数为10，2位十进制计数器的模数为100，以此类推。此处所说的N进制计数器是指$N \neq 2^n$，即非模为2^n计数器，也称为任意进制计数器。在有些数字系统中，任意进制计数器也是常用到的，如七进制、十二进制、六十进制等。

构成N进制计数器的方法大致分三种：第一种是利用触发器直接构成的，称为反馈阻塞法；第二种是用移位寄存器构成的，称为串行反馈法；第三种是用集成计数器构成的，称为反馈归零法或反馈置数法。

用移位寄存器构成的任意进制计数器，在讲述移位寄存器的应用时已经介绍过，在这一节不再举例。本节主要介绍基于触发器的反馈阻塞法和基于集成计数器的反馈归零法或反馈置数法构成任意进制计数器的方法，首先讲解由触发器构成的任意进制计数器。

1. 由触发器构成的N进制计数器

n个触发器可构成模为2^n的二进制计数器，但如果改变其级连方法，舍去某些状态，就构成了$N<2^n$的任意进制计数器，这种方法称为反馈阻塞法。

例6-4 如图6-45所示，分析异步十进制计数器的工作原理。

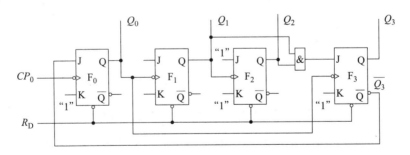

图6-45 异步十进制加法计数器逻辑电路图

十进制的编码方式很多，其计数器的种类也很多，因为其读出结果都是BCD码，所以十进制计数器亦称为二-十进制计数器。图6-45所示为常用的8421BCD码异步十进制加法计数器的典型电路，它是由四位二进制加法计数器修改而成的。

如果计数器从$Q_3Q_2Q_1Q_0=$"0000"开始计数，那么在第八个计数脉冲以前，F_0、F_1、F_2的J和K始终为1，所以触发器工作在T'状态，它们的工作过程与二进制加法器相同。F_3的$CP=Q_0$，在此期间，每次Q_0下降沿到达时，$J_3=Q_2Q_1=$"0"，所以F_3始终保持0状态不变，$Q_2Q_1Q_0$按二进制加法计数器规律变化。

在第七个脉冲过后，$Q_3Q_2Q_1Q_0 =$ "0111"。当第八个脉冲到达时，由于 $J_3 = Q_2Q_1 =$ "1"，当 Q_0 由 "1" 翻转为 "0" 时，Q_0 作为 F_3 的 CP_3 产生一下降沿，触发 Q_3 由 "0" 变 "1"，而 F_0、F_1、F_2 分别在 CP_2、CP_1、CP_0 的下降沿由 "1" 变为 "0"，因此 $Q_3Q_2Q_1Q_0 =$ "1000"。

第九个脉冲输入后，Q_0 由 "0" 变 "1"，同时由于 $J_1 = \overline{Q_3} =$ "0"，Q_2、Q_1 保持不变，F_3 虽然处于 $J_3 =$ "0"，$K_3 =$ "1"，但因 Q_0 是正跳，所以 Q_3 亦不变，即保持为 "1"，$Q_3Q_2Q_1Q_0 =$ "1001"。

第十个脉冲输入后，F_0 翻回到 "0"，Q_1Q_2 仍保持不变，而 F_3（$CP_3 = Q_0$）得到一个下降沿触发，此时 $J_3 =$ "0"，$K_3 =$ "1"，所以 Q_3 变为 "0"，$Q_3Q_2Q_1Q_0 =$ "0000"。

上述工作过程说明，十进制计数器是由四位二进制的 16 个组合状态中除去 "1010" ~ "1111" 这六个状态构成的。其时序图和状态转换图分别如图 6-46 和图 6-47 所示。

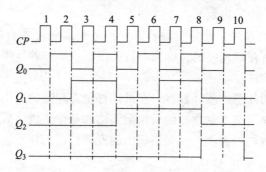

图 6-46 十进制加法计数器的时序图

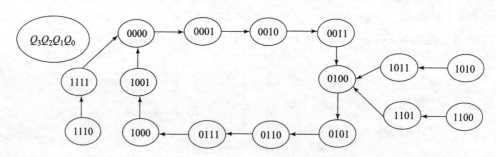

图 6-47 十进制加法计数器的状态转换图

例 6-5 图 6-48 和图 6-49 分别给出两例同步和异步 N 进制计数器的逻辑图。请读者根据前面介绍的时序电路分析方法对这些逻辑电路图自行加以分析。

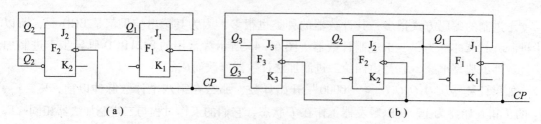

图 6-48 同步 N 进制计数器

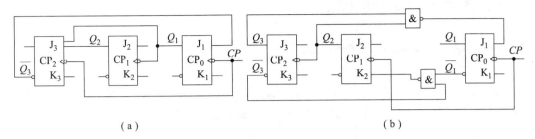

(a)　　　　　　　　　　　　　　(b)

图 6-49　异步 N 进制计数器

2. 用集成计数器芯片构成的 N 进制计数器

1）集成异步计数器芯片 74LS290

集成异步计数器芯片 74LS290 的逻辑电路如图 6-50 所示。

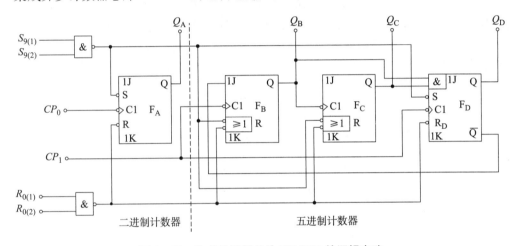

图 6-50　集成计数器芯片 74LS290 的逻辑电路

分析 74LS290 逻辑电路可知，此电路是异步时序电路，结构上分为二进制计数器和五进制计数器两部分。二进制计数器由触发器 F_A 组成，由于触发器 F_A 的 $J=K=$ "1"，所以触发器 F_A 具有 T' 功能，实现了二进制计数器。CP_0 为二进制计数器计数脉冲输入端，由 Q_A 端输出一位二进制数。触发器 F_B、F_C、F_D 构成的逻辑电路，如果去掉复位和置位部分，其结构和功能应与图 6-31 所示的异步五进制计数器相同，CP_1 为五进制计数器计数脉冲输入端，五进制计数由 $Q_B Q_C Q_D$ 端输出。若将 Q_A 和 CP_1 相连，以 CP_0 为计数脉冲输入端，相当于将一个二进制计数器与一个五进制计数器级连，构成一个十进制计数器。由于该十进制计数器输出的是 8421BCD 形式的数据，因此我们又把它称为 8421BCD 码十进制计数器，"二-五-十进制型集成计数器"由此得名。

74LS290 芯片的管脚排列如图 6-51 所示。

其中：

$S_{9(1)}$、$S_{9(2)}$ 称为置 "9" 端；

$R_{0(1)}$、$R_{0(2)}$ 称为置 "0" 端；

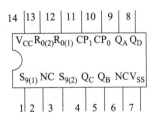

图 6-51　74LS290 芯片的管脚排列

CP_0、CP_1 端为计数脉钟输入端；

Q_D、Q_C、Q_B、Q_A 为输出端，NC 表示空脚。

74LS290 芯片的基本功能主要包括以下几个方面：

(1) 置"9"。

当 $S_{9(1)} = S_{9(2)} =$ "1" 时，不论其他输入端状态如何，计数器输出 $Q_D Q_C Q_B Q_A =$ "1001"，二进制数 $(1001)_2$ 即十进制数"9"，故称异步置"9"功能。

(2) 置"0"。

当 $S_{9(1)}$ 和 $S_{9(2)}$ 不全为"1"，即 $S_{9(1)} \cdot S_{9(2)} =$ "0"，并且 $R_{0(1)} = R_{0(2)} =$ "1" 时，不论其他输入端状态如何，计数器输出 $Q_D Q_C Q_B Q_A =$ "0000"，故又称为异步清零功能或复位功能。

(3) 计数。

当 $S_{9(1)}$ 和 $S_{9(2)}$ 不全为"1"，并且 $R_{0(1)}$ 和 $R_{0(2)}$ 不全为"1"时，74LS290 内部各 JK 触发器可实现计数功能。究竟按什么进制计数，则应以外部连线而定，如按图 6 – 52 (a) 连线则构成二进制计数器，如按图 6 – 52 (b) 连线则构成五进制计数器，如按图 6 – 52 (c) 连线则构成十进制计数器（8421 码），如按图 6 – 52 (d) 连线则构成十进制计数器（5421 码）。

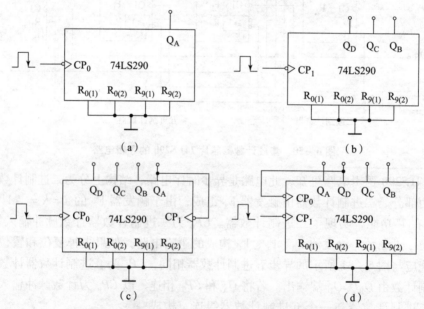

图 6 – 52 74LS290 构成二进制、五进制和十进制计数器

(a) 二进制；(b) 五进制；(c) 十进制（8421 码）；(d) 十进制（5421 码）

综上所述，74LS290 逻辑功能如表 6 – 14 所示，利用一片 74LS290 集成计数器芯片，可构成从二进制到十进制之间任意进制的计数器。74LS290 构成二进制、五进制和十进制计数器如图 6 – 52 所示。若构成十进制以内其他进制计数器，可以采用直接清零法。所谓直接清零法，是利用芯片的置"0"端和与门，将计数进制的模数 N 值所对应的二进制代码中等于"1"的数码位的输出作为与门的输入，将与门的输出反馈到置"0"端 $R_{0(1)}$ 和 $R_{0(2)}$ 来实现 N 进制计数的。

表 6–14 74LS290 逻辑功能表

$S_{9(1)} S_{9(2)} R_{0(1)} R_{0(2)}$	CP_0	CP_1	$Q_D Q_C Q_B Q_A$
1 1 × ×	×	×	1 0 0 1
× 0 1 1	×	×	0 0 0 0
0 × 1 1	×	×	0 0 0 0
$S_{9(1)} \cdot S_{9(2)} = 0$ $R_{0(1)} \cdot R_{0(2)} = 0$	$CP\downarrow$ 0 $CP\downarrow$ Q_D	0 $CP\downarrow$ Q_A $CP\downarrow$	二进制 五进制 8421 十进制 5421 十进制

例 6–6 利用 74LS290 构成六进制计数器。

解：六进制计数器电路如图 6–53 所示，从图中可以看到，将六进制计数器的模数 6 对应的二进制代码 "0110" 中等于 "1" 的数码位的输出 Q_B、Q_C 作为与门的输入，将与门的输出反馈到置 "0" 端 $R_{0(1)}$ 和 $R_{0(2)}$。计数器从初态 "0000" 开始计数，计到第六个脉冲时，出现状态 "0110"，输出端 Q_B、Q_C 均为 "1"，与门的输出也为 "1"，从而 74LS290 的置 "0" 端 $R_{0(1)}$ 和 $R_{0(2)}$ 为 "1"，置 "9" 端 $S_{9(1)}$、$S_{9(2)}$ 为 "0"，因此 74LS290 被复位。74LS290 的输出很快地从 "0110" 变为 "0000"，整个计数过程的波形如图 6–54 所示，状态 "0110" 只出现一下便消失，因此是一个无效状态，也称之为 "过渡状态"。计数器工作时出现的稳定状态是 "0000" 至 "0101" 这个状态，形成的是六进制计数器。用 74LS290 构成的其余进制计数器请读者自行分析。

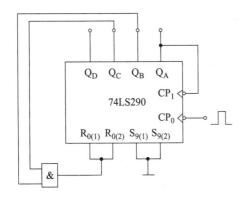

图 6–53 六进制计数器的电路

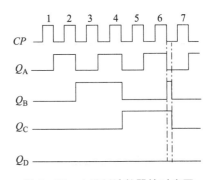

图 6–54 六进制计数器的时序图

2) 用 74LS290 构成多位任意进制计数器

例 6–7 利用两片 74LS290 构成二十四进制计数器。

解：构成计数器的进制数与需要使用芯片个数要相适应。用 74LS290 芯片构成二十四进制计数器，$N=24$，就需要两片 74LS290；先将每片 74LS290 均连接成 8421 码十进制计数器，再决定哪块芯片计高位（十位），哪块芯片计低位（个位），采用直接清零法实现二十四进制计数。需要注意的是，低位芯片的输出端 Q_D 和高位芯片输入端 CP_0 相连，计数脉冲从低位芯片输入端 CP_0 输入。其中与门的输入是模数二十四的高位 "二" 和低位 "四" 所对应的二进制代码中为 "1" 的数码位的输出端，与门的输出要同时送到每块芯片的置 "0"

端 $R_{0(1)}$、$R_{0(2)}$，置"9"端接地。级连法构成的二十四进制计数器如图 6-55 所示。

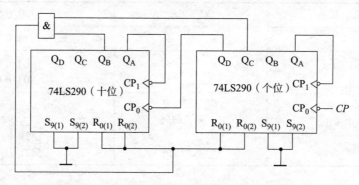

图 6-55 级连法构成的二十四进制计数器

3. 集成同步计数器 74LS161

74LS161 是一种同步可预置四位二进制加法集成计数器，并具有异步清零功能。其管脚的排列如图 6-56 所示，其逻辑功能如表 6-15 所示。

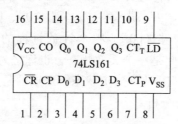

图 6-56 74LS161 的管脚排列

表 6-15 74LS161 的逻辑功能

$\overline{CR}$	$\overline{LD}$	CT_P	CT_T	CP	$Q_3Q_2Q_1Q_0$
0	×	×	×	×	0000
1	0	×	×	↑	$D_3D_2D_1D_0$
1	1	0	×	×	$Q_3Q_2Q_1Q_0$
1	1	×	0	×	$Q_3Q_2Q_1Q_0$
1	1	1	1	↑	加法计数

1) 功能分析

图 6-57 所示为同步可预置四位二进制计数器 74LS161 的内部逻辑电路图，它由四个下降沿触发的 JK 功能触发器及一些门电路组成。

(1) "异步清零"。

当清零控制端 $\overline{CR}$ = "0" 时，由图 6-57 逻辑图可知经缓冲器加到各触发器直接复位输入端，使各触发器清成零状态，由于这种清零方式无须与时钟脉冲 CP 同步就可直接完成，因此可称作"异步清零"。

请注意这种清零方式与 74LS290 通过置 $R_{0(1)}$、$R_{0(2)}$ 全"1"实现复位相似，但在 74LS161 中是"0"电平起作用，且只有一个输入端 $\overline{CR}$。

此逻辑功能如表 6-15 第一行所示。

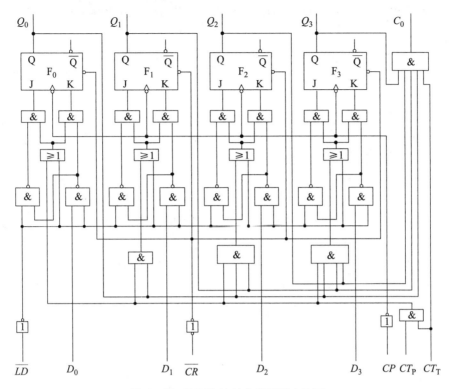

图 6-57　74LS161 的内部逻辑电路图

(2)"同步预置"。

当清零控制端 $\overline{CR}$ = "1",使能输入端 $CT_P = CT_T$ = "X",预置控制端 $\overline{LD}$ = "0"时,由图 6-57 逻辑图可知,输入数据 $D_3D_2D_1D_0$ 通过若干逻辑门分别加到 F_0、F_1、F_2、F_3 触发器的 J 端,而输入数据的反信号 $\overline{D_3}\overline{D_2}\overline{D_1}\overline{D_0}$ 则分别加到相应触发器的 K 端,在外部输入时钟信号 CP 为上升沿时,各触发器时钟输入下降沿信号,可将相应的数据置入各触发器。

此逻辑功能如表 6-15 第二行所示。

由于预置数据 $D_3D_2D_1D_0$ 进入 F_0、F_1、F_2、F_3 触发器需有 CP 时钟脉冲相配合,因此称作"同步预置"。

(3)"保持"。

当 $\overline{CR} = \overline{LD}$ = "1"时,只要使能输入端 CT_P、CT_T 中有一个为"0"电平,通过若干逻辑门加到各触发器 J、K 端的信号就均为"0",74LS161 芯片此时无论有无计数脉冲 CP 输入,各触发器的输出状态均保持不变。

这个动态保持功能如表 6-15 中第三、四行所示。

(4)"计数"。

当 $\overline{CR} = \overline{LD} = CT_P = CT_T$ = "1"时,仔细分析一下图 6-57 逻辑电路就可发现:F_0 的 $J = K$ = "1";F_1 的 $J = K = Q_0$;F_2 的 $J = K = Q_1 \cdot Q_0$;F_3 的 $J = K = Q_2 \cdot Q_1 \cdot Q_0$,在 CP 脉冲作用下,最低位触发器 F_0 来一个脉冲就翻转一次,其他位触发器均在它们所有低位均为"1"时可翻转。因此这是一个四位同步二进制加法计数器。其逻辑功能如表 6-15 中第五行所示。

当此同步计数器累加到"1111"时,溢出进位输出端 CO 送出高电平。
即 $CO = CT_T \cdot Q_3 \cdot Q_2 \cdot Q_1 \cdot Q_0 =$ "1"。

请注意 74LS161 芯片,由于它的计数脉冲 CP 是经反相再加到各触发器时钟脉冲输入端的,因此虽然各触发器是下降沿触发,它的"同步预置"和"计数"功能却要在 CP 上升沿时实现。

2) 功能应用

74LS161 集成计数器是四位二进制计数器,也就是 $M=16$ 的计数器,运用这个芯片可采用不同方法构成任意(N)进制计数器。

(1) 直接清零法。

直接清零法是利用芯片的复位端 $\overline{CR}$ 和与非门,将计数器的模数 N 所对应的二进制代码中等于"1"的输出端作为与非门的输入端,与非门的输出端反馈到集成芯片的复位端 $\overline{CR}$,使计数器回零后再循环计数。

例 6-8 采用直接清零法用 74LS161 芯片构成十进制计数器。

解:令 $\overline{LD} = CT_P = CT_T =$ "1",因为 $N=10$,其对应的二进制代码为"1010",将输出端 Q_3 和 Q_1 通过与非门接至 74LS161 的复位端 $\overline{CR}$,电路如图 6-58(a)所示,实现 N 值反馈清零法。

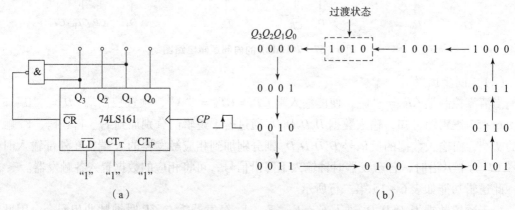

图 6-58 74LS161 构成十进制计数器逻辑图与状态图
(a) 逻辑图;(b) 状态图

因为这种构成任意(N)进制计数器的方法简单易行,所以应用广泛,但是它存在两个问题:一是有过渡状态,在图 6-58(b)所示的十进制计数器中输出"1010"就是过渡状态,其出现时间很短暂;二是可靠性问题,因为信号在通过门电路或触发器时会有时间延迟,使计数器不能可靠清零。

(2) 预置数法。

预置数法与直接清零法基本相同,二者的主要区别在于:直接清零法利用的是芯片的复位端 $\overline{CR}$,而预置数法利用的是芯片的预置控制端 $\overline{LD}$ 和预置输入端 $D_3 D_2 D_1 D_0$,因 74LS161 芯片的 $\overline{LD}$ 是同步预置数端,所以只能采用 $N-1$ 值反馈法,其计数过程中不会出现过渡状态。

例 6-9 采用预置数法用 74LS161 芯片构成七进制计数器。

解：采用预置数法用 74LS161 芯片构成七进制计数器如图 6-59（a）所示。

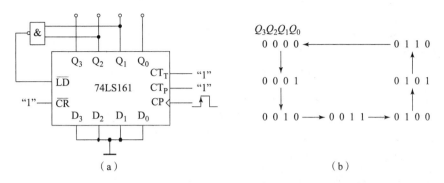

图 6-59 预置数法构成七进制计数器
(a) 逻辑图；(b) 计数过程

在图 6-59（a）中我们先令 $\overline{CR}=CT_P=CT_T=$ "1"，再令预置输入端 $D_3D_2D_1D_0=$ "0000"（即预置数 "0"），以此为初态进行计数，从 "0" 到 "6" 共有七种状态，"6" 对应的二进制代码为 "0110"，将输出端 Q_2、Q_1 通过与非门接至 74LS161 的同步预置数端 $\overline{LD}$，计到 "0110" 状态时，便有 $\overline{LD}=0$，当 CP 脉冲上升沿（$CP\uparrow$）到来时，计数器输出状态进行同步预置，使 $Q_3Q_2Q_1Q_0=D_3D_2D_1D_0=$ "0000"，随即 $\overline{LD}=\overline{Q_2\cdot Q_1}=$ "1"，计数器又开始随外部输入的 CP 脉冲重新计数，计数过程如图 6-59（b）所示。

（3）进位输出置最小数法。

进位输出置最小数法是利用芯片的预置控制端 $\overline{LD}$ 和进位输出端 CO，将 CO 端输出经非门送到 $\overline{LD}$ 端，令预置输入端 $D_3D_2D_1D_0$ 输入最小数 M 对应的二进制数，最小数 $M=16-N$。

例 6-10 采用进位输出置最小数法构成九进制计数器。

解：九进制计数器的模数 $N=9$，此时最小数 $M=16-9=7$，它的二进制数为 $(0111)_2$，相应的预置输入端 $D_3D_2D_1D_0=$ "0111"，并且令 $\overline{CR}=CT_P=CT_T=$ "1"，电路如图 6-60（a）所示，对应状态图如图 6-60（b）所示，从 "0111" ~ "1111" 共九个有效状态，其计数过程中也不会出现过渡状态，请读者思考其中的原因。

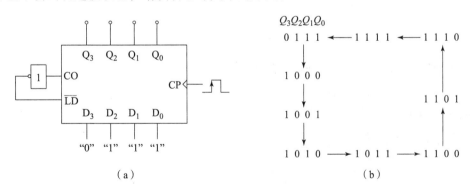

图 6-60 进位输出置最小数法构成九进制计数器（同步预置）
(a) 逻辑图；(b) 状态图

（4）级连法。

一片 74LS161 可构成从二进制到十六进制之间任意进制的计数器，利用两片 74LS161 就可构成从十七进制到二百五十六进制之间任意进制的计数器,以此类推,可根据计数需要选取芯片数量。

当计数器容量需要采用两片或更多的同步集成计数器芯片时,可以采用级连方法:先决定哪片芯片为高位,哪片芯片为低位,将低位芯片的进位输出端 CO 和高位芯片的计数控制端 CT_T 或 CT_P 直接连接,外部计数脉冲同时从每片芯片的 CP 端输入,再根据要求选取上述三种实现任意进制的方法之一,完成对应电路。

例 6-11 采用级连法用 74LS161 芯片构成二十四进制计数器。

解:因 $N=24$(大于十六进制),故需要两片 74LS161。每片芯片的计数时钟输入端 CP 端均接同一个 CP 信号,利用芯片的计数控制端 CT_P、CT_T 和进位输出端 CO,采用直接清零法实现二十四进制计数,即将低位芯片的 CO 与高位芯片的 CT_P 相连,由于这里的二十四进制数采用的是二进制形式的数,而不是 8421BCD 形式的数,需将 $24 \div 16 = 1.5$,商的整数和余数分别转换为 8 位二进制数。把商作为高位输出,余数作为低位输出,对应产生的清零信号同时送到每块芯片的复位端 $\overline{CR}$,从而完成二十四进制计数。对应电路如图 6-61 所示。

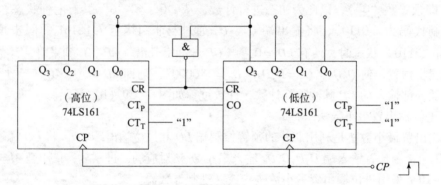

图 6-61 用 74LS161 芯片级连构成二十四进制计数器

技能训练 5 计数器及其应用

1. 实训目的

(1)学习用集成触发器构成计数器的方法。

(2)掌握中规模集成计数器的使用及功能测试方法。

(3)运用集成计数器构成 $1/N$ 分频器。

2. 实训设备与器件

(1)+5 V 直流电源。

(2)双踪示波器。

(3)连续脉冲源。

(4)单次脉冲源。

(5)逻辑电平开关。

(6)逻辑电平显示器。

(7) 译码显示器。

(8) CC4013×2（74LS74）、CC40192×3（74LS192）、CC4011（74LS00）、CC4012（74LS20）。

3. 实训内容

(1) 用 CC4013 或 74LS74 D 触发器构成四位二进制异步加法计数器。

①按图 J5-1 接线，$\overline{R}_D$ 接至逻辑开关输出插口，将低位 CP_0 端接单次脉冲源，输出端 Q_3、Q_2、Q_1、Q_0 接逻辑电平显示输入插口，各 $\overline{S}_D$ 接高电平"1"。

②清零后，逐个送入单次脉冲，观察并列表记录 $Q_3 \sim Q_0$ 状态。

③将单次脉冲改为 1 Hz 的连续脉冲，观察 $Q_3 \sim Q_0$ 的状态。

④将 1 Hz 的连续脉冲改为 1 kHz，用双踪示波器观察 CP、Q_3、Q_2、Q_1、Q_0 端波形，描绘之。

⑤将图 J5-1 电路中的低位触发器的 $\overline{Q}$ 端与高一位的 CP 端相连接，构成减法计数器，按实验内容②③④进行实训，观察并列表记录 $Q_3 \sim Q_0$ 的状态。

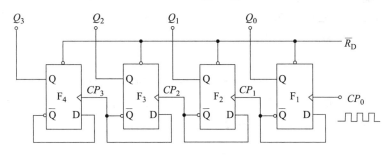

图 J5-1 四位二进制异步加法计数器

(2) 测试 CC40192 或 74LS192 同步十进制可逆计数器的逻辑功能。

CC40192 是同步十进制可逆计数器，具有双时钟输入，并具有清除和置数等功能，其引脚排列及逻辑符号如图 J5-2 所示。计数脉冲由单次脉冲源提供，清除端 CR，置数端 $\overline{LD}$，数据输入端 D_3、D_2、D_1、D_0 分别接逻辑开关，输出端 Q_3、Q_2、Q_1、Q_0 接实训设备的一个译码显示输入相应插口 A、B、C、D；$\overline{CO}$ 和 $\overline{BO}$ 接逻辑电平显示插口。按表 J5-1 逐项测试并判断该集成块的功能是否正常。

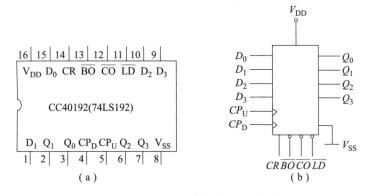

图 J5-2 CC40192 引脚排列及逻辑符号

(a) 引脚排列；(b) 逻辑符号

$\overline{LD}$—置数端；CP_U—加计数端；CP_D—减计数端

表 J5-1 真值表

输入								输出			
CR	$\overline{LD}$	CP_U	CP_D	D_3	D_2	D_1	D_0	Q_3	Q_2	Q_1	Q_0
1	×	×	×	×	×	×	×	0	0	0	0
0	0	×	×	d	c	b	a	d	c	b	a
0	1	↑	1	×	×	×	×	加计数			
0	1	1	↑	×	×	×	×	减计数			

①清除。令 $CR=1$，其他输入为任意态，这时 $Q_3Q_2Q_1Q_0=0000$，译码数字显示为0。清除功能完成后，置 $CR=0$。

②置数。$CR=0$，CP_U、CP_D 任意，数据输入端输入任意一组二进制数，令 $\overline{LD}=0$，观察计数译码显示输出，预置功能是否完成，此后置 $\overline{LD}=1$。

③加计数。$CR=0$，$\overline{LD}=CP_D=1$，CP_U 接单次脉冲源。清零后送入10个单次脉冲，观察译码数字显示是否按8421码十进制状态转换表进行；输出状态变化是否发生在 CP_U 的上升沿。

④减计数。$CR=0$，$\overline{LD}=CP_U=1$，CP_D 接单次脉冲源。参照③进行实训。

（3）如图 J5-3 所示，用两片CC40192组成两位十进制加法计数器，输入1 Hz 连续计数脉冲，进行由 00~99 累加计数，自拟表格记录之。

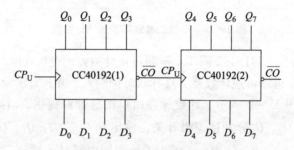

图 J5-3　CC40192 级连电路

（4）将两位十进制加法计数器改为两位十进制减法计数器，实现由 99~00 递减计数，自拟表格记录之。

（5）按图 J5-4 电路进行实训，自拟表格记录之。

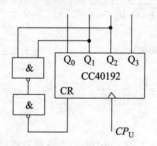

图 J5-4　六进制计数器

(6) 按图 J5-5 和图 J5-6 进行实训,自拟表格记录之。

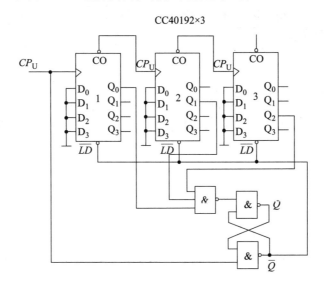

图 J5-5　421 进制计数器

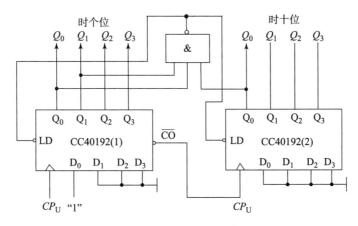

图 J5-6　特殊十二进制计数器

(7) 设计一个数字钟移位六十进制计数器并进行实训。

4. 实训要求

(1) 复习有关计数器部分内容。

(2) 绘出各实训内容的详细线路图。

(3) 拟出各实训内容所需的测试记录表格。

(4) 查手册,给出并熟悉实训所用各集成块的引脚排列图。

5. 实训报告

(1) 画出实训线路图,记录、整理实训现象及实验所得的有关波形。对实训结果进行分析。

(2) 总结使用集成计数器的体会。

技能训练 6　移位寄存器及其应用

1. 实训目的

（1）掌握中规模四位双向移位寄存器逻辑功能及使用方法。

（2）熟悉移位寄存器的应用——实现数据的串行、并行转换和构成环形计数器。

2. 实训设备及器件

（1）+5 V 直流电源。

（2）单次脉冲源。

（3）逻辑电平开关。

（4）逻辑电平显示器。

（5）CC40194×2（74LS194）、CC4011（74LS00）、CC4068（74LS30）。

3. 实训内容

1）测试 CC40194（或 74LS194）的逻辑功能

按图 J6-1 接线，$\overline{C}_R$、S_1、S_0、S_L、S_R、D_0、D_1、D_2、D_3 分别接至逻辑开关的输出插口；Q_0、Q_1、Q_2、Q_3 接至逻辑电平显示输入插口；CP 端接单次脉冲源。按表 J6-1 所规定的输入状态，逐项进行测试。

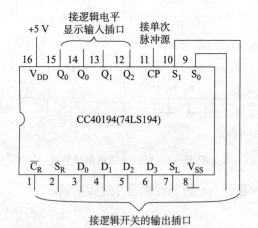

图 J6-1　CC40194 逻辑功能测试

表 J6-1

清除	模式		时钟	串行		输入	输出	功能总结
$\overline{C}_R$	S_1	S_0	CP	S_L	S_R	$D_0\ D_1\ D_2\ D_3$	$Q_0\ Q_1\ Q_2\ Q_3$	
0	×	×	×	×	×	× × × ×		
1	1	1	↑	×	×	a b c d		
1	0	1	↑	×	×	× × × ×		

续表

清除	模式		时钟	串行		输入	输出	功能总结
$\overline{C_R}$	S_1	S_0	CP	S_L	S_R	$D_0 D_1 D_2 D_3$	$Q_0 Q_1 Q_2 Q_3$	
1	0	1	↑	×	1	× × × ×		
1	0	1	↑	×	0	× × × ×		
1	0	1	↑	×	0	× × × ×		
1	1	0	↑	1	×	× × × ×		
1	1	0	↑	1	×	× × × ×		
1	1	0	↑	1	×	× × × ×		
1	1	0	↑	1	×	× × × ×		
1	0	0	↑	×	×	× × × ×		

(1) 清除：令 $\overline{C_R}=0$，其他输入均为任意态，这时寄存器输出 Q_0、Q_1、Q_2、Q_3 应均为 0。清除后，置 $\overline{C_R}=1$。

(2) 送数：令 $\overline{C_R}=S_1=S_0=1$，送入任意四位二进制数，如 $D_0 D_1 D_2 D_3 = abcd$，加 CP 脉冲，观察 $CP=0$，CP 由 $0 \to 1$，CP 由 $1 \to 0$ 三种情况下寄存器输出状态的变化，观察寄存器输出状态变化是否发生在 CP 脉冲的上升沿。

(3) 右移：清零后，令 $\overline{C_R}=1$，$S_1=0$，$S_0=1$，由右移输入端 S_R 送入二进制数码如 0100，由 CP 端连续加四个脉冲，观察输出情况，自拟表格记录之。

(4) 左移：先清零或预置，再令 $\overline{C_R}=1$，$S_1=1$，$S_0=0$，由左移输入端 S_L 送入二进制数码如 1111，连续加四个 CP 脉冲，观察输出端情况，自拟表格记录之。

(5) 保持：寄存器预置任意四位二进制数码 $abcd$，令 $\overline{C_R}=1$，$S_1=S_0=0$，加 CP 脉冲，观察寄存器输出状态，自拟表格记录之。

2）环形计数器

自拟实验线路用并行送数法预置寄存器为某二进制数码（如 0100），然后进行右移循环，观察寄存器输出端状态的变化，记入表 J6－2 中。

表 J6－2

CP	Q_0	Q_1	Q_2	Q_3
0	0	1	0	0
1				
2				
3				
4				

3）实现数据的串、并行转换

(1) 串行输入、并行输出。

按图 J6－2 接线，进行右移串行输入、并行输出实验，串行输入数码自定；改接线路用左移方式实现并行输出,自拟表格记录之。

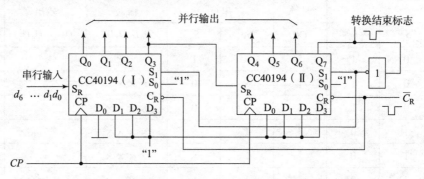

图 J6-2 七位串行/并行转换器

(2) 并行输入、串行输出。

按图 J6-3 接线,进行右移并行输入、串行输出实验,并行输入数码自定。再改接线路用左移方式实现串行输出,自拟表格记录之。

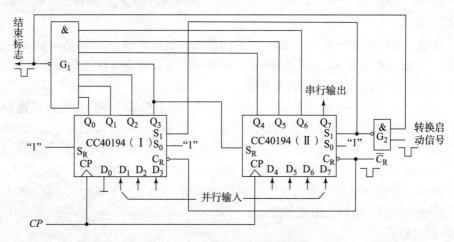

图 J6-3 七位并行/串行转换器

4. 实验要求

(1) 复习寄存器及串行、并行转换器的有关内容。

(2) 查阅 CC40194、CC4011 及 CC4068 逻辑线路,熟悉其逻辑功能及引脚排列。

(3) 在对 CC40194 进行送数后,若要使输出端改成另外的数码,是否一定要使寄存器清零?

(4) 使寄存器清零,除采用 $\overline{C}_R$ 输入低电平外,可否采用右移或左移的方法?可否使用并行送数法?若可行,如何进行操作?

(5) 若进行循环左移,图 J6-3 接线应如何改接?

(6) 画出用两片 CC40194 构成的七位左移串行/并行转换器线路。

(7) 画出用两片 CC40194 构成的七位左移并行/串行转换器线路。

5. 实验报告

(1) 分析表 J6-3 的实验结果,总结移位寄存器 CC40194 的逻辑功能并写入表格功能总结一栏中。

（2）根据实验内容的结果，画出四位环形计数器的状态转换图及波形图。

（3）分析串行/并行、并行/串行转换器所得结果的正确性。

表 J6-3

CP	Q_0	Q_1	Q_2	Q_3	Q_4	Q_5	Q_6	Q_7	串行输出
0	0	0	0	0	0	0	0	0	
1	0	D_1	D_2	D_3	D_4	D_5	D_6	D_7	
2	1	0	D_1	D_2	D_3	D_4	D_5	D_6	D_7
3	1	1	0	D_1	D_2	D_3	D_4	D_5	D_6 D_7
4	1	1	1	0	D_1	D_2	D_3	D_4	D_5 D_6 D_7
5	1	1	1	1	0	D_1	D_2	D_3	D_4 D_5 D_6 D_7
6	1	1	1	1	1	0	D_1	D_2	D_3 D_4 D_5 D_6 D_7
7	1	1	1	1	1	1	0	D_1	D_2 D_3 D_4 D_5 D_6 D_7
8	1	1	1	1	1	1	1	0	D_1 D_2 D_3 D_4 D_5 D_6 D_7
9	0	D_1	D_2	D_3	D_4	D_5	D_6	D_7	

本章小结

时序逻辑电路是数字电路中，除组合逻辑电路外的另一个重要组成部分。

时序逻辑电路是一种在任一时刻的输出不仅取决于该时刻电路的输入，而且与电路过去的输入有关的逻辑电路。因此，时序逻辑电路必须具备输入信号的存储电路（绝大多数由触发器组成）。时序逻辑的分析方法和同步时序逻辑电路的设计方法贯串于本章的始终。

通过本章的学习，要求做到：

1. 理解时序逻辑电路的概述，知道时序逻辑电路的定义、分类及状态方程、输出方程、驱动方程的含义。

2. 熟练掌握时序逻辑电路的分析方法。

3. 熟练掌握时序逻辑电路的设计方法。

4. 寄存器是时序逻辑电路中另一种常用的数字部件，要求理解其定义和分类，并能根据功能真值表和惯用符号选择使用它。

5. 移位寄存器是既能存放数据又能将数据移位的数字部件，要求理解左移、右移和双向移位的含义。用没有空翻现象的时钟触发器（D、SR、JK 功能）构成左移或右移寄存器。

对典型的中规模集成移位寄存器 74LS194，要求根据功能真值表及惯用符号，能理解它的功能并且能扩展应用。

要求掌握用移位寄存器构成环形计数器、扭环形计数器及（$2n-1$）奇数分频器的方法。

6. 计数器是时序逻辑电路中一种常用的数字部件，因此可用时序逻辑电路的一般分析方法和设计方法来处理计数器。

要求理解计数器的分类方法，根据 2^n 进制计数器的特点，会用较简单的方法分析、设计同步的或异步的 2^n 进制加法、减法、可逆计数器。

对典型的中规模集成计数器 74LS290 和 74LS161，要求根据功能真值表及惯用符号，能理解它们的功能，并且能扩展应用。

思考与练习题

6.1 同步时序电路和异步时序电路的区别是什么？什么叫 Moore 型时序电路？什么叫 Mealy 型时序电路？

6.2 请分析如图 P6-1 所示的各个电路，分别说明它们是什么类型的电路。（是同步还是异步时序电路？是 Moore 型电路还是 Mealy 型电路？）

6.3 （1）具体分析图 P6-1（a）所示时序电路。

（2）具体分析图 P6-1（b）所示时序电路。

（3）具体分析图 P6-1（c）所示时序电路。

（4）具体分析图 P6-1（d）所示时序电路。

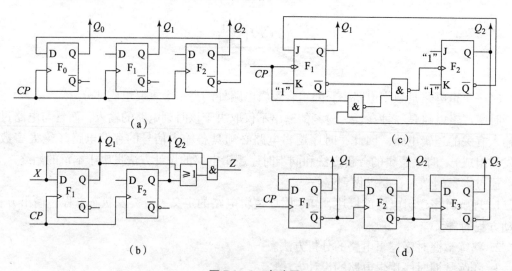

图 P6-1 电路图

6.4 请分析如图 P6-2 所示时序电路，画出在连续 CP 脉冲作用下，Q_1、Q_2、Q_3 输出的波形图。

6.5 如果要寄存六位二进制信息，通常要用几个触发器来构成寄存器？

6.6 用边沿 JK 触发器画出：

（1）三位左移寄存器。

（2）三位右移寄存器。

（3）二位双向移位寄存器。

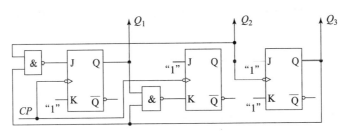

图 P6-2 电路图

提示：设一个控制信号 $X=1$ 时，进行左移操作，右边触发器输出接左边触发器输入，最右边触发器接收外界左移输入信号；当 $X=0$ 时，进行右移操作，左边触发器输出接收右边触发器输入，最左边触发器接收外界右移输入。

6.7 当右移输入信号 $D_R=$ "1001" 时，画出 74LS194 集成移位寄存器在移位脉冲 CP 的作用下，Q_A、Q_B、Q_C、Q_D 输出的波形（设备触发器初态均为 "0"。）

试问：经过几次移位后，可在何处取得并行输出数据？又可在何处取得串行输出数据？

6.8 用四个维持阻塞 D 触发器先构成右移寄存器，再构成扭环形计数器，请分别画出它们的电路图。

6.9 请用 74LS194 构成一个十六分频电路。

6.10 请用 74LS194 构成一个十一分频（$f/11$）、十三分频（$f/13$）电路。（注 f 为输入时钟脉冲频率。）

6.11 请用边沿 JK 触发器设计：

（1）三位同步二进制加法计数器。

（2）三位异步二进制减法计数器。

（3）二位异步可逆计数器。（$X=$ "1" 做加计数；$X=$ "0" 做减计数）

6.12 已知某计数器输出波形如图 P6-3 所示，试确定该计数器有几个独立状态，请画出它的状态转换图。

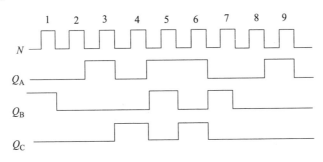

图 P6-3 波形图

6.13 用异步清零法将 74LS290 集成计数器连接为：

（1）七进制计数器（5421BCD 码）。

（2）七十三进制计数器（8421BCD 码）。

6.14 （1）用反馈复位法将 74LS161 集成计数器连接为十二进制计数器。

（2）用反馈预置法将 74LS161 集成计数器连接为六十进制计数器。（按自然态序）

6.15 请分析如图 P6-4 所示电路，它为几进制计数器？请画出它的状态转换图和工作波形图。

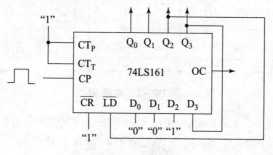

图 P6-4 电路图

6.16 寄存器、计数器、移位寄存器、分频器中，能用同步式触发器构成电路的是哪些数字部件？不能用同步式触发器构成电路的是哪些数字部件？为什么？

第 7 章 脉冲波形的产生与变换

学习目标

（1）掌握施密特触发器、单稳态触发器和多谐振荡器的电路结构、工作过程及应用场合。

（2）理解555定时器的典型应用。

能力目标

能够应用施密特触发器、单稳态触发器、多谐振荡器及555定时器。

脉冲波形（这里指矩形波）是数字电路或系统中最常用的信号，如时钟信号、输入信号、控制信号等。脉冲波形的获取，通常采用两种方法：一种是利用脉冲信号振荡器直接产生；另一种是对已有的信号进行变换，使之成为能够满足电路或系统要求的标准的脉冲信号。

本章主要介绍多谐振荡器、单稳态触发器、施密特触发器的电路结构、工作原理及其应用；还讲述555定时器的电路结构及其构成这三种电路的方法与工作原理。

7.1 多谐振荡器

多谐振荡器可以产生连续的、周期性的脉冲波形。它是一种自激振荡电路，直接产生矩形脉冲波形；工作时不需要外来触发信号激励。多谐振荡器有两个暂稳态，没有稳态，工作过程中在两个暂稳态之间按照一定的周期周而复始地依次翻转，从而产生连续的、周期性的脉冲波形，因此也称为无稳态电路。

7.1.1 门电路组成的多谐振荡器

1. 电路组成及工作原理

由门电路组成的多谐振荡器具有以下特点：

（1）电路中含有开关器件，用于产生高、低电平。常用的开关器件有门电路、电压比较器、BJT 等。

（2）具有合适的反馈网络，将输出电压反馈到开关器件的输入端使之改变输出状态。

（3）具有延时环节，以获得所需要的振荡频率。一般情况下，反馈网络兼有延时作用，由阻容元件构成，利用 RC 电路的充、放电特性实现延时。

1）电路结构

由门电路组成的多谐振荡器有多种电路形式，图 7-1 所示为一种由 CMOS 门电路组成的多谐振荡器。由于 G_1 和 G_2 的外部电路不对称，所以又称为不对称多谐振荡器。

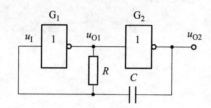

图 7-1 由 CMOS 门电路组成的多谐振荡器

为了使电路能产生振荡，必须使 G_1 和 G_2 工作在电压传输特性的转折区，即工作在放大区。在正常工作时，无论 G_1 输入低电平还是高电平，MOS 管栅极输入的电流 $i_G = 0$，在电阻 R 上不产生压降，这时 $u_{O1} = u_I$ 的直线与电压传输特性转折区的交点 Q 便为 G_1 的静态工作点，它处在转折区的中点。这时 $u_{O1} = u_I = U_{th} = V_{DD}/2$，因此，$G_2$ 也工作在电压传输特性的转折区。

2）工作原理

为讨论方便起见，设 u_{O1} 为低电平、u_{O2} 为高电平时，为第一暂稳态；u_{O1} 为高电平、u_{O2} 为低电平时，为第二暂稳态。下面参照图 7-2 所示波形讨论不对称多谐振荡的工作原理。

（1）第一暂稳态及电路自动翻转的过程。

设接通电源后由于某种原因 G_1 的输入电压 u_I 产生一个小的正跃变时，通过 G_1 放大后，其输出产生一个较大的负跃变，使 G_2 输出一个更大的正跃变，通过电容 C 的耦合，使 u_I 得到更大的正跃变，于是电路产生如下正反馈过程：

$$u_I \uparrow \rightarrow u_{O1} \uparrow \rightarrow u_{O2} \uparrow \rightarrow u_I \uparrow$$

正反馈的结果使 G_1 开通，输出 u_{O1} 由高电平 V_{DD} 跃到低电平 U_{OL}；G_2 关闭，输出 u_{O2} 由低电平 U_{OL} 跃到高电平 V_{DD}，电路进入第一暂稳态。这时，u_{O2} 的高电平经 C、R 和 G_1 的输出电阻对 C 进行反向充电（即 C 放电），u_I 随之下降。当 u_I 下到 G_1 的阈值电压 U_{th} 时，电路又产生另一个正反馈过程：

$$u_I \downarrow \rightarrow u_{O1} \uparrow \rightarrow u_{O2} \downarrow \rightarrow u_I \downarrow$$

（2）第二暂稳态及电路自动翻转的过程。

正反馈的结果使 G_1 关闭，输出 u_{O1} 由低电平 U_{OL} 跃到高电平 V_{DD}；G_2 开通，输出 u_{O2} 由

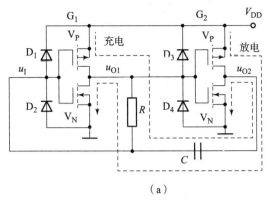

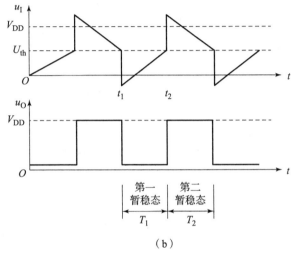

图 7-2　CMOS 门电路组成的多谐振荡器的原理图和波形图
（a）原理图；（b）波形图

高电平 V_{DD} 跃到低电平 U_{OL}，电路进入第二暂稳态。这时，u_{O1} 的高电平 V_{DD} 经 R、C、和 G_2 的输出电阻对 C 进行充电，u_I 随之上升。当 u_I 上升到 G_1 的 U_{th} 时，G_1 开通，G_2 关闭，电路返回到第一暂稳态。

由上分析可知，由于电容 C 交替地进行充电和放电，使两个暂稳态不断相互交换，从而输出周期性的矩形脉冲。

2. 振荡周期的计算

振荡周期可用下式估算：$T \approx 1.4RC$。

7.1.2　石英晶体多谐振荡器

为得到频率稳定性很高的脉冲波形，多采用由石英晶体组成的石英晶体振荡器，石英晶体的电路符号和阻抗频率特性如图 7-3 所示。

由阻抗频率特性曲线可知，石英晶体的选频特性非常好，它有一个极为稳定的串联谐振频率（固有频率）f_s，且等效品质因数 Q 值很高。当频率等于 f_s 时，石英晶体的电抗为 0，而当频率偏离 f_s 时，石英晶体的电抗急剧增大，因此，在串联谐振电路中，只有频率为 f_s

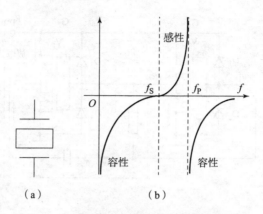

图 7-3 石英晶体的电路符号及阻抗频率特性
(a) 电路符号；(b) 阻抗频率特性

的信号最容易通过，而其他频率的信号均会被晶体所衰减。振荡频率只取决于固有频率 f_S，而与 RC 无关。

f_P 是石英晶体的并联谐振频率。石英晶体的串联谐振频率 f_S 和并联谐振频率 f_P 仅仅取决于石英晶体的几何尺寸，通过加工成不同尺寸的晶片，即可得到不同频率的石英晶体，并且串联谐振频率 f_S 和并联谐振频率 f_P 的值非常接近。

用石英晶体组成的多谐振荡器分为串联型和并联型两种形式。

为了改善输出波形的前沿、后沿和提高负载能力，一般在石英晶体振荡器的输出端加一级反相器，如图 7-4 和图 7-5 所示。

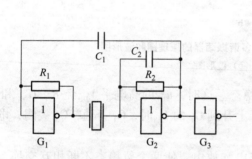

图 7-4 串联型石英晶体振荡器

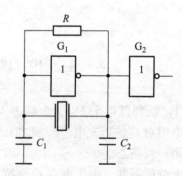

图 7-5 并联型石英晶体振荡器

7.2 单稳态触发器

单稳态触发器可以在外部触发信号作用下，输出一个一定宽度、一定幅值的矩形脉冲波形。它具有以下特点：

(1) 电路有一个稳态和一个暂稳态。

(2) 没有触发信号时，电路始终处于稳态，在外来触发信号作用下，电路由稳态翻转到暂稳态。

(3) 暂稳态是一个不能长久保持的状态,由于电路中 RC 延时环节的作用,经过一段时间后,电路会自动返回到稳态。暂稳态持续的时间取决于电路中 RC 的参数。

7.2.1 门电路组成的单稳态触发器

1. 微分型单稳态触发器

1) 电路组成及工作原理

电路结构:微分型单稳态触发器可由与非门或者或非门电路构成,图 7-6(a)、(b) 分别为由与非门和或非门构成的单稳态触发器,RC 电路是一个微分延时环节。

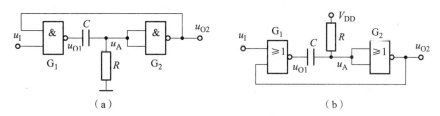

图 7-6 微分型单稳态触发器
(a) 由与非门构成;(b) 由或非门构成

图 7-6(b) 的工作原理:对于 CMOS 门电路,可以认为输出的高电平 $U_{OH} = V_{DD}$,输出的低电平 $U_{OL} \approx 0$,两个或非门的阈值电压 U_{th} 都为 $V_{DD}/2$。

(1) 稳定的状态。

当输入电压 u_I 为低电平时,由于 G_2 输入通过电阻 R 接 V_{DD},因此,G_2 输出低电平 $U_{OL} \approx 0$,G_1 输入全 0,输出 u_{O1} 为高电平时 $U_{OH} \approx V_{DD}$。这时,电容 C 上的电压 $U_C \approx 0$。电路处于 U_{O1} 为高电平 V_{DD}、u_{O2} 为低电平 0 的稳定状态。

(2) 触发进入暂稳态。

当输入 u_I 为低电平正跃到大于 G_1 的阈值电压 U_{th} 时,使 G_1 输出电压 u_{O1} 产生负跃变,由于电容 C 两端的电压不能突变,G_2 的输入电压 u_A 产生负跃变,这又促使 G_2 的输出电压 u_{O2} 产生正跃变,它再反馈到 G_1 的输入端,于是,电路产生如下正反馈过程:

$$u_I \uparrow \rightarrow u_{O1} \downarrow \rightarrow u_A \downarrow \rightarrow u_{O2} \uparrow \rightarrow u_I \uparrow$$

正反馈的结果使 G_1 开通,输出 u_{O1} 迅速跃到低电平,由于电容两端的电压不能突变,u_A 产生同样的负跃变,G_2 输出由低电平迅速跃到高电平 V_{DD}。于是,电源 V_{DD} 经 R、C 和 G_1 的输出电阻开始对电容 C 充电,电路进入暂稳态,在此期间输入电压 u_I 回到低电平。

(3) 自动翻转。

随着电容 C 的充电,电容上的电压 U_C 升高,电压 u_A 也逐渐升高。当 u_A 上升到 G_2 的 U_{th} 时,u_{O2} 下降,使 u_{O1} 上升,又使 u_A 进一步增大。电路又产生了另一个正反馈过程:

$$u_A \uparrow \rightarrow u_{O2} \downarrow \rightarrow u_{O1} \uparrow \rightarrow u_A \uparrow$$

正反馈使 G_1 迅速关闭,输出 u_{O1} 为高电平 V_{DD},G_2 迅速开通,输出 u_{O2} 跃到低电平 0。电路返回到初始的稳定状态。

(4) 恢复过程。

暂稳态结束后,电容 C 通过电阻 R、G_2 的输入保护回路向 V_{DD} 放电,使 C 上的电压恢复到初始状态时的 0。

微分型单稳态触发器各点工作波形如图 7-7 所示。

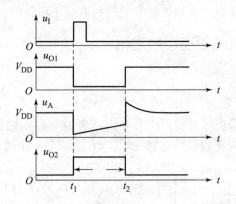

图 7-7 微分型单稳态触发器各点工作波形

2) 输出脉冲宽度的估算

单稳态触发器输出脉冲的宽度实际上是暂稳态维持的时间，用 t_w 表示。它为电容 C 上的电压由低电平 0 充到 G_2 的 U_{th} 所需的时间。其大小可用下式进行估算：

$$t_w \approx 0.7RC$$

在使用微分型单稳态触发器时，输入触发脉冲 u_I 的宽度 t_{wI} 应小于输出脉冲的宽度 t_w，即 $t_{wI} < t_w$，否则电路不能正常工作。如出现 $t_{wI} > t_w$ 的情况时，可在触发信号源 u_I 和 G_1 输入端之间接入一个 RC 微分电路。

2. 积分型单稳态触发器

若采用 RC 积分延时环节构成的单稳态触发器，称为积分型单稳态触发器。电路和各级波形，其分析方法和微分型单稳态触发器相同，区别在于 RC 延时环节的特性不同，微分型的 RC 环节是快充快放，故要求触发信号的脉冲宽度小于输出的脉冲宽度，电路在翻转时才能形成正反馈；积分型的 RC 环节是慢充慢放，而且电路翻转时没有正反馈作用，所以要求触发信号的脉冲宽度大于输出的脉冲宽度，才能使电路正常工作。

图 7-8 所示为由或非门构成的积分型单稳态触发器及其各点的工作波形。

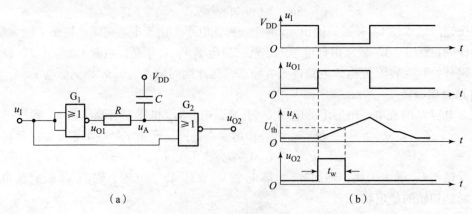

图 7-8 积分型单稳态触发器及其各点的工作波形
(a) 电路组成；(b) 工作波形

7.2.2 集成单稳态触发器

集成单稳态触发器分为可重复触发和不可重复触发单稳态触发器两种形式。两者最大的区别是：不可重复触发单稳态触发器在进入暂稳态期间，即使受到触发脉冲作用，也不会影响电路既定的暂稳态过程，输出脉冲宽度仅由 R、C 参数确定；而可重复触发单稳态触发器在进入暂稳态期间，若有触发脉冲作用，电路又将被解触发，重新开始暂稳态过程，这样可使暂稳态总的时间延长，直至触发脉冲的时间间隔超过电路输出的脉冲宽度，才会回到稳态。

可重复触发单稳态触发器有 74122、74LS122、74123、74LS123，不可重复触发单稳态触发器有 74121、74221、74LS221。

两种单稳态触发器的工作波形分别如图 7-9（a）、（b）所示。

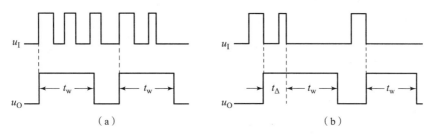

图 7-9 两种单稳态触发器的工作波形

（a）不可重复触发单稳态触发器的工作波形；（b）可重复触发单稳态触发器的工作波形

1. 不可重复触发的集成单稳态触发器

74121 是一种 TTL 的不可重复触发集成单稳态触发器，其引脚图如图 7-10 所示。

1）触发方式

74121 集成单稳态触发器有三个触发输入端，在下列情况下，电路可由稳态翻转到暂稳态：

（1）在 A_1、A_2 两个输入中有一个或两个为低电平的情况下，B 发生由 0 到 1 的正跳变。

（2）在 B 为高电平的情况下，A_1、A_2 中有一个为高电平而另一个发生由 1 到 0 的负跳变，或者 A_1、A_2 同时发生负跳变。

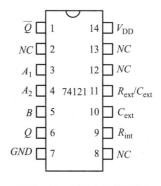

图 7-10 74121 的引脚图

TTL 集成单稳态触发器 74121 是在微分型单稳态触发器的基础上，附加输入控制电路和输出缓冲电路而形成的，1 脚 $\overline{Q}$ 和 6 脚 Q 是脉冲输出端，两端波形反相（互补）。3 脚 A_1、4 脚 A_2、5 脚 B 是触发方式控制端，用于实现上升沿触发或下降沿触发的方式控制。若需用上升沿触发时，触发脉冲由 B 输入，同时 A_1 或 A_2 至少有一个接低电平；若需用下降沿触发时，触发脉冲由 A_1 或 A_2 输入，若 A_1 或 A_2 有一端不作为脉冲输入端时应和 B 端都接高电平。9 脚 R_{int}、10 脚 C_{ext}、11 脚 R_{ext}/C_{ext} 是 RC 微分环节的元件连接端，其中 R_{int} 是内部电阻连接端，阻值约为 2 kΩ，用它取代外接电阻 R_{ext} 时，可简化外部连线。14 脚接正电源，7 脚接地端，2 脚、8 脚、12 脚和 13 脚都悬空。74121 不可重复触发的集成单稳态触发器的逻辑功能如表 7-1 所示。

表 7-1 74121 不可重复触发的集成单稳态触发器的逻辑功能表

触发输入			输出		功能说明
A_1	A_2	B	Q	$\overline{Q}$	
0	×	1	0	1	输入无效，电路保持稳态
×	0	1	0	1	输入无效，电路保持稳态
×	×	0	0	1	输入无效，电路保持稳态
1	1	×	0	1	输入无效，电路保持稳态
1	↓	1	正脉冲	负脉冲	下降沿有效触发，有暂稳态
↓	1	1	正脉冲	负脉冲	下降沿有效触发，有暂稳态
↓	↓	1	正脉冲	负脉冲	下降沿有效触发，有暂稳态
×	0	↑	正脉冲	负脉冲	上升沿有效触发，有暂稳态
×	0	↑	正脉冲	负脉冲	上升沿有效触发，有暂稳态

从表 7-1 中可以看出，前面四行都属于无效的输入，电路状态不会发生改变，一直处于稳定状态上，即 $Q = 0$；后面五行可以接收相应的触发脉冲信号，由稳态进入暂稳态，即 $Q = 1$。这五行发生暂稳态的条件可以归纳为两种情况：一种是 A_1 或 A_2 至少一个接低电平时，若 B 端脉冲发生正跳变，电路就会出现暂稳态，另一种是 A_1 或 A_2 至少有一个输入脉冲发生负跳变，其余触发控制端全接高电平时，电路也会出现暂态。74121 一旦进入暂稳态，就不再受 A_1、A_2、B 跳变的影响，暂稳态阶段的定时仅取决于 RC 数值，因此，它属于不可重复触发的单稳态触发器。

2) 定时

74121 的定时时间取决于定时电阻和定时电容的数值。定时电容 C_{ext} 连接在引脚 C_{ext}（10 脚）和 R_{ext}/C_{ext}（11 脚）之间。如果使用有极性的电解电容，电容的正极应接在 C_{ext} 引脚（10 脚）。对于定时电阻，有两种选择：

（1）采用内部定时电阻 R_{int}（$R_{int} = 2\ \text{k}\Omega$），此时只需将 R_{int} 引脚（9 脚）接至电源 V_{CC}。

（2）采用外部定时电阻（阻值应在 1.4 ~ 40 kΩ），此时 R_{int} 引脚（9 脚）应悬空，外部定时电阻接在引脚 R_{ext}/C_{ext}（11 脚）和 V_{CC} 之间。

74121 的输出脉冲宽度为：$t_w \approx 0.7RC$。

通常 R 的取值在 2 ~ 30 kΩ，C 的取值在 10 pF ~ 10 μF，得到的 t_w 在 20 ns ~ 200 ms。

2. 可重复触发的集成单稳态触发器

CD4528 是一种 CMOS 的可重复触发集成单稳态触发器，其引脚图如图 7-11 所示。

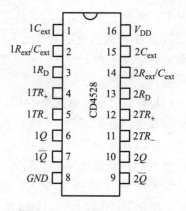

图 7-11 CD4528 的引脚图

7.2.3 单稳态触发器的应用

1. 定时

由于单稳态触发器能产生一定宽度的矩形脉冲输出,如果利用这个矩形脉冲作为定时信号去控制某电路,可使其在 t_w 时间内动作。例如,利用单稳态触发器输出的矩形脉冲作为与门输入的控制信号,如图7-12所示,则只有在这个矩形波的 t_w 时间内,信号 u_F 才有可能通过与门。

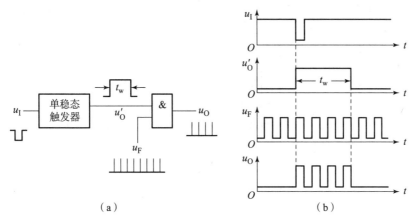

图7-12 单稳态触发器用于定时电路
(a)逻辑图;(b)波形图

2. 延时

单稳态触发器的延时作用不难从图7-7所示的微分型单稳态触发器的工作波形看出,图中输出端 u_{O1} 的上升沿相对于输入信号 u_I 的上升沿延迟了一个 t_w 的时间。单稳态的延时作用常被应用于时序控制。

3. 多谐振荡器

利用两个单稳态触发器可以构成多谐振荡器。由两片74121集成单稳态触发器组成的多谐振荡器如图7-13所示,图中开关S为振荡器控制开关。

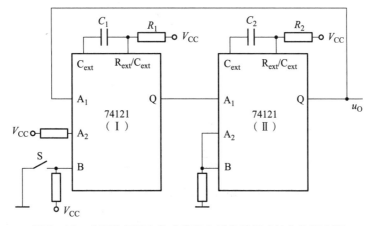

图7-13 由两片74121集成单稳态触发器组成的多谐振荡器

4. 噪声消除电路

利用单稳态触发器可以构成噪声消除电路（或称脉宽鉴别电路）。通常噪声多表现为尖脉冲，宽度较窄，而有用的信号都具有一定的宽度。利用单稳电路，将输出脉宽调节到大于噪声宽度而小于信号脉宽，即可消除噪声。由单稳态触发器组成的噪声消除电路及波形如图 7-14 所示。

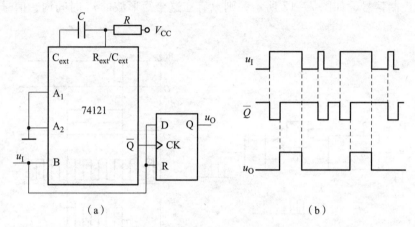

图 7-14 噪声消除电路及波形
(a) 逻辑图；(b) 波形

7.3 施密特触发器

施密特触发器可以将缓慢变化的输入波形整形为矩形脉冲，它具有下述特点：

(1) 施密特触发器属于电平触发，对于缓慢变化的信号仍然适用，当输入信号达到某一定电压值时，输出电压会发生突变。

(2) 输入信号增加或减少时，电路有不同的阈值电压。其电压传输特性如图 7-15 所示。

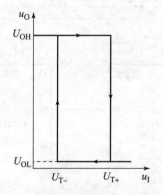

图 7-15 施密特触发器的电压传输特性

7.3.1 由门电路组成的施密特触发器

1. 电路结构

由 CMOS 门电路组成的施密特触发器如图 7-16 所示。基本连接方法是将两个门串联起来，同时通过分压电阻把输出电压正反馈到输入端所构成的。图 7-16 所示为用两个 CMOS 反相器和两个分压电阻 R_1、R_2 构成的基本施密特触发器，改变 R_1、R_2 阻值可调整电路的阈值电平 V_{T+} 和 V_{T-}，即改变 ΔV 值。但 R_1 必须小于 R_2，否则电路状态将进入自锁而无法正常翻转。

CMOS 门的开启电压 $V_T \approx V_{DD}/2$，故有

$$V_{T+} = (1 + R_1/R_2)V_T$$
$$V_{T-} = (1 - R_1/R_2)V_T$$

2. 工作原理

为了便于分析，假设输入 u_I 为一个三角波信号。若输入 u_I 为 0，电路处于 0 状态，即 $Q = 0$，$\overline{Q} = 1$，这就是施密特触发器的第 I 个稳定状态，即 $u_O = 0$。

u_I 由 0 逐渐上升时，G_1 输入端的电压 u_{I1} 也随之上升。若 u_{I1} 上升还未达到 G_1 门开启电压 V_T，电路维持在第 I 稳态上。

若 u_I 继续上升，当 u_{I1} 到达 V_T 时，即 $u_I \geq V_{T+}$，那么电路将发生下列正反馈过程：

$$u_I \uparrow \to u_{I1} \uparrow \to \overline{Q} \downarrow \to u_{I2} \downarrow \to u_O \uparrow \to u_{I1} \uparrow$$

因此，电路由第 I 稳态迅速转为第 II 稳态，即 $Q = 1$，$\overline{Q} = 0$。此时，输出电压 $u_O = V_{DD}$。

同理，若 u_I 由最大值 V_{DD} 下降时，u_{I1} 也会随之下降。

当 u_I 下降使 $u_I \leq V_{T-}$ 时，电路也会发生下列正反馈过程：

$$u_I \downarrow \to u_{I1} \downarrow \to \overline{Q} \uparrow \to u_{I2} \uparrow \to u_O \downarrow \to u_{I1} \downarrow$$

最后电路又翻转回第 I 稳态，即 $u_O = 0$。

该电路 V_{T+} 和 V_{T-} 可由实验测出，其电压回差 ΔV 为

$$\Delta V = V_{T+} - V_{T-} = V_{DD} \cdot R_1/R_2$$

由此可见，改变 R_1 和 R_2 的比值，可以调整 ΔV 的大小。

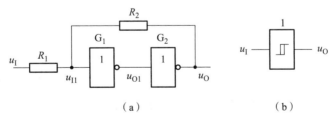

图 7-16 由 CMOS 反相器组成的施密特触发器
(a) 电路组成；(b) 图形符号

7.3.2 集成施密特触发器

集成门电路中有多种型号的施密特触发器，CC40106 是其中的一种 CMOS 施密特反相器，图 7-17 所示为其引脚排列、逻辑符号及传输特性。

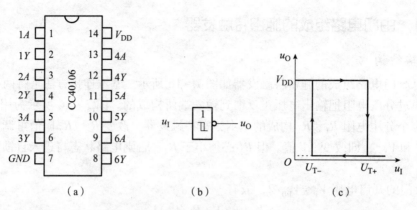

图 7-17 CC40106 施密特反相器的引脚排列、逻辑符号及传输特性
(a) 引脚排列；(b) 逻辑符号；(c) 传输特性

7.3.3 施密特触发器的应用

1. 波形的整形与变换

施密特触发器可用于将三角波、正弦波以及不规则信号波形变换成矩形脉冲。当传输的信号受到干扰而发生畸变时，可利用施密特触发器的回差特性，将受到干扰的信号整形成较好的矩形脉冲，如图 7-18 所示。

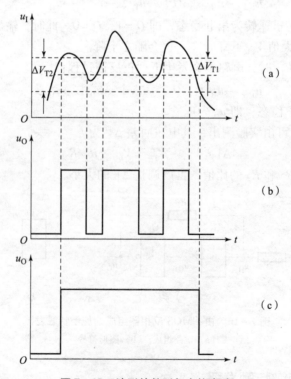

图 7-18 波形的整形与变换电路
(a) 输入波形；(b) 回差电压较小时的输出波形；(c) 回差电压较大时的输出波形

2. 信号鉴幅

如输入信号为一组幅度不等的脉冲，而要求将幅度大于 V_{T+} 的脉冲信号挑选出来时，则可用施密特触发器对输入脉冲的幅度进行鉴别，如图 7-19 所示。这时，可将输入幅度大于 V_{T+} 的脉冲信号选出来，而幅度小于 V_{T+} 的脉冲信号则去掉。

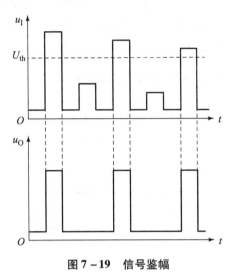

图 7-19　信号鉴幅

3. 多谐振荡器

施密特触发器构成的多谐振荡器如图 7-20 所示，其波形如图 7-21 所示。

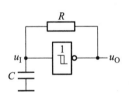

图 7-20　施密特触发器构成的多谐振荡器

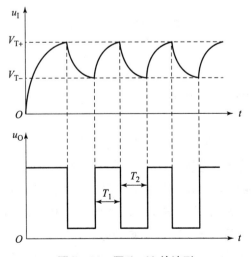

图 7-21　图 7-20 的波形

7.4 555 定时器及其应用

555 定时器是一种多用途的单片中规模集成电路。该电路使用灵活、方便，只需外接少量的阻容元件就可以构成单稳态触发器、多谐振荡器和施密特触发器，因而在脉冲波形的产生与变换、测量与控制、家用电器和电子玩具等许多领域中都得到了广泛的应用。

7.4.1 555 定时器的电路结构及工作原理

1. 电路结构

555 实时器的电路结构和电路符号如图 7-22 所示。

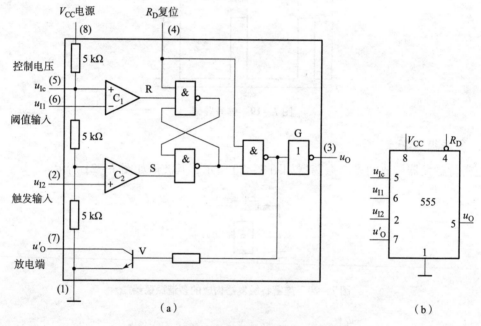

图 7-22 555 定时器的电路结构和电路符号
(a) 原理图；(b) 电路符号

由电压比较器 C_1、C_2（包括电阻分压器）、G_1 和 G_2 组成的基本 SR 触发器，集电极开路的放电管 V 和输出缓冲级 G_3 三部分组成。

2. 工作原理

C_1 和 C_2 为两个电压比较器，它们的基准电压由 V_{CC} 经 3 个 5 kΩ 电阻分压后提供。$U_{R1} = 2/3 V_{CC}$ 为比较器 C_1 的基准电压，TH（阈值输入端）为其输入端。$U_{R2} = 1/3 V_{CC}$ 为比较器 C_2 的基准电压，$\overline{TR}$（触发输入端）为其输入端。CO 为控制端，当外接固定电压 V_{CO} 时，则 $U_{R1} = V_{CO}$，$U_{R2} = 1/2 V_{CO}$。$\overline{R_D}$ 为直接置 0 端，只要 $\overline{R_D} = 0$，输出 u_O 便为低电平，正常工作时，$\overline{R_D}$ 端必须为高电平。下面分析 555 的逻辑功能。

设 TH 和 $\overline{TR}$ 端的输入电压分别为 u_{I1} 和 u_{I2}。555 定时器的工作情况下：

当 $u_{I1} > U_{R1}$，$u_{I2} > U_{R2}$ 时，比较器 C_1 和 C_2 的输出 $u_{C1} = 0$，$u_{C2} = 1$，基本 SR 触发器被置 0，$Q = 0$，$\overline{Q} = 1$，输出 $u_O = 0$，同时 V 导通。

当 $u_{I1} < U_{R1}$，$u_{I2} < U_{R2}$ 时，两个比较器输出 $u_{C1} = 1$，$u_{C2} = 0$，基本 SR 触发器置 1，$Q = 1$，$\overline{Q} = 0$，输出 $u_O = 1$，同时 V 截止。

当 $u_{I1} < U_{R1}$，$u_{I2} > U_{R2}$ 时，两个比较器输出 $u_{C1} = 1$，$u_{C2} = 1$，基本 SR 触发器保持原来状态。

3. 555 定时器的功能表

综上所述，定时器 555 的功能如表 7-2 所示。

表 7-2 定时器 555 的功能

输入			输出	
u_{I1}	u_{I2}	$\overline{R_D}$	u_O	V 状态
×	×	0	0	导通
$>2/3 V_{CC}$	$>1/3 V_{CC}$	1	0	导通
$<2/3 V_{CC}$	$<1/3 V_{CC}$	1	1	截止
$<2/3 V_{CC}$	$>1/3 V_{CC}$	1	保持原来状态	保持原来状态

7.4.2 555 定时器的应用

1. 用 555 定时器构成施密特触发器

将触发器的阈值输入端 u_{I1} 和触发输入端 u_{I2} 连在一起，作为触发信号 u_I 的输入端，将输出端（3 端）作为信号输出端，便可构成一个反相输出的施密特触发器，如图 7-23 所示。

图 7-23 中，R、V_{CC2} 构成另一输出端 u_{O2}，其高电平可以通过改变 V_{CC2} 进行调节。

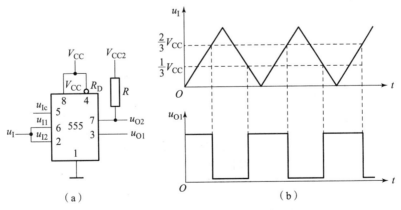

图 7-23　555 定时器构成的施密特触发器
(a) 电路图；(b) 波形图

电路工作原理：

为了提高基准电压 U_{R1} 和 U_{R2} 的稳定性，常在 CO 控制端对地接一个 0.01 μF 的滤波电容。

当输入 $u_I < 1/3 V_{CC}$ 时，电压比较器 C_1 和 C_2 的输出 $u_{C_1} = 1$，$u_{C_2} = 0$，基本 SR 触发器置 1，$Q = 1$，$\overline{Q} = 0$，这时输出 $u_O = u_{OH}$。

当输入 $1/3 V_{CC} < u_I < 2/3 V_{CC}$ 时，C_1 和 C_2 的输出 $u_{C_1} = 0$，$u_{C_2} = 1$，基本 SR 触发器置 0，$Q = 0$，$\overline{Q} = 1$，输出 u_O 由高电平 u_{OH} 跃到低电平 u_{OL}，即 $u_O = 0$。由以上分析可以看出，在输入 u_I 上升到 $2/3 V_{CC}$ 时，电路的输出状态发生跃变。因此，施密特触发器的正向阈值电压 $U_{T+} = 2/3 V_{CC}$。此后，u_I 再增大时，对电压的输出状态没有影响。

当输入 u_I 由高电平逐渐下降，且 $1/3 V_{CC} < u_I < 2/3 V_{CC}$ 时，两个电压比较器的输出分别为 $u_{C_1} = 1$，$u_{C_2} = 1$。基本 SR 触发器保持原状态不变，即 $Q = 0$，$\overline{Q} = 1$，输出 $u_O = u_{OL}$。

当输入 $u_I < 1/3 V_{CC}$ 时，$u_{C_1} = 1$，$u_{C_2} = 0$，触发器置 1，$Q = 1$，$\overline{Q} = 0$，输出 u_O 由低电平跃到高电平 u_{OH}。

可见，当 u_I 下降到 $1/3 V_{CC}$ 时，电路输出状态又发生另一次跃变，所以，电路的负向阈值电压 $U_{T-} = 1/3 V_{CC}$。

由以上分析可得，施密特触发器的回差电压 ΔU_T 为
$$\Delta U_T = U_{T+} - U_{T-} = 1/3 V_{CC}$$

2. 用 555 定时器构成多谐振荡器

1) 电路组成

将放电管 V 集电极经 R_1 接到 V_{CC} 上，便组成了一个反相器。其输出端 7 脚对地接 R_2、C 积分电路，积分电容 C 再接 2、6 脚便组成了如图 7-24 所示的多谐振荡器。R_1、R_2 和 C 为定时元件。

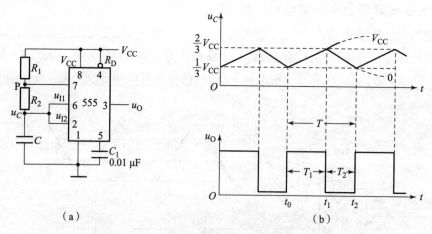

图 7-24 用施密特触发器构成的多谐振荡器
(a) 电路图；(b) 波形图

2) 工作原理

接通电源 V_{CC} 后，V_{CC} 经电阻 R_1 和 R_2 对电容 C 充电，其电压 u_C 由 0 按指数规律上升。当 $u_C \geq 2/3 V_{CC}$ 时，电压比较器 C_1 和 C_2 的输出分别为 $u_{C_1} = 0$，$u_{C_2} = 1$，基本 SR 触发器被置 0，$Q = 0$，$\overline{Q} = 1$，输出 u_O 跃到低电平 u_{OL}。与此同时，放电管 V 导通，电容 C 经电阻 R_2 和放电管 V 放电，电路进入暂稳态。

随着电容 C 的放电，u_C 随之下降。当 u_C 下降到 $u_C \leq 1/3 V_{CC}$ 时，则电压比较器 C_1 和 C_2

的输出为 $u_{C_1}=1$,$u_{C_2}=0$,基本 SR 触发器被置 1,$Q=1$,$\overline{Q}=0$,输出 u_O 由低电平 U_{OL} 跃到高电平 U_{OH}。同时,因 $\overline{Q}=0$,放电管 V 截止,电源 V_{CC} 又经电阻 R_1 和 R_2 对电容 C 充电,电路又返回到前一个暂稳态。因此,电容 C 上的电压 u_C 将在 $2/3V_{CC}$ 和 $1/3V_{CC}$ 之间来回充电和放电,从而使电路产生振荡,输出矩形脉冲。

由图 7-25 可得多谐振荡器的振荡周期 T 为

$$T = t_{w1} + t_{w2}$$

式中,t_{w1} 为电容 C 上的电压由 $1/3V_{CC}$ 充到 $2/3V_{CC}$ 所需的时间,充电回路的时间常数为 $(R_1+R_2)C$。t_{w1} 可用下式估算:

$$t_{w1} = (R_1+R_2)C\ln 2 \approx 0.7(R_1+R_2)C$$

t_{w2} 为电容 C 上的电压由 $2/3V_{CC}$ 下降到 $1/3V_{CC}$ 所需的时间,放电回路的时间常数为 R_2C。t_{w2} 可用下式估算:

$$t_{w1} = R_2C\ln 2 \approx 0.7R_2C$$

所以,多谐振荡周期 T 为

$$T = t_{w1} + t_{w2} \approx 0.7(R_1+2R_2)C$$

振荡频率为

$$f = 1/T = 1/[0.7(R_1+2R_2)C]$$

3)占空比可调的多谐振荡器电路

利用半导体二极管的单向导电特性,把电容 C 充电和放电回路隔离开来,再加上一个电位器便可构成占空比可调的多谐振荡器,如图 7-25 所示。

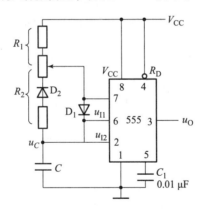

图 7-25 占空比可调的多谐振荡器

在放电管截止时,电源 V_{CC} 经 R_1 和 D_1 对电容 C 充电;当 V 导通时,C 经 D_2、R_2 和放电管 V 放电。调节电位器 R_W 可改变 R_1 和 R_2 的比值。因此,也改变了输出脉冲的占空比 q。$t_{w2}=0.7R_2C$,振荡周期 $T=t_{w1}+t_{w2}\approx 0.7(R_1+2R_2)C$,所以,占空比 q 为

$$q = t_{w1}/(t_{w1}+t_{w2}) = 0.7R_1C/(0.7R_1C+0.7R_2C) = R_1/(R_1+R_2)$$

当 $R_1=R_2$ 时,则 $q=50\%$,多谐振荡器输出为方波。

3. 用 555 定时器组成单稳态触发器

1)电路组成及工作原理

用 555 定时器组成单稳态触发器,如图 7-26(a)所示。

将555定时器的2脚作为触发器信号u_I的输入端，V的集电极通过电阻R接V_{CC}，组成了一个反相器，其集电极通过电容C接地，便组成了单稳态触发器，R和C为定时元件。

单稳态触发器的工作原理：

（1）稳定状态。

没有加触发信号时，u_I为高电平U_{IH}。

接通电源后，V_{CC}经电阻R对电容C进行充电，当电容C上的电压$u_C \geqslant 2/3V_{CC}$时，电压比较器C_1输出$u_{C_1}=0$，而在此时，u_I高电平且$u_I>1/3V_{CC}$，电压比较器C_2输出$u_{C_2}=1$，基本SR触发器置0，$Q=0$，$\overline{Q}=1$，输出$u_O=0$。与此同时，三极管V导通，电容C经V迅速放完电，$u_C \approx 0$，电压比较器C_1输出$u_{C_1}=1$，这时基本SR触发器的两个输入信号都为高电平1，保持0状态不变。所以，在稳定状态时，$u_C=0$，$u_O=0$。

（2）触发进入暂稳态。

当输入u_I由高电平U_{IH}跌到小于$1/3V_{CC}$的低电平时，电压比较器C_2输出$u_{C_2}=0$，由于此时$u_C=0$，因此，$u_{C_1}=1$，基本SR触发器被置1，$Q=1$，$\overline{Q}=0$，输出u_O由低电平跌到高电平U_{OH}。同时三极管V截止，这时，电源V_{CC}经R对C充电，电路进入暂稳态。在暂稳态期内输入电压u_I回到高电平。

（3）自动返回稳定状态。

随着C的充电，电容C上的电压u_C逐渐增大。当u_C上升到$u_C \geqslant 2/3V_{CC}$时，比较器C_1的输出$u_{C_1}=0$，由于输入u_I已为高电平，电压比较器C_2输出$u_{C_2}=1$，使基本SR触发器置0，$Q=0$，$\overline{Q}=1$，输出u_O由高电平U_{OH}跌到低电平U_{OL}。同时，三极管V导通，C经V迅速放完电，$u_C=0$，电路返回稳定状态。

单稳态触发器输出的脉冲宽度t_w为暂稳态维持的时间，它实际上为一电容C上的电压由0充到$2/3V_{CC}$所需的时间，可用下式估算：

$$t_w = RC\ln 3 \approx 1.1RC$$

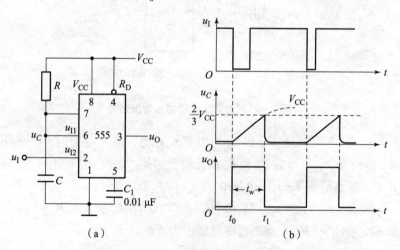

图7-26 用555定时器组成单稳态触发器

(a) 电路图；(b) 波形图

技能训练 7　使用门电路产生脉冲信号

—自激多谐振荡器—

1. 实训目的

（1）掌握使用门电路构成脉冲信号产生电路的基本方法。

（2）掌握影响输出脉冲波形参数的定时元件数值的计算方法。

（3）学习石英晶体稳频原理和使用石英晶体构成振荡器的方法。

2. 实训设备与器件

（1）+5 V 直流电源。

（2）双踪示波器。

（3）数字频率计。

（4）74LS00（或 CC4011）、晶振（32768 Hz）、电位器、电阻、电容若干。

3. 实训内容

（1）用与非门 74LS00 按图 J7 – 1 构成多谐振荡器，其中 R_W 为 10 kΩ 电位器，C 为 0.01 μF。

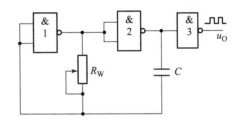

图 J7 – 1　非对称型振荡器

①用示波器观察输出波形及电容 C 两端的电压波形，列表记录之。

②调节电位器观察输出波形的变化，测出上、下限频率。

③用一只 100 μF 电容器跨接在 74LS00 14 脚与 7 脚的最近处，观察输出波形的变化及电源上纹波信号的变化，列表记录之。

（2）用 74LS00 按图 J7 – 2 接线，取 $R = 1$ kΩ，$C = 0.047$ μF，用示波器观察输出波形的变化，列表记录之。

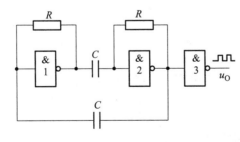

图 J7 – 2　对称型振荡器

（3）用 74LS00 按图 J7 – 3 接线，其中定时电阻 R_W 用一个 510 Ω 与一个 1 kΩ 的电位器串联，取 $R = 100$ Ω，$C = 0.1$ μF。

（4）R_W 调到最大时，观察并记录 A、B、D、E 及 u_O 各点电压的波形，测出 u_O 的周期 T 和负脉冲宽度（电容 C 的充电时间）并与理论计算值比较。

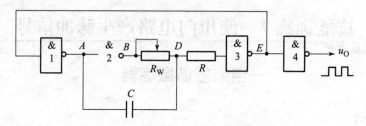

图 J7-3 带有 RC 电路的环形振荡器

（5）改变 R_W 值，观察输出信号 u_O 波形的变化情况。

（6）按图 J7-4 接线，晶振选用电子表晶振（32768 Hz），与非门选用 CC4011，用示波器观察输出波形，用频率计测量输出信号频率，列表记录之。

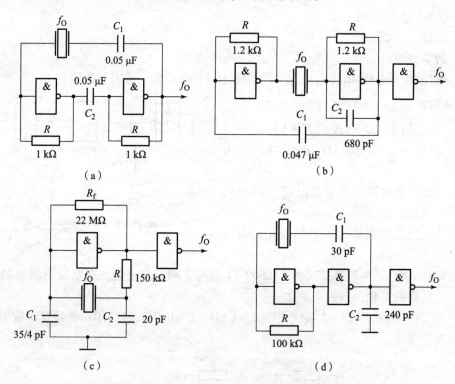

图 J7-4 常用的晶体振荡电路

(a) f_O 为几兆赫兹到几十兆赫兹； (b) f_O = 100 kHz；

(c) f_O = 32 768 Hz = 2^{15} Hz； (d) f_O = 32 768 Hz

4．实训要求

（1）复习自激多谐振荡器的工作原理。

（2）画出实训用的详细实验线路图。

（3）拟好记录实验数据表格等。

5．实训报告

（1）画出实训电路，整理实训数据与理论值进行比较。

(2) 用方格纸画出实训观测到的工作波形图，对实训结果进行分析。

技能训练 8　单稳态触发器与施密特触发器

—脉冲延时与波形整形电路—

1. 实训目的

(1) 掌握使用集成门电路构成单稳态触发器的基本方法。
(2) 熟悉集成单稳态触发器的逻辑功能及其使用方法。
(3) 熟悉集成施密特触发器的性能及其应用。

2. 实训设备与器件

(1) +5 V 直流电源。
(2) 双踪示波器。
(3) 连续脉冲源。
(4) 数字频率计。
(5) CC4011、CC14528、CC40106、2CK15、电位器、电阻、电容若干。

3. 实训内容

(1) 按图 J8-1 接线，输入 1 kHz 连续脉冲，用双踪示波器观测 u_I、u_P、u_A、u_B、u_D 及 u_O 的波形，记录之。

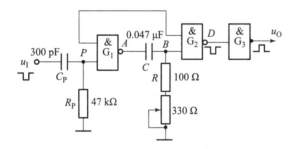

图 J8-1　微分型单稳态触发器

(2) 改变 C 或 R 的值，重复 (1) 的实验内容。
(3) 按图 J8-2 接线，重复 (1) 的实验内容。

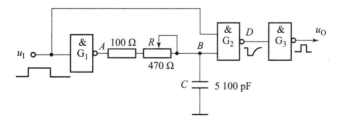

图 J8-2　积分型单稳态触发器

(4) 按图 J8-3 接线，令 v_1 由 0→5 V 变化，测量 u_1、u_2 之值。

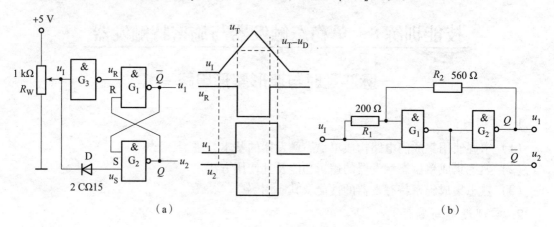

图 J8-3　与非门组成施密特触发器

(a) 由二极管 D 产生回差的电路；(b) 由电阻 R_1、R_2 产生回差的电路

(5) 按图 J8-4 接线，输入 1 kHz 连续脉冲，用双踪示波器观测输入、输出波形，测定 T_1 与 T_2。

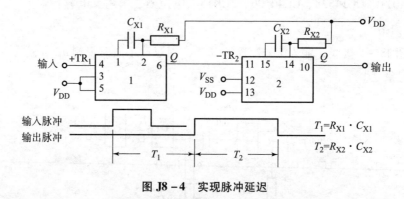

图 J8-4　实现脉冲延迟

(6) 按图 J8-5 接线，用示波器观测输出波形，测定振荡频率。

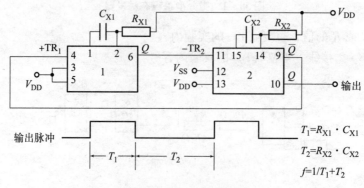

图 J8-5　实现多谐振荡

(7) 按图 J8-6 接线，用示波器观测输出波形，测定振荡频率。

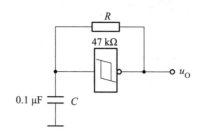

图 J8-6　多谐振荡器

（8）按图 J8-7 接线，构成整形电路，被整形信号可由音频信号源提供，图中串联的 2 kΩ 电阻起限流保护作用。将正弦信号频率置 1 kHz，调节信号电压由低到高观测输出波形的变化。记录输入信号为 0、0.25 V、0.5 V、1.0 V、1.5 V、2.0 V 时的输出波形，记录之。

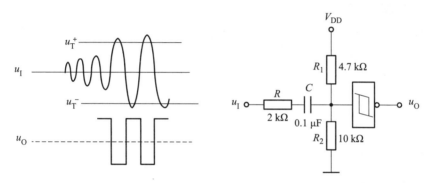

图 J8-7　正弦波转换为方波

（9）按图 J8-8 接线，分别进行实验。

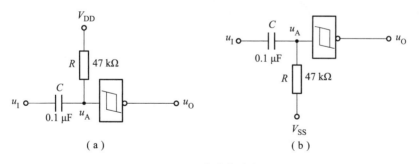

图 J8-8　单稳态触发器

4. 实训要求

（1）复习有关单稳态触发器和施密特触发器的内容。
（2）画出实训用的详细线路图。
（3）拟定各次实训的方法、步骤。
（4）拟好记录实训结果所需的数据、表格等。

5. 实训报告

（1）绘出实训线路图，用方格纸记录波形。

（2）分析各次实训结果的波形，验证有关的理论知识。总结单稳态触发器及施密特触发器的特点及其应用。

技能训练9　555集成时基电路及其应用

1. 实训目的
（1）熟悉555集成时基电路的结构、工作原理及其特点。
（2）掌握555集成时基电路的基本应用。

2. 实训设备与器件
（1）+5 V直流电源。
（2）双踪示波器。
（3）连续脉冲源。
（4）单次脉冲源。
（5）音频信号源。
（6）数字频率计。
（7）逻辑电平显示器。
（8）555×2、2CK13×2、电位器、电阻、电容若干。

3. 实训内容

1）单稳态触发器

（1）按图J9-1连线，取$R=100$ kΩ，$C=47$ μF，输入信号u_I由单次脉冲源提供，用双踪示波器观测u_I、u_C、u_O波形，测定幅度与暂稳时间。

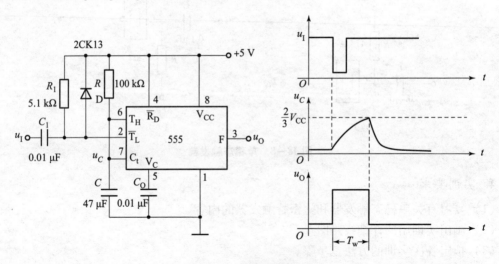

图 J9-1　单稳态触发器

（2）将R改为1 kΩ，C改为0.1 μF，输入端加1 kHz的连续脉冲，观测u_I、u_C、u_O的波形，测定幅度及暂稳时间。

2) 多谐振荡器

（1）按图 J9-2 接线，用双踪示波器观测 u_C 与 u_O 的波形，测定频率。

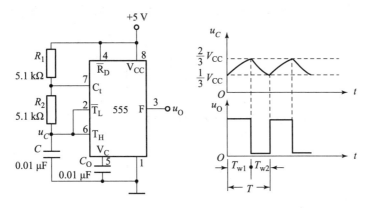

图 J9-2　多谐振荡器

（2）按图 J9-3 接线，组成占空比为 50% 的方波信号发生器。观测 u_C、u_O 的波形，测定波形参数。

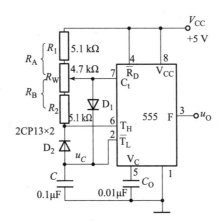

图 J9-3　占空比可调的多谐振荡器

（3）按图 J9-4 接线，通过调节 R_{W1} 和 R_{W2} 来观测输出波形。

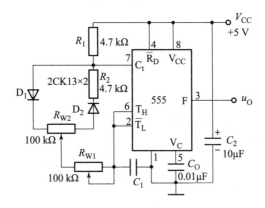

图 J9-4　占空比与频率均可调的多谐振荡器

3）施密特触发器

按图 J9-5 接线，输入信号由音频信号源提供，预先调好 u_S 的频率为 1 kHz，接通电源，逐渐加大 u_S 的幅度，观测输出波形，测绘电压传输特性，算出回差电压 ΔU。

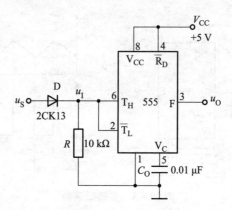

图 J9-5 施密特触发器

4）模拟声响电路

按图 J9-6 接线，组成两个多谐振荡器，调节定时元件，使 Ⅰ 输出较低频率，Ⅱ 输出较高频率，连好线，接通电源，试听音响效果。调换外接阻容元件，再试听音响效果。

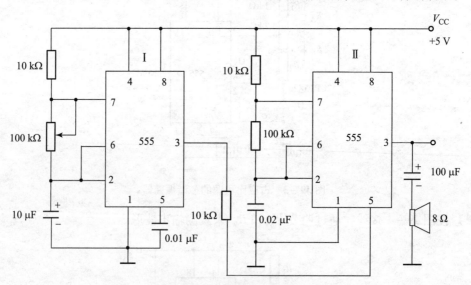

图 J9-6 模拟声响电路

4. 实训要求

（1）复习有关 555 定时器的工作原理及其应用。

（2）拟定实验中所需的数据、表格等。

（3）如何用示波器测定施密特触发器的电压传输特性曲线？

（4）拟定各次实验的步骤和方法。

5. 实训报告

（1）绘出详细的实训线路图，定量绘出观测到的波形。

（2）分析、总结实训结果。

本章小结

1. 多谐振荡器没有稳态，只有两个暂稳态。暂稳态间的相互转换完全靠电路本身电容的充、放电自动完成。因此，不需要外加输入信号，只要接通电源后就能自动输出周期性的矩形脉冲。改变 R、C 定时元件数值的大小，可调节振荡频率。

在振荡频率稳定度要求很高的情况下，可采用石英晶体振荡器。

2. 单稳态触发器有一个稳态和一个暂稳态，其输出脉冲的宽度只取决于电路本身 R、C 定时元件数值，与输入信号没有关系。输入信号只起到触发电路进入暂稳态的作用。单稳态触发器可将输入的触发脉冲变换为宽度和幅度都符合要求的矩形脉冲，还常用于脉冲的定时、整形、展宽等。

集成单稳态触发器，由于其具有温度漂移小、工作稳定度高、脉冲宽度调节范围大、使用灵活方便等优点，所以是一种较为理想的脉冲整形与变换电路。

3. 施密特触发器输出状态只由外来触发电平控制，输出脉冲宽度由输入信号的作用时间决定。由于它的回差特性和电路状态转换的正反馈作用，特别是电路不需要电容，使得输出的电压波形边沿陡峭，比较接近理想的矩形波。

施密特触发器可将任意波形变换成矩形波，还常用来进行幅度鉴别，构成单稳态触发器和多谐振荡器等。

4. 555 定时器是一种多用途的集成电路，只需外接少量阻容元件便可构成多谐振荡器、单稳态触发器、施密特触发器等，还可组成其他各种实用电路。555 定时器具有使用方便、灵活，有较强的负载能力和较高的触发灵敏度。

思考与练习题

7.1 多谐振荡器的主要特点有哪些？

7.2 单稳态振荡器的主要特点有哪些？

7.3 单稳电路在外触发信号作用下，是如何进行电路状态翻转的？

7.4 单稳电路在外触发作用翻转后，为什么能经过一段时间又自动地返回到原状态？

7.5 单稳电路有几种工作状态？哪一种状态是稳定的？哪一种是不稳定的？为什么？

7.6 施密特触发器与单稳态触发器和双稳态触发器相比较区别是什么？

7.7 施密特触发器有哪些用途？在什么情况下要求回差电压大？在什么情况下要求回差电压小？

7.8 什么叫回差？什么叫回差电压？回差电压的大小对施密特触发器的性能有什么影响？

7.9 石英晶体多谐振荡器有哪些特点？

7.10 图 P7-1 所示为反相输出的施密特触发器及输入波形，试对应输入信号画出输出波形。

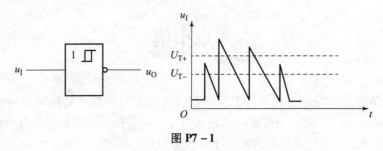

图 P7-1

7.11 图 P7-2 所示为环形振荡器，设每个门的平均传输延迟时间 t_{pd} = 50 ns。当输入 u_I = 0 时，电路能否产生振荡？当 u_I = 1 时，电路有无稳定状态？如电路能产生振荡，其输出脉冲的振荡周期为多少？

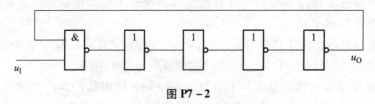

图 P7-2

7.12 图 P7-3 所示为由 CMOS 施密特触发器组成的多谐振荡器。设 V_{DD} = 10 V，U_{T+} = 7 V，U_{T-} = 3 V，R_1 = 3 kΩ，R_2 = 8.2 kΩ，C = 0.01 μF，试求该电路输出脉冲的频率和占空比。

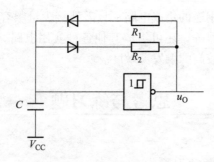

图 P7-3

7.13 试用 555 定时器设计一个振荡频率为 3 kHz，占空比为 80% 的多谐振荡器，并画出电路。

7.14 试用 555 定时器设计一个多谐振荡器，要求输出脉冲的振荡频率为 20 kHz，占空比为 25%，电源电压 V_{CC} = 10 V，画出电路并计算外接阻容元件的数值。

7.15 如图 P7-4 所示，带 RC 电路的多谐振荡器中，R_1 和 R_2 电阻有何作用？它们的阻值是否有限制？

7.16 如果改变图 P7-4 电路中的电容 C_1 值，各点波形值是否有变化？为什么？

7.17 在题图 P7-4 电路中，所用的门均为 TTL 与非门 7MY14，R_1 = 510Ω，R_2 =

120Ω,$C_1 = 2\,000$ pF。

(1) 请定性地画出 a、b、c、d、e、f 各点电压的波形。

(2) 计算出该电路的振荡周期 T 和振荡频率 f。

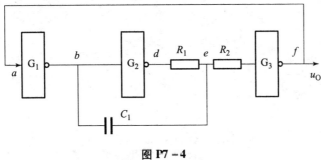

图 P7-4

7.18 试确定图 P7-5 微分单稳态的最高工作频率。

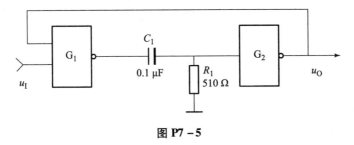

图 P7-5

第 8 章

数模和模数转换器的应用

学习目标

（1）理解 D/A 转换器、A/D 转换器电路的工作过程。
（2）理解 D/A 转换器、A/D 转换器的电路组成。
（3）掌握 D/A 转换器、A/D 转换器的应用。

能力目标

能够应用 D/A 转换器、A/D 转换器。

在电子系统中，经常用到数字量与模拟量的相互转换。如工业生产过程中的湿度、压力、温度、流量，通信过程中的语言、图像、文字等物理量需要转换为数字量，才能由计算机处理；而计算机处理后的数字量也必须再还原成相应的模拟量，才能实现对模拟系统的控制，数字音像信号如果不还原成模拟音像信号就不能被人们的视觉和听觉系统接收。因此，数模转换器和模数转换器是沟通模拟电路和数字电路的桥梁，也可称之为两者之间的接口，是数字电子技术的重要组成部分。

8.1 概　　述

在实际控制系统中采用的计算机所要加工、处理的信号可以分为模拟量（Analog）和数字量（Digit）两种类型，为了能用计算机对模拟量进行采集、加工和输出，就需要把模拟量（如温度、光强、压力、速度、流量等）转换成便于计算机存储和加工的数字量（称为 A/D 转换）送入计算机进行处理，同样经过计算机处理后的数字量所产生的结果依然是数字量，要对外部设备实现控制必须将数字量转换成模拟量（称为 D/A 转换），因此，D/A 转换与 A/D 转换是计算机用于多媒体、工业控制等领域的一项重要技术。

完成 A/D 转换的电路称 A/D 转换器（简称 ADC）；从数字信号到模拟信号的转换称为数/模转换（又称 D/A 转换），完成 D/A 转换的电路称 D/A 转换器（简称 DAC）。A/D、D/A 转换器在微机控制系统中应用非常广泛，A/D 转换器位于微机控制系统的前向通道，D/A 转换器位于微机控制系统的后向通道。

用计算机对生产过程进行实时控制，其控制过程原理框图如图 8-1 所示。利用 A/D 转换器把由传感器采集来的模拟信号转换成为数字信号，送入计算机处理，当计算机处理完数据后，把结果或控制信号输出，由 D/A 转换器转换成模拟信号，送入执行元件，对控制对象进行控制。可见，ADC 和 DAC 是数字系统和模拟系统相互联系的桥梁，是数字系统的重要组成部分。

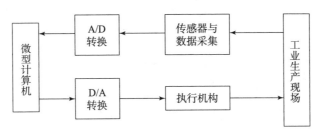

图 8-1　计算机对生产过程进行实时控制原理示意图

8.2　数/模转换器（DAC）

8.2.1　D/A 转换器的基本工作原理

D/A 转换器用于将输入的二进制数字量转换为与该数字量成比例的电压或电流。A/D 转换的原理有多种，但功能相同，下面以倒 T 型电阻网络 D/A 转换器为例，介绍其工作原理。

8.2.2　倒 T 型电阻网络 DAC

倒 T 型电阻网络 DAC 的组成框图如图 8-2 所示，数据锁存器用来暂时存放输入的数字

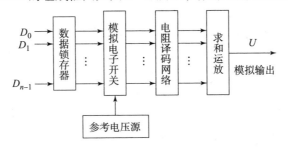

图 8-2　DAC 的组成框图

量,这些数字量控制模拟电子开关,将参考电压源 U_{REF} 按位切换到电阻译码网络中变成加权电流,然后经运放求和输出相应的模拟电压,完成 D/A 转换过程。

图 8-3 所示为一个四位倒 T 型电阻网络 DAC 电路原理图(按同样结构可将它扩展到任意位),它由数据锁存器(图中未画)、模拟电子开关(S)、$R-2R$ 倒 T 型电阻网络、运算放大器(A)及基准电压组成。

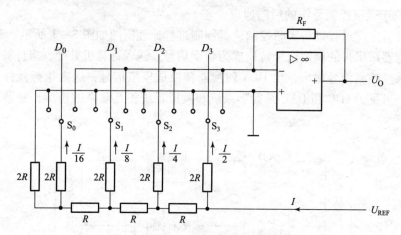

图 8-3 四位倒 T 型电阻网络 DAC 电路原理图

模拟电子开关 S_3、S_2、S_1、S_0 分别受数据锁存器输出的数字信号 D_3、D_2、D_1、D_0 控制。当某位数字信号为 1 时,相应的模拟电子开关接至运算放大器的反相输入端(虚地);若为 0 则接同相输入端(接地)。

图 8-3 所示电路从 U_{REF} 向左看,其等效电路如图 8-4 所示,等效电阻为 R,因此总电流 $I = U_{REF}/R$。

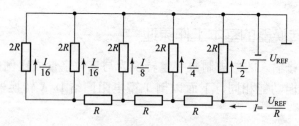

图 8-4 倒 T 型电阻网络简化等效电路

流入每个 $2R$ 电阻的电流从高位到低位依次为 $I/2$、$I/4$、$I/8$、$I/16$,流入运算放大器反相输入端的电流为

$$I_\Sigma = D_3 \frac{I}{2} + D_2 \frac{I}{4} + D_1 \frac{I}{8} + D_0 \frac{I}{16}$$

$$= \frac{U_{REF}}{2^4 R}(D_3 \times 2^3 + D_2 \times 2^2 + D_1 \times 2^1 + D_0 \times 2^0)$$

所以运算放大器的输出电压为

$$U_O = -I_\Sigma R_F = -\frac{U_{REF} R_F}{2^4 R}(D_3 \times 2^3 + D_2 \times 2^2 + D_1 \times 2^1 + D_0 \times 2^0)$$

若 $R_F = R$，则有 $U_O = -\dfrac{U_{REF}}{2^n}(D_{n-1} \times 2^{n-1} + D_{n-2} \times 2^{n-2} + \cdots + D_1 \times 2^1 + D_0 \times 2^0)$

推广到 n 位 DAC，则有 $U_O = -\dfrac{U_{REF}}{2^n}(D_{n-1} \times 2^{n-1} + D_{n-2} \times 2^{n-1} + \cdots + D_1 \times 2^1 + D_0 \times 2^0)$

例 8 – 1 如图 8 – 3 所示，若 $U_{REF} = 10$ V，$D_3D_2D_1D_0$ 分别对应为 1010、0110 和 1100 时，求输出电压值。($D_3D_2D_1D_0$ 对应为 0110 和 1100 时自行练习。)

解：当 $D_3D_2D_1D_0 = 1010$ 时

$$\begin{aligned}U_O &= \dfrac{U_{REF}}{2^4}(D_3 \times 2^3 + D_2 \times 2^2 + D_1 \times 2^1 + D_0 \times 2^0)\\ &= -\dfrac{10}{2^4}(2^3 + 2^1)\\ &= -\dfrac{10}{16} \times 10\\ &= -6.25 \text{ (V)}\end{aligned}$$

8.2.3 DAC 的主要技术指标

目前 DAC 的种类比较多，制作工艺也不相同，按输入字长可分为 8 位、10 位、12 位及 16 位等；按输出形式可分为电压型和电流型等；按结构可分为带有数据锁存器和无数据锁存器两类。不同类型的 DAC 在性能上的差异较大，适用的场合也不尽相同。因此，清楚 DAC 的一些技术参数是十分必要的。以下介绍 DAC 的一些主要技术指标：

1. 分辨率

DAC 的分辨率是反映 DAC 输出模拟电压的最小变化量。它与 D/A 转换器能够转换的二进制位数 n 有关。

$$\text{分辨率} = \dfrac{1}{2^n - 1}$$

它表示输出满量程电压与 2^n 的比值。例如，具有 12 位分辨率的 DAC，如果转换后满量程电压为 5 V，则它所能分辨的最小电压为

$$U = \dfrac{5}{2^{12}} = \dfrac{5}{4\,096} = 1.22 \text{ (mV)}$$

可见，n 越大，分辨最小输出电压的能力越强，分辨率就越高。

2. 转换精度

转换精度是指 DAC 在整个工作区间实际输出的模拟电压值与理论输出的模拟电压值之差。显然，这个差值越小，电路的转换精度越高。

3. 建立时间（转换速度）

建立时间是指 DAC 从输入数字信号开始到输出模拟电压或电流达到稳定值时所用的时间。

8.2.4 集成 DAC 举例

DAC0832 是常用的集成 DAC，它是用 CMOS 工艺制成的双列直插式单片八位 DAC，可

以直接与 Z80、8080、8085、MCS51 等微处理器相连接。其主要特性：
（1）分辨率为 8 位。
（2）电流稳定时间 1 μs。
（3）可工作于单缓冲、双缓冲、直通等工作方式下。
（4）只需在满量程下调整其线性度。
（5）单一电源供电（+5 V ~ +15 V）。
（6）低功耗（20 mW）。

集成 DAC0832 的内部结构和管脚排列如图 8 – 5 所示。

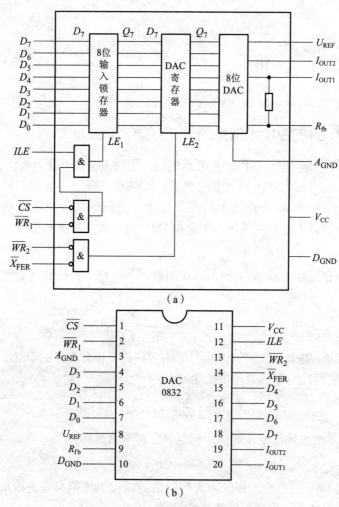

图 8 – 5 集成 DAC0832 的内部结构和管脚排列
(a) 内部结构；(b) 管脚排列

DAC0832 主要由一个八位输入寄存器、一个八位 DAC 寄存器和一个八位 D/A 转换器三大部分组成。它有两个分别控制的数据寄存器，可以实现两次缓冲，所以使用时有较大的灵活性，可根据需要接成不同的工作方式。DAC0832 中采用的是倒 T 型 $R-2R$ 电阻网络，无运算放大器，是电流输出，使用时需外接运算放大器。芯片中已经设置了 R_{fb}，只要将 9 号管脚接到运算放大器输出端即可。但若运算放大器增益不够，还需外接反馈电阻。

DAC0832 芯片上各管脚的名称和功能说明如下：

$\overline{CS}$：片选信号，输入低电平有效。

ILE：输入锁存允许信号，输入高电平有效。

$\overline{WR_1}$：输入数据写选通信号，输入低电平有效。当$\overline{WR_1}$与$\overline{CS}$同时有效时，将输入数据装入输入寄存器。

$\overline{WR_2}$：DAC 寄存器写选通信号，输入低电平有效。当$\overline{WR_2}$与$\overline{X_{FER}}$同时有效时，将输入寄存器的数据装入 DAC 寄存器。

$\overline{X_{FER}}$：数据传送控制信号，输入低电平有效。

$D_0 \sim D_7$：八位输入数据信号。

I_{OUT1}：DAC 输出电流 1，与数字量的大小成正比。此输出信号一般作为运算放大器的一个差分输入信号（一般接反相端）。

I_{OUT2}：DAC 输出电流 2，与数字量的反码成正比。

R_{fb}：反馈电阻输入引脚，反馈电阻在芯片内部，可与运算放大器的输出直接相连。

U_{REF}：基准电源的输入。

V_{CC}：数字部分的电源输入端，可在 +5 V 到 +15 V 范围内选取。

D_{GND}：数字电路地。

A_{GND}：模拟电路地。

结合图 8 – 5（a）可以看出 A/D 转换器进行各项功能时，对控制信号电平的要求如表 8 – 1 所示。

表 8 – 1

功能	$\overline{CS}$	ILE	$\overline{WR_1}$	$\overline{X_{FER}}$	$\overline{WR_2}$	说明
数据 $D_7 \sim D_0$ 输入到输入锁存器	0	1	×			$WR_1 = 0$ 时存入数据 $WR_1 = 1$ 时锁定
数据从输入锁存器传送到 DAC 寄存器				0	×	$WR_2 = 0$ 时存入数据 $WR_2 = 1$ 时锁定
从输出端输出模拟量						无控制信号，随时可取

由图 8 – 5（a）可知各控制信号的作用，下面对表 8 – 1 进行说明：

（1）输入锁存器的锁存信号 LE_1 由 ILE、$\overline{WR_1}$、$\overline{CS}$ 的逻辑组合产生。当 ILE 为高电平、$\overline{CS}$ 为低电平、$\overline{WR_1}$ 输入负脉冲时在 LE_1 上产生正脉冲，输入锁存器的状态随数据线的状态变化，LE_1 回到低电平时，将数据信息在输入锁存器中锁存。

（2）DAC 寄存器锁存信号 LE_2 由 $\overline{X_{FER}}$、$\overline{WR_2}$ 的逻辑组合产生。当 $\overline{X_{FER}}$ 为低电平，$\overline{WR_2}$ 输入负脉冲时，在 LE_2 产生正脉冲，DAC 寄存器和输入锁存器的状态一致，当 LE_2 回到低电平时，输入寄存器的内容在 DAC 寄存器中锁存。

（3）进入 DAC 寄存器的数据送入 D/A 转换器转换成模拟信号，且随时可读取。

DAC0832 在不同信号组合的控制下可实现三种工作方式：双缓冲器型、单缓冲器型和直通型，如图 8 – 6 所示。

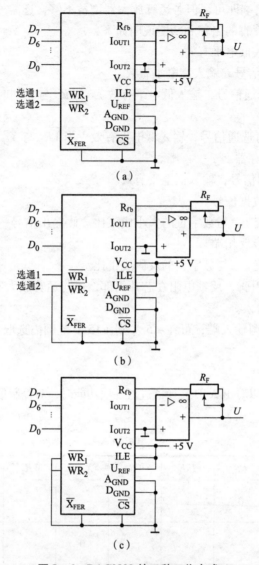

图 8-6 DAC0832 的三种工作方式
(a) 双缓冲器型;(b) 单缓冲器型;(c) 直通型

① 双缓冲器方式,如图 8-6 (a) 所示:首先,给 $\overline{WR_1}$ 一个负脉冲信号,将输入数据先锁存在输入寄存器中。当需要 D/A 转换时,再给 $\overline{WR_2}$ 一个负脉冲信号,将数据送入 DAC 寄存器中并进行转换,这种工作方式称为两级缓冲方式。

② 单缓冲器方式:如图 8-6 (b) 所示,$\overline{WR_2}$ 接地,使 DAC 寄存器处于常通状态,当需要 D/A 转换时,给 $\overline{WR_1}$ 一个负脉冲,使输入数据经输入寄存器直接存入 DAC 寄存器中并进行转换。这种工作方式称为单缓冲方式,即通过控制一个寄存器的锁存,达到使两个寄存器同时选通及锁存。

③ 直通方式:如图 8-6 (c) 所示,$\overline{WR_1}$ 和 $\overline{WR_2}$ 都接地,两个寄存器都处于常通状态,输入数据直接经两寄存器到 DAC 进行转换,故这种工作方式称为直通方式。

实际应用时,要根据控制系统的要求来选择工作方式。

8.3 模/数转换器(ADC)

8.3.1 ADC 的基本工作原理

A/D 转换器的功能是把模拟量转换为数字量,转换过程通过取样、保持、量化和编码四个步骤完成。模拟信号的大小随着时间不断地变化,为了通过转换得到确定的值,对连续变化的模拟量要按一定的规律和周期取出其中的某一瞬时值进行转换,这个值称为采样值。采样频率一般要高于或至少等于输入信号最高频率的 2 倍,实际应用中采样频率可以达到信号最高频率的 4~8 倍。对于变化较快的输入模拟信号,A/D 转换前可采用采样保持器,使得在转换期间保持固定的模拟信号值。相邻两次采样的间隔时间称为采样周期。为了使输出量能充分反映输入量的变化情况,采样周期要根据输入量变化的快慢来决定,而一次 A/D 转换所需要的时间显然必须小于采样周期。

1. 取样和保持

取样(又称抽样或采样)是将时间上连续变化的模拟信号转换为时间上离散的模拟信号,即转换为一系列等间隔的脉冲。其过程如图 8-7 所示,U_I 为模拟输入信号,CP 为取样信号,U_O 为取样后输出信号。

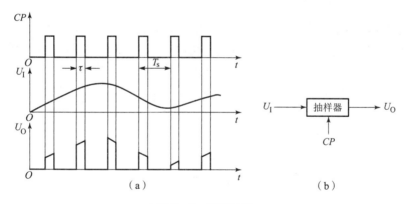

图 8-7 取样过程

取样电路实质上是一个受控开关。在取样脉冲 CP 有效期 τ 内,取样开关接通,使 $U_O = U_I$;在其他时间 $(T_s - \tau)$ 内,输出 $U_O = 0$。因此,每经过一个取样周期,在输出端便得到输入信号的一个取样值。

为了不失真地用取样后的输出信号 U_O 来表示输入模拟信号 U_I,取样频率 f_s 必须满足 $f_s \geq 2f_{max}$(此式为取样定理)。其中,f_{max} 为输入信号 U_I 的上限频率(即最高次谐波分量的频率)。

ADC 把取样信号转换成数字信号需要一定的时间,需要将这个断续的脉冲信号保持一定时间以便进行转换。图 8-8(a)所示为一种常见的取样-保持电路,它由取样开关、保持电容和缓冲放大器组成。

在图 8-8(a)中,利用场效应管作模拟开关,在取样脉冲 CP 到来的时间 τ 内,开关

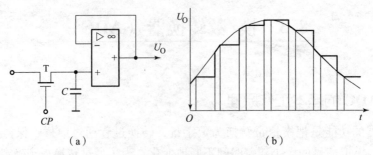

图 8-8 取样-保持电路和输入输出波形

(a) 电路；(b) 输入输出波形

接通，输入模拟信号 $U_1(t)$ 向电容 C 充电，当电容 C 的充电时间常数为 t_C 时，电容 C 上的电压在时间 τ 内跟随 $U_1(t)$ 变化。取样脉冲结束后，开关断开，因电容的漏电很小且运算放大器的输入阻抗又很高，所以电容 C 上电压可保持到下一个取样脉冲到来为止。运算放大器构成跟随器，具有缓冲作用，以减小负载对保持电容的影响。在输入一连串取样脉冲后，输出电压 $U_0(t)$ 波形如图 8-8(b) 所示。

2. 量化和编码

输入的模拟信号经取样-保持后，得到的是阶梯形模拟信号。必须将阶梯形模拟信号的幅度等分成 n 级，每级规定一个基准电平值，然后将阶梯电平分别归并到最邻近的基准电平上。

两种量化编码方法的比较，称为量化。量化中的基准电平称为量化电平，取样保持后未量化的电平 U_0 值与量化电平 U_q 值之差称为量化误差 δ，即 $\delta = U_0 - U_q$。量化的方法一般有两种：只舍不入法和有舍有入法（或称四舍五入法）。用二进制数码来表示各个量化电平的过程称为编码。图 8-9 所示为两种不同的量化编码方法。

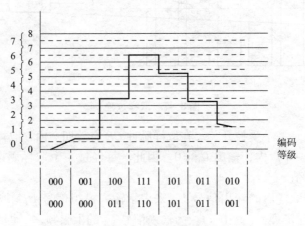

图 8-9 两种不同的量化编码方法

ADC 可分为直接 ADC 和间接 ADC 两大类。在直接 ADC 中，输入模拟信号直接被转换成相应的数字信号，如计数型 ADC、逐次逼近型 ADC 和并行比较型 ADC 等，其特点是工作速度快，转换精度容易保证，调准也比较方便。而在间接 ADC 中，输入模拟信号先被转换成某种中间变量（如时间、频率等），然后再将中间变量转换为最后的数字量，如单次积分型 ADC、双积分型 ADC 等，其特点是工作速度较慢，但转换精度可以做得较高且抗干扰性强，一般在测试仪表中用得较多。下面介绍常用的逐次逼近型 ADC 和一种常用的集成电路组件。

8.3.2 逐次逼近型 ADC

逐次逼近型 ADC 的结构框图如图 8-10 所示，包括四个部分：比较器、DAC、寄存器和控制电路。

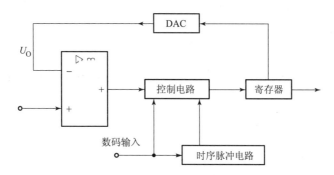

图 8-10 逐次逼近型 ADC 的结构框图

逐次逼近型 ADC 是将大小不同的参考电压与输入模拟电压逐步进行比较，比较结果以相应的二进制代码表示。转换前先将寄存器清零；转换开始后，控制逻辑将寄存器的最高位置为 1，使其输出为 100…0。这个数码被 D/A 转换器转换成相应的模拟电压 U_0，送到比较器与输入 U_1 进行比较。若 $U_0 > U_1$，说明寄存器输出数码过大，故将最高位的 1 变成 0，同时将次高位置 1；若 $U_0 \leq U_1$，说明寄存器输出数码还不够大，则应将这一位的 1 保留，以此类推将下一位置 1 进行比较，直到最低位为止。

例 8-2 一个四位逐次逼近型 ADC 电路，输入满量程电压为 5 V，现加入的模拟电压 $U_1 = 4.58$ V。求：

(1) ADC 输出的数字是多少？
(2) 误差是多少？

解：(1) 第一步：使寄存器的状态为 1000，送入 DAC，由 DAC 转换为输出模拟电压

$$U_0 = \frac{U_m}{2} = \frac{5}{2} = 2.5 \text{ (V)}$$

因为 $U_0 < U_1$，所以寄存器最高位的 1 保留。

第二步：寄存器的状态为 1100，由 DAC 转换输出的电压

$$U_0 = \left(\frac{1}{2} + \frac{1}{4}\right)U_m = 3.75 \text{ (V)}$$

因为 $U_0 < U_1$，所以寄存器次高位的 1 也保留。

第三步：寄存器的状态为 1110，由 DAC 转换输出的电压

$$U_0 = \left(\frac{1}{2} + \frac{1}{4} + \frac{1}{8}\right)U_m = 4.38 \text{ (V)}$$

因为 $U_0 < U_1$，所以寄存器第三位的 1 也保留。

第四步：寄存器的状态为 1111，由 DAC 转换输出的电压

$$U_O = \left(\frac{1}{2} + \frac{1}{4} + \frac{1}{8} + \frac{1}{16}\right)U_m = 4.69 \text{ (V)}$$

因为 $U_O > U_I$，所以寄存器最低位的 1 去掉，只能为 0，所以，ADC 输出数字量为 1110。

(2) 转换误差为

$$4.58 - 4.38 = 0.2 \text{ (V)}$$

逐次逼近型 ADC 的数码位数越多转换结果越精确，但转换时间也越长。这种电路完成一次转换所需时间为 $(n+2)T_{CP}$。式中，n 为 ADC 的位数，T_{CP} 为时钟脉冲周期。

8.3.3 ADC 的主要技术指标

1. 分辨率

ADC 的分辨率指 A/D 转换器对输入模拟信号的分辨能力。常以输出二进制码的位数 n 来表示。

$$分辨率 = \frac{1}{2^n}FSR$$

式中，FSR 为输入的满量程模拟电压。

2. 转换速度

转换速度是指完成一次 A/D 转换所需的时间。转换时间是从接到模拟信号开始，到输出端得到稳定的数字信号所经历的时间。转换时间越短，说明转换速度越快。

3. 相对精度

在理想情况下，所有的转换点应在一条直线上。相对精度是指实际的各个转换点偏离理想特性的误差，一般用最低有效位来表示。

8.3.4 集成 ADC 举例

ADC0809 是常见的集成 ADC。它是由美国 NS 公司生产的，采用 CMOS 工艺制成的八位八通道单片 A/D 转换器，采用逐次逼近型 ADC，片内有三态输出缓冲器，可以直接与微机总线相连接。该芯片有较高的性价比，适用于对精度和采样速度要求不高的场合或一般的工业控制领域。由于其价格低廉，便于与微机连接，因而应用十分广泛。

ADC0809 主要技术指标：

(1) 分辨率为 8 位。

(2) 总的非调整误差为 ±1 LSB。

(3) 增益温度系数为 0.02%。

(4) 低功耗电量为 20 mW。

(5) 单电源 +5 V 供电，基准电压由外部提供，典型值为 +5 V，此时允许模拟量输入范围为 0~5 V。

(6) 转换速度约 1 μs，转换时间为 100 μs（时钟频率为 640 kHz）。

(7) 具有锁存控制功能的八路模拟开关，能对八路模拟电压信号进行转换。

(8) 输出电平与 TTL 电平兼容。

ADC0809 的结构框图及管脚排列图如图 8-11 所示。它由 8 选 1 模拟开关、地址锁存与译码器、ADC、三态输出锁存缓冲器组成。

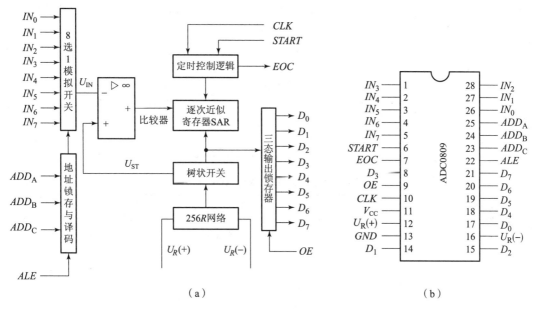

图 8-11 ADC0809 的结构框图及管脚排列
（a）结构框图；（b）管脚排列图

芯片上各引脚的名称和功能如下：

$IN_0 \sim IN_7$：八路单端模拟输入电压的输入端。

$U_R(+)$、$U_R(-)$：基准电压的正、负极输入端。由此输入基准电压，其中心点应在 $U_{CC}/2$ 附近，偏差不应超过 0.1 V。

START：启动脉冲信号输入端。当需启动 A/D 转换过程时，在此端加一个正脉冲，脉冲的上升沿将所有的内部寄存器清零，下降沿时开始 A/D 转换过程。

ADD_A、ADD_B、ADD_C：模拟输入通道的地址选择线。

ALE：地址锁存允许信号，高电平有效。当 ALE = 1 时，将地址信号有效锁存，并经译码器选中其中一个通道。

CLK：时钟脉冲输入端。

$D_0 \sim D_7$：转换器的数码输出线，D_7 为高位，D_0 为低位。

OE：输出允许信号，高电平有效。当 OE = 1 时，打开输出锁存器的三态门，将数据送出。

EOC：转换结束信号，高电平有效。在 START 信号上升沿之后 1~8 个时钟周期内，EOC 信号输出变为低电平，标志转换器正在进行转换，当转换结束，所得数据可以读出时，EOC 变为高电平，作为通知接收数据的设备取该数据的信号。

结合图 8-11 电路框图可作 ADC0809 的工作时序图，如图 8-12 所示。

实际应用中的 ADC 还有很多种，读者可根据需要选择模拟输入量程、数字量输出位数均合适的 A/D 转换器。现将常见集成 ADC 列于表 8-2 中。

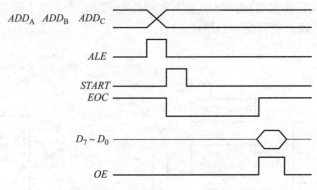

图 8-12 ADC0809 工作时序图

表 8-2 常见集成 ADC

类型	功能说明
ADC0801、ADC0802、ADC0803、ADC0831、ADC0832、ADC0834	8 位 A/D 转换器
ADC10061、ADC10062	10 位 A/D 转换器
ADC10731、ADC10734	11 位 A/D 转换器
AD7880、AD7883	12 位 A/D 转换器
AD7884、AD7885	16 位 A/D 转换器

技能训练 10 A/D 和 D/A 转换器的应用

1. 实训目的

(1) 了解 D/A 和 A/D 转换器的基本工作过程和基本结构。

(2) 掌握大规模集成 D/A 和 A/D 转换器的功能及其典型应用。

2. 实训设备及器件

(1) +5 V、±15 V 直流电源。

(2) 双踪示波器。

(3) 计数脉冲源。

(4) 逻辑电平开关。

(5) 逻辑电平显示器。

(6) 直流数字电压表。

(7) DAC0832、ADC0809、μA741、电位器、电阻、电容若干。

3. 实训内容

1) D/A 转换器——DAC0832

(1) 按图 J10-1 接线,电路接成直通方式,即 $\overline{CS}$、$\overline{WR_1}$、$\overline{WR_2}$、$\overline{X_{FER}}$ 接地;ALE、V_{CC}、V_{REF} 接 +5 V 电源;运放电源接 ±15 V;$D_0 \sim D_7$ 接逻辑开关的输出插口,输出端 V_0 接直流数字电压表。

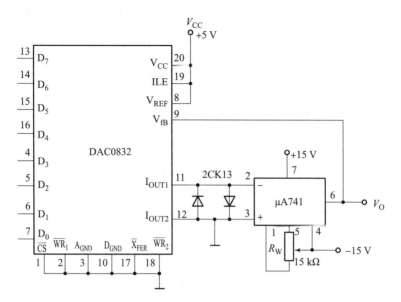

图 J10-1 D/A 转换器实训线路

(2) 调零，令 $D_0 \sim D_7$ 全置零，调节运放的电位器使 μA741 输出为零。

(3) 按表 J10-1 所列的输入数字信号，用数字电压表测量运放的输出电压 V_O，并将测量结果填入表中，并与理论值进行比较。

表 J10-1

输入数字量								输出模拟量 V_O/V
D_7	D_6	D_5	D_4	D_3	D_2	D_1	D_0	$V_{CC} = +5$ V
0	0	0	0	0	0	0	0	
0	0	0	0	0	0	0	1	
0	0	0	0	0	0	1	0	
0	0	0	0	0	1	0	0	
0	0	0	0	1	0	0	0	
0	0	0	1	0	0	0	0	
0	0	1	0	0	0	0	0	
0	1	0	0	0	0	0	0	
1	0	0	0	0	0	0	0	
1	1	1	1	1	1	1	1	

2) A/D 转换器——ADC0809

按图 J10-2 接线。

(1) 八路输入模拟信号 1～4.5 V，由 +5 V 电源经电阻 R 分压组成；变换结果 $D_0 \sim D_7$ 接逻辑电平显示器输入插口，CP 时钟脉冲由计数脉冲源提供，取 $f = 100$ kHz；$A_0 \sim A_2$ 地址端接逻辑电平输出插口。

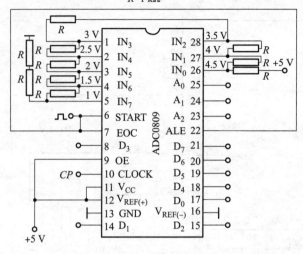

图 J10－2　ADC0809 实训线路

（2）接通电源后，在启动端（START）加一正单次脉冲，下降沿一到即开始 A/D 转换。

（3）按表 J10－2 的要求观察，记录 $IN_0 \sim IN_7$ 八路模拟信号的转换结果，并将转换结果换算成十进制数表示的电压值，并与数字电压表实测的各路输入电压值进行比较，分析误差原因。

4．实训要求

（1）复习 A/D、D/A 转换的工作过程。

（2）熟悉 ADC0809、DAC0832 各引脚功能及使用方法。

（3）绘好完整的实训线路和所需的实训记录表格。

（4）拟定各个实训内容的具体实训方案。

表 J10－2

被选模拟通道	输入模拟量	地址			输出数字量							
IN	V_1/V	A_2	A_1	A_0	D_7	D_6	D_5	D_4	D_3	D_2	D_1	D_0	十进制
IN_0	4.5	0	0	0									
IN_1	4.0	0	0	1									
IN_2	3.5	0	1	0									
IN_3	3.0	0	1	1									
IN_4	2.5	1	0	0									
IN_5	2.0	1	0	1									
IN_6	1.5	1	1	0									
IN_7	1.0	1	1	1									

5. 实训报告

整理实训数据，分析实训结果。

本章小结

A/D 和 D/A 转换器是现代数字系统中的重要组成部分，应用日益广泛。A/D 转换按工作原理主要分为并行 A/D、逐次逼近 A/D 及双积分 A/D 等。不同的 A/D 转换方式具有各自的特点。在要求速度快的情况下，可以采用并行 ADC；在要求精度高的情况下，可以采用双积分 ADC；逐次逼近 ADC 在一定程度上兼顾了以上两种转换器的优点。D/A 转换器根据工作原理基本上分为权电阻网络 D/A 转换和 T 型电阻网络 D/A 转换。由于倒 T 型电阻网络 D/A 转换只要求两种阻值的电阻，因此在集成 D/A 转换器中得到了广泛的应用。

目前，常用的集成 ADC 和 DAC 种类很多，其发展趋势是高速度、高分辨率、易与计算机接口，以满足各个领域对信息处理的要求。

思考与练习题

8.1 常见的 A/D 转换器有几种？其特点分别是什么？

8.2 常见的 D/A 转换器有几种？其特点分别是什么？

8.3 为什么 A/D 转换需要采样、保持电路？

8.4 若一理想的六位 DAC 具有 10 V 的满刻度模拟输出，当输入为自然加权二进制码"100100"时，此 DAC 的模拟输出为多少？

8.5 若一理想的三位 ADC 满刻度模拟输入为 10 V，当输入为 7 V 时，求此 ADC 采用自然二进制编码时的数字输出量。

8.6 在图 8-3 所示电路中，当 $U_{REF} = 10$ V，$R_F = R$ 时，若输入数字量 $D_3 = 0$，$D_2 = 1$，$D_1 = 1$，$D_0 = 0$，则各模拟开关的位置和输出 U_O 为多少？

8.7 试画出 DAC0832 工作于单缓冲方式的引脚接线图。

半导体存储器及其应用

学习目标

(1) 理解只读存储器（ROM）的工作过程和使用方法。
(2) 理解 SRAM 和 DRAM 的工作原理和使用方法。
(3) 掌握存储容量扩展及连接方法。
(4) 理解用存储器设计组合逻辑电路的概念。

能力目标

(1) 能够对只读存储器（ROM）、随机存储器（RAM）的存储容量进行扩展。
(2) 能够用存储器实现组合逻辑函数。

本章系统地介绍了各种半导体存储器的工作原理和使用方法。在只读存储器（ROM）中，逐一介绍掩模存储器、可编程只读存储器、可擦除的可编程只读存储器等不同类型 ROM 的工作原理和特点。在随机存储器（RAM）中，介绍随机存储器的结构和工作原理，还讲述了存储器的扩展方法。

9.1 概 述

半导体存储器是一种能存储大量二进制信息的半导体器件。
半导体存储器具有集成度高、存储密度大、速度快、功耗低、体积小和使用方便等特点，是计算机和其他数字系统不可缺少的组成部分。
半导体存储器的种类很多，从制造工艺上分，有双极型和 MOS 型两种。双极型存储器采用双极型触发器作为基本存储单元,具有工作速度快、功率大的特点,适用于高速应用场合。MOS 型存储器采用 MOS 触发器或电荷存储器件作为基本存储单元,具有集成度高、功耗低的特点,适用于大容量存储系统。

从存储信息方式上分,有只读存储器(Read – only Memory,ROM)和随机存储器(Random Access Memory,RAM)两大类。ROM 在正常工作时只能读取数据,不能随时修改和写入数据。ROM 的信息是在制造时或用专门的写入装置写入的,可以长期保存,断电后也不会消失,因此也称为非易失性存储器。ROM 又可以分为掩模 ROM、可编程 ROM 和可擦除可编程 ROM。RAM 在正常工作中可以随时写入或读取数据,并且断电后存储数据会消失,属于易失性存储器。RAM 分为静态 RAM 和动态 RAM。

按照数据输入、输出方式还可以分为串行存储器和并行存储器两大类。串行存储器输入数据或输出采用串行方式,芯片引脚数少;而并行存储器中数据输入或输出采用并行方式,工作速度快。

存储器的存储容量和存取时间是反映系统性能的两个重要指标。存储容量反映存储器能够存储的二进制数据或信息的多少。存储时间决定存储器的工作速度,用读/写周期来描述,周期越短,即存取时间越短,存储器的工作速度就越快。

9.2 只读存储器(ROM)

只读存储器(ROM)主要由地址译码器、存储矩阵和输出缓冲器三部分组成,其基本结构如图 9 – 1 所示。

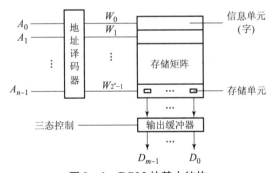

图 9 – 1 ROM 的基本结构

存储器矩阵是存放信息的主体,它由许多存储单元排列组成。每个存储单元存放一位二值代码(0 或 1),若干个存储单元组成一个"字"(也称一个信息单元)。地址译码器内有 n 条地址译码输入线 $A_0 \sim A_{n-1}$,2^n 条译码输出线,每一条译码器输出线称为"字线",它与存储矩阵中的一个"字"相对应。因此,每当给定一组输入地址时,译码器只有一条输出字线 W_i 选中,该字线可以在存储矩阵中找到一个相应的"字",并将字中的 m 位信息 $D_{m-1} \sim D_0$ 送至输出缓冲器,读出 $D_{m-1} \sim D_0$ 的每条数据。输出线 D_i 也称为"位线",每个字中信息的位数称为"字长"。

ROM 的存储单元可以用二极管构成,也可以用双极型三极管或 MOS 管构成。存储器的容量用存储单元的数目来表示,写成"字数乘位数"的形式。对于图 9 – 1 的存储矩阵有 2^n

个字,每个字的字长为 m,因此整个存储器的存储容量为 $2^n \times m$ 位。存储容量也习惯用 K (1K =1 024) 为单位来表示,例如,1K×4、2K×8 和 64K×1 的存储器,其容量分别为 1 024×4 位、2 048×8 位和 65 536×1 位。

输出缓冲器是 ROM 的数据读出电路,通常用三态门构成,它不仅可以实现对输出数据的三态控制,以便和系统总线连接,还可以提高存储器的带负载能力。

图 9-2 所示为具有两位地址输入和四位数据输出的二极管 ROM 结构图,其存储单元用二极管构成,图中 $W_0 \sim W_3$ 四条字线分别选择存储矩阵中的四个字,每个字存放四位信息。制作芯片时,若在某个字中的某一位存入"1",则在该字的字线 W_i 与位线 D_i 之间接入二极管,反之,就不接二极管。

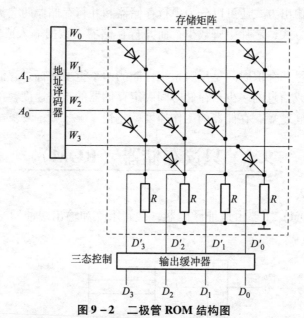

图 9-2 二极管 ROM 结构图

读出数据时,首先输入地址码,并对输出缓冲器实现三态控制,则在数据输出端 $D_3 \sim D_0$ 可以获得该地址对应字中所存储的数据。例如当 $A_1A_0 = 00$ 时,$W_0 = 1$,$W_1 = W_2 = W_3 = 0$,即此时 W_0 对应中的数据 $D_3D_2D_1D_0 = 1001$。同理,当 A_1A_0 分别为 01、10、11 时,依次读出各对应字中的数据分别为 0111、1110、0101。因此,该 ROM 全部地址内所存储的数据可用表 9-1 表示。

表 9-1 ROM 的数据表

地址		数据			
A_1	A_0	D_3	D_2	D_1	D_0
0	0	1	0	0	1
0	1	0	1	1	1
1	0	1	1	1	0
1	1	0	1	0	1

9.2.1 模 ROM

掩模 ROM 中存放的信息是由生产厂家采用掩模工艺专门为用户制作的，这种 ROM 出厂时内部存储的信息就已经"固化"在里面，所以也称固定 ROM。它在使用时只能读出不能写入，因此通常只用来存放固定数据、固定程序和函数表等。

9.2.2 可编程存储器（PROM）

可编程存储器（PROM）器件分为熔丝型和结破坏型两类。在封装出厂时，存储的内容全为 0（或全为 1），用户根据需要可将某些单元改写为 1 或 0。这种 ROM 采用熔丝或 PN 结击穿的方法编程，由于熔丝烧断或 PN 结击穿后不能再恢复，因此，PROM 只能改写一次。

图 9-3 所示为三极管组成的熔丝型 PROM 存储单元，所有字线和位线交叉点上带熔丝的三极管就组成了 PROM 的存储矩阵。出厂前所有存储单元的熔丝都是通的，存储内容全为 1。用户使用时，选择需要编程的存储单元，按规定加入编程电流，熔丝熔断，这样就将 0 写入了相应的存储单元。

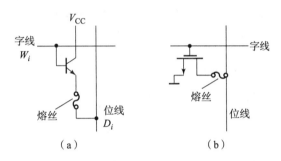

图 9-3 三极管组成的熔丝型 PROM 存储单元

PROM 还有结破坏型，其存储单元结构如图 9-4 所示，它由反向串联的二极管构成，结破坏型 PROM 采用结击穿编程。不管是哪种类型的 PROM，其存储内容一旦写入就不能改变，即只能一次编程，不适合需要经常改写存储内容的场合。

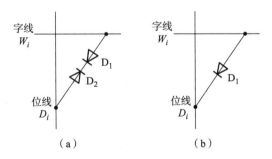

图 9-4 PN 结破坏型 PROM 存储单元

9.2.3 可擦除可编程只读存储器（EPROM）

可擦除可编程只读 ROM（Erasable Read_ Only Memory，EPROM）中的存储数据可重复擦除和重复编程，满足需要经常修改 ROM 中存储内容的要求。

1. 紫外线可擦除可编程 ROM

最早研制成功并投入使用的 EPROM 是紫外线可擦除可编程 ROM，简称 UVEPROM。这种存储器在不需要原有存储内容时，可擦除重写。在擦除原有存储信息时必须用紫外线或 X 射线照射，照射时间通常需要 20~30 min，然后才能写入新的数据。

2. E^2PROM

虽然 UVEPROM 具备可擦除重写的功能，但它只能整体擦除且擦除操作复杂，速度较慢。为此，又研制出了可用电信号擦除的 E^2PROM。E^2PROM 擦除灵活，可一次全部擦除，也可按位擦除。但 E^2PROM 擦除和写入通常需要加高压脉冲，而且擦写时间仍然较长。因此正常工作时，E^2PROM 仍然只能处于读出状态，作为 ROM 使用。

3. 快闪存储器

快闪存储器（Flash Memory）简称闪存，是新一代的高性能 E^2PROM。它具有结构简单、编程可靠、集成度高、擦写电压低、速度快等特点。目前广泛使用的 U 盘、MP3 中都采用了闪存。另外，在诸如数字信号处理器、PLD 等许多 LSI 器件中也大量采用快闪存储器。作为一种新型的半导体存储器，快闪存储器必将得到更加广泛的应用。

9.2.4 ROM 的应用举例

存储器大量用于计算机等数字系统中，用来存放程序、数据等二进制信息，此外还可以应用到其他一些逻辑设计中，如实现逻辑函数、代码转换、时序控制、字符发生器、波形发生器等。

1. 实现逻辑函数

ROM 可以用来实现各种组合逻辑函数，尤其是多输出函数。ROM 中地址译码器的输出产生输入变量的全部最小项，而存储矩阵将有关最小项进行或运算，就形成了输出逻辑函数。由此可知，用 ROM 实现逻辑函数时，首先需要求出逻辑函数的真值表或标准与或表达式，然后画出 ROM 的阵列图。

例 9-1 试用 ROM 实现下列逻辑函数：

$$Y_1 = A\overline{B} + \overline{A}B$$
$$Y_2 = AB + \overline{A}\,\overline{B}$$
$$Y_3 = AB$$

解：按题意，根据标准与或表达式画出 ROM 的阵列图，如图 9-5 所示。

2. 波形发生器

波形发生器是用来产生一种或多种特定波形的装置。这些波形可以是正弦波、方波、三角波和锯齿波等。目前，通常是用存储器为核心的数字集成电路来实现波形发生器，其实现原理如图 9-6 所示。

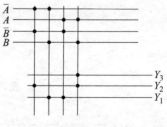

图 9-5 ROM 的阵列图

图 9-6 波形发生器框图

地址发生器可用 MIS 计数器构成。若地址发生器采用两片 74LS161 级连成的 8 位加法计数器，其输出就是 EPROM 的 8 位输入地址。EPROM 用来存放各种波形数据，存储容量为 $2^8=256$ 个字。如果存储器的字长为 8 位，可将一个周期内波形电压变化的幅值按 8 位数模转换器的分辨率分成 256 个数值，就能得到各种波形数据。因此，读取一个周期的波形数据需要 256 个 CP 脉冲，即输出波形的频率是 CP 脉冲频率的 1/256。从 EPROM 中读取的数据经数模转换器进行转换，输出所需的波形。

下面以锯齿波为例，说明波形发生器的实现方法。锯齿波的波形数据可按公式 $D=x$，$x=0\cdots255$（即 $D=00H\sim FFH$）计算得到。要实现锯齿波输出，首先由用户进行编程，将锯齿波的波形数据写入 EPROM 中，即在存储器的 00H~FFH（0~255）地址中依次写入数据 00H~FFH。当计数器从 0~255 作循环加法计数器时，顺序读取存储器 00H~FFH 地址中的波形数据，最后经过数模转换就可以得到周期性重复的锯齿波。改变 CP 脉冲的频率以及数模转换器的参考电压，可以得到不同频率和不同幅度的锯齿波波形。

9.3 随机存储器

随机存储器又称随机读/写存储器，可以在任何时刻、任何选中的存储单元进行数据的读写操作。RAM 通常用来存放一些临时性的数据和中间结果等，需要经常改变存储内容。按照电路结构和工作原理，RAM 又分静态 RAM 和动态 RAM。

9.3.1 RAM 的结构和工作原理

RAM 通常由存储矩阵、地址译码器和读/写控制电路三部分组成，其结构如图 9-7 所示。

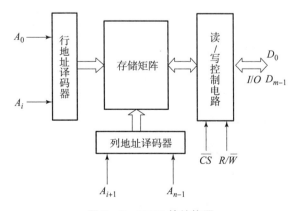

图 9-7 RAM 的结构图

存储矩阵由许多存储单元组成，每个存储单元能存放一位二进制数据 0 或 1，在地址译码器和读/写电路作用下,进行读/写操作。RAM的存储单元可分为静态存储单元和动态存储单元。SRAM的静态存储单元由MOS型或双极型电路组成的静态触发器构成,依靠触发器的自保功能存储数据。DRAM的动态存储单元是利用MOS管栅极电容的电荷存储效应来存储数据,由于电容的电荷会逐渐泄露,所以动态存储单元必须定时刷新。

地址译码器一般分为行地址译码器和列地址译码器两部分,用于选择存储单元。如图9-7所示RAM共有n根地址线,分成$A_0 \sim A_i$和$A_{i+1} \sim A_{n-1}$两组,分别作为行地址和列地址输入。行地址译码器确定有效的行选择线,从存储矩阵中选中某一行存储单元;列地址译码器确定有效的列选择线,并从行选择线选中的某一行存储单元中再选出m个存储单元。只有被行、列选择线同时选中的存储单元,才能进行读/写操作。

读/写控制电路用于控制存储器的工作状态。在图9-7中$\overline{CS}$是片选信号,$R/\overline{W}$是读/写控制信号。当片选信号有效时,RAM才被选中,可以进行读/写操作,并由读/写控制信号决定执行读操作还是写操作;否则,RAM的所有I/O端口均为高阻状态,与数据总线脱离,不能进行读/写操作。

RAM存储容量为$2^n \times m$位,其中n和m分别代表RAM中地址线和数据线的数量。

9.3.2 RAM的扩展

在计算机或其他数字系统中,单片机RAM通常不能满足存储容量的要求,因此需要将若干RAM芯片组合起来,扩展成大容量的存储器。RAM扩展时所需的芯片数量N=总存储容量/单片存储容量,其扩展分为位扩展和字扩展两种。

1. 位扩展

当RAM芯片的字长小于系统要求时,需要进行位扩展。位扩展的方法很简单,只需将多片RAM的相应地址端、读/写控制端$R/\overline{W}$和片选信号$\overline{CS}$并接在一起,而各片RAM的I/O端并行输出即可。如用1 024×1位RAM扩展成1 024×8位存储器,扩展接线如图9-8所示。

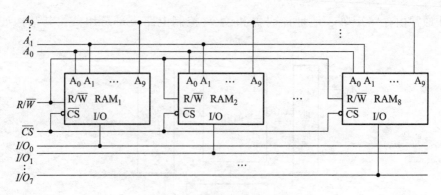

图9-8 RAM的位扩展

2. 字扩展

当RAM芯片的字数小于系统要求时,需要进行字扩展。RAM的字扩展是利用译码器输出控制各片RAM的片选信号$\overline{CS}$来实现的。RAM进行字扩展时必须增加地址线,增加的地址线作为高位地址与译码器的输入相连。同时,各片RAM的相应地址端、读/写控制端$R/\overline{W}$、相应 I/O 端并接在一起使用。如用两片 256×4 位 RAM 扩展成 1 024×4 位存储器，扩展接线如图 9-9 所示。

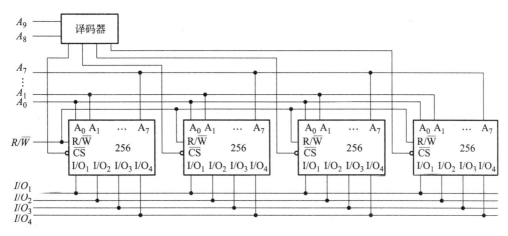

图 9-9　RAM 的字扩展

3. 字、位同时扩展

当 RAM 芯片的字数和位数均小于系统要求时，需要将上述两种扩展方法结合使用。在字、位同时扩展情况下，一般先进行位扩展，然后再对位扩展后的 RAM 进行字扩展。如用 64×2 位 RAM 扩展为 256×4 位存储器，扩展接线如图 9-10 所示。

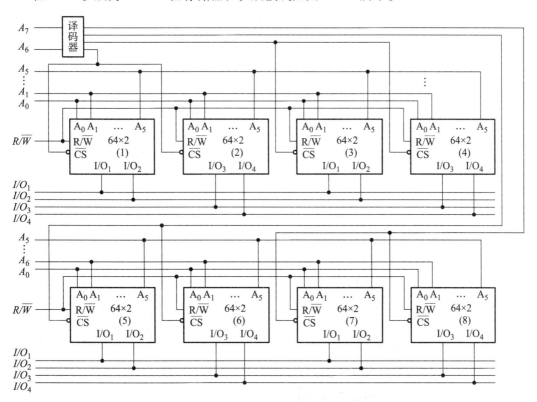

图 9-10　RAM 的字、位同时扩展

技能训练11 随机存取存储器及其应用

1. 实训目的

了解集成随机存取存储器2114A的工作过程,通过实训熟悉它的工作特性、使用方法及其应用。

2. 实训设备与器件

(1) +5 V直流电源。
(2) 连续脉冲源。
(3) 单次脉冲源。
(4) 逻辑电平显示器。
(5) 逻辑电平开关(0、1开关)。
(6) 译码显示器。
(7) 2114A、74LS161、74LS148、74LS244、74LS00、74LS04。

3. 实训内容

按图J11-1接好线路,先断开各单元间连线。

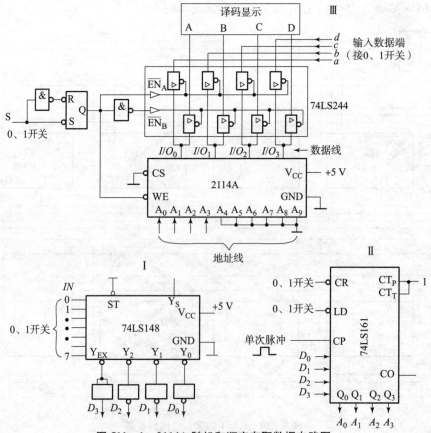

图J11-1 2114A随机和顺序存取数据电路图

1）用 2114A 实现静态随机存取线路（图 J10 – 1 中单元Ⅲ）

（1）写入。

输入要写入单元的地址码及要写入的数据；再操作基本 SR 触发器控制端 S，使 2114A 处于写入状态，即 $\overline{CS}=0$，$\overline{WE}=0$，$\overline{EN}_A=0$，则数据便写入了 2114A 中，选取三组地址码及三组数据，记入表 J11 – 1 中。

表 J11 – 1

$\overline{WE}$	地址码（$A_0 \sim A_3$）	数据（$abcd$）	2114A
0			
0			
0			

（2）读出。

输入要读出单元的地址码；再操作基本 SR 触发器 S 端，使 2114A 处于读出状态，即 $\overline{CS}=0$，$\overline{WE}=1$，$\overline{EN}_B=0$（保持写入时的地址码），要读出的数据便由数显显示出来，记入表 J11 – 2 中，并与表 J11 – 1 数据进行比较。

表 J11 – 2

$\overline{WE}$	地址码（$A_0 \sim A_3$）	数据（$abcd$）	2114A
1			
1			
1			

2）2114A 实现静态顺序存取

连接好图 J11 – 1 中各单元间连线。

（1）顺序写入数据。

假设 74LS148 的 8 位输入指令中，$IN_1=0$，$IN_0=1$，$IN_2 \sim IN_7=1$，经过编码得 $D_0D_1D_2D_3=1000$，这个值送至 74LS161 输入端；给 74LS161 输出清零，清零后用并行送数法，将 $D_0D_1D_2D_3=1000$ 赋值给 $A_0A_1A_2A_3=1000$，作为地址初始值；随后操作随机存取电路使之处于写入状态。至此，数据便写入了 2114A 中，如果相应地输入几个单次脉冲，改变数据输入端的数据，则能依次写入一组数据，记入表 J11 – 3 中。

表 J11 – 3

CP 脉冲	地址码（$A_0 \sim A_3$）	数据（$abcd$）	2114A
↑	1000		
↑	0100		
↑	1100		

（2）顺序读出数据。

给 74LS161 输出清零，用并行送数法，将原有的 $D_0D_1D_2D_3=1000$ 赋值给 $A_0A_1A_2A_3$，操

作随机存取电路使之处于读状态。连续输入几个单次脉冲，则依地址单元读出一组数据，并在译码显示器上显示出来，记入表 J11-4 中，并比较写入与读出数据是否一致。

表 J11-4

CP 脉冲	地址码（$A_0 \sim A_3$）	数据（abcd）	2114A	显示
↑	1000			
↑	0100			
↑	1100			

4. 实训要求

（1）复习随机存储器 RAM 和只读储器 ROM 的基本工作过程。

（2）查阅 2114A、74LS161、74LS148 有关资料，熟悉其逻辑功能及引脚排列。

（3）2114A 有十个地址输入端，实训中仅变化其中一部分，对于其他不变化的地址输入端应该如何处理？

（4）为什么静态 RAM 无须刷新，而动态 RAM 需要定期刷新？

5. 实训报告

记录电路检测结果，并对结果进行分析。

注：

（1）74LS148 8 线-3 线优先编码器的引脚排列如图 J11-2 所示，其引脚功能如表 J11-5 所示。

$\overline{IN}_0 \sim \overline{IN}_7$：编码输入端（低电平有效）。

$\overline{ST}$：选通输入端（低电平有效）。

$\overline{Y}_0 \sim \overline{Y}_2$：编码输出端（低电平有效）。

$\overline{Y}_{EX}$：扩展端（低电平有效）。

Y_S：选通输出端。

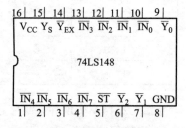

图 J11-2　74LS148 8 线-3 线优先编码器的引脚排列

表 J11-5

输入									输出				
$\overline{ST}$	$\overline{IN}_0$	$\overline{IN}_1$	$\overline{IN}_2$	$\overline{IN}_3$	$\overline{IN}_4$	$\overline{IN}_5$	$\overline{IN}_6$	$\overline{IN}_7$	$\overline{Y}_2$	$\overline{Y}_1$	$\overline{Y}_0$	$\overline{Y}_{EX}$	Y_S
1	×	×	×	×	×	×	×	×	1	1	1	1	1
0	1	1	1	1	1	1	1	1	1	1	1	1	0
0	×	×	×	×	×	×	×	0	0	0	0	0	1
0	×	×	×	×	×	×	0	1	0	0	1	0	1
0	×	×	×	×	×	0	1	1	0	1	0	0	1
0	×	×	×	×	0	1	1	1	0	1	1	0	1
0	×	×	×	0	1	1	1	1	1	0	0	0	1
0	×	×	0	1	1	1	1	1	1	0	1	0	1
0	×	0	1	1	1	1	1	1	1	1	0	0	1
0	0	1	1	1	1	1	1	1	1	1	1	0	1

(2) 74LS161 四位二进制同步计数器的引脚排列如图 J11-3 所示，其引脚功能如表 J11-6 所示。

CO：进位输出端。

CP：时钟输入端（上升沿有效）。

$\overline{CR}$：异步清除输入端（低电平有效）。

CT_P：计数控制端。

CT_T：计数控制端。

$D_0 \sim D_3$：并行数据输入端。

$\overline{LD}$：同步并行置入控制端（低电平有效）。

$Q_0 \sim Q_3$：输出端。

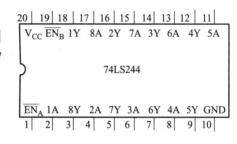

图 J11-3　74LS161 的引脚排列

表 J11-6

输入									输出			
$\overline{CR}$	$\overline{LD}$	CT_P	CT_T	CP	D_0	D_1	D_2	D_3	Q_0	Q_1	Q_2	Q_3
0	×	×	×	×	×	×	×	×	0	0	0	0
1	0	×	×	↑	d_0	d_1	d_2	d_3	d_0	d_1	d_2	d_3
1	1	1	1	↑	×	×	×	×	计	数		
1	1	0	×	×	×	×	×	×	保	持		
1	1	×	0	×	×	×	×	×	保	持		

(3) 74LS244 八缓冲器/线驱动器/线接收器的引脚排列如图 J11-4 所示，其引脚功能如表 J11-7 所示。

$1A \sim 8A$：输入端。

$\overline{EN}_A, \overline{EN}_B$：三态允许端（低电平有效）。

$1Y \sim 8Y$：输出端。

图 J11-4　74LS244 的引脚排列

表 J11-7

输入		输出
$\overline{EN}$	A	Y
0	0	0
0	1	1
1	×	高阻态

本章小结

半导体存储器是一种能存储大量数据或信号的半导体器件。由于要求存储的数据量往往很大，而器件的引脚数目不可能无限制增加，因而不可能将每个存储单元电路的输入和输出端都固定接到一个引脚上。因此，存储器的电路结构形式与前面讲述的寄存器不同。

半导体存储器有许多不同的类型。从读写功能上分为只读存储器和随机存储器两大类。根据存储单元电路结构和工作原理的不同，只读存储器分为掩模存储器、PROM、EPROM等几种类型；随机存储器分为静态随机存储器和动态随机存储器两类。掌握各种类型的半导体存储器在电路结构和性能上的不同特点，将为我们合理选用这些器件提供理论依据。

在一片存储器芯片的存储容量不够用时，可以将多片存储器芯片组合起来，构成一个更大容量的存储器。当每片存储器的字数够用而每个字的位数不够用时，采用位扩展的连接方式；当每片的字数和位数都不够用时，则需同时采用位扩展和字扩展的连接方式。

存储器的应用很广，可以用存储器来设计组合逻辑电路。只要将地址输入作为输入逻辑变量，将数据输出端作为函数输出端，并根据要产生的逻辑函数写成相应的数据，就能得到需要的组合逻辑电路。

思考与练习题

1. 什么是 RAM？它主要由哪几部分组成？各有什么作用？
2. 什么是 RAM 的位扩展？什么是 RAM 的字扩展？RAM 的扩展有什么实际意义？
3. RAM 和 ROM 有什么区别？它们各适用于什么场合？
4. 试用 ROM 实现全加器电路。
5. 试用 ROM 实现下列多输出组合逻辑函数：

$$\begin{cases} Y_1 = \overline{B}C + AB\,\overline{C} + \overline{A}\,\overline{B}\,\overline{C} \\ Y_2 = A\overline{B}\,\overline{C} + \overline{A}C \\ Y_3 = A\overline{B}C + AB + \overline{B}\,\overline{C} \end{cases}$$

6. 试用 256×8 位 RAM 扩展成 $1\,024 \times 8$ 位 RAM。

第 10 章 可编程逻辑器件及其应用

学习目标

（1）理解 FPLA、PAL、GAL、EPLD、FPGA 等各种类型可编程逻辑器件的结构特点和工作过程。
（2）掌握可编程逻辑器件的使用方法和编程方法。
（3）理解在系统可编程技术。

能力目标

（1）能够对可编程逻辑器件进行编程。
（2）能够应用在系统可编程逻辑器件。

10.1 概　述

可编程逻辑器件（PLD）是 20 世纪 80 年代发展起来的一种通用的可编程的数字逻辑电路。它是一种标准化、通用的数字电路器件，集门电路、触发器、多路选择开关、三态门等器件和电路连线于一身。PLD 使用起来灵活方便，可以根据逻辑要求设定输入与输出之间的关系，也就是说 PLD 是一种由用户配置某种逻辑功能的器件。

PLD 在制造工艺上，采用过 TTL、CMOS、ECL、静态 RAM 等技术，器件类型有 PROM、EPROM、PROM、PLA、PAL、GAL、EPLD、CPLD、FPGA 等。

作为一种理想的设计工具，PLD 具有通用标准器件和半定制电路的许多优点，给数字系统设计者带来很多方便。

其优点如下：

(1) 简化设计。由于 PLD 的可编程性和灵活性，电路设计结束后，可随意进行修改或删除，无须重新布线和生产印刷板，大大缩短了系统的设计周期。

(2) 高性能。现在市场上提供的 PLD 器件的性能超过了最快的标准分立逻辑器件的性能，而且一片 PLD 芯片的功耗比分立器件组合而成的电路的功耗要小。

(3) 可靠性高。采用 PLD 器件将使所用器件的数目减少，也使印刷板面积减小，密度下降，这些都大大提高了电路的可靠性，同时也将减少干扰和噪声，使系统的运行更可靠。

(4) 成本下降。采用 PLD 设计数字系统，由于所用器件少，用于器件测试及装配的工作量也少，所以系统的成本将下降。

(5) 硬件加密。使用 PLD 器件构成的数字系统，其内部结构是由设计者通过编程实现的。有些 PLD 器件（例如 GAL）还提供一个能被编程的保密单元，可用来防止检验和读出芯片中的程序，这对于保持芯片设计的专利、防止他人抄袭有很大好处。

10.1.1 PLD 器件的基本结构

目前常用的可编程逻辑器件都是从与阵列和或阵列两类基本结构发展起来的，所以从结构上可分为两大类器件：PLD 器件和 FPGA 器件。PLD 通过修改内部电路的逻辑功能来编程，FPGA 通过改变内部连线来编程。

PLD 是一种可由用户编程的逻辑器件，大多数标准的 PLD 器件是由两种逻辑门阵列（与阵列和或阵列）组成的。PLD 的每个输出都是输入"乘积和"的函数。PLD 的基本结构框图如图 10-1 所示。

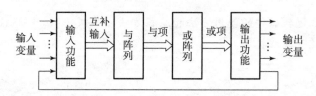

图 10-1 PLD 的基本结构框图

PLD 的早期产品有 PROM、PLA、PAL、GAL 四种结构。在分析这四种结构之前，先将描述 PLD 基本结构的有关逻辑约定说明如下。

图 10-2 所示为 PLD 的输入缓冲器，它的两个输出 B、C 分别是输入 A 的原码和反码，即 $B = A$，$C = \bar{A}$。

图 10-3 所示为与门表示法。

图 10-4 所示为或门表示法。

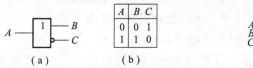

图 10-2 PLD 的输入缓冲器

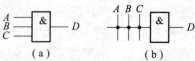

图 10-3 与门表示法
(a) 传统表示法；(b) PLD 表示法

图 10-5 所示为 PLD 的三种连接方式，实点表示固定连接或硬连接；"×"表示可编程连接；在交叉点若无实点或"×"，则表示断开连接。

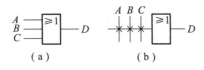
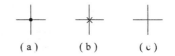

图 10-4 或门表示法

(a) 传统表示法；(b) PLD 表示法

图 10-5 PLD 的三种连接方式

(a) 硬连接；(b) 可编程连接；(c) 断开连接

10.1.2 PLD 器件的分类及特点

1. PROM 结构

PROM 是由固定的"与"阵列和可编程的"或"阵列组成的，如图 10-6 所示。与阵列为全译码方式，当输入为 $I_1 \sim I_n$ 时，与阵列的输出为 n 个输入变量可能组合的全部最小项，即 2^n 个最小项。或阵列是可编程的，如果 PROM 有 m 个输出，则包含有 m 个可编程的或门，每个或门有 2^n 个输入可供选用，由用户编程来选定。所以，在 PROM 的输出端，输出表达式是最小项之和的标准与或式。

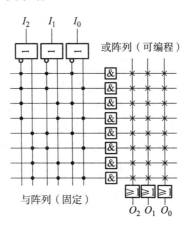

图 10-6 PROM 结构

无论 ROM、PROM、EPROM 还是 E^2PROM，其功能是做"读"操作，所以 ROM 主要是作存储器。

2. PLA（Programmable Logic Array）结构

在 ROM 中，与阵列是全译码方式，其输出产生 n 个输入的全部最小项。对于大多数逻辑函数而言，并不需要使用输入变量的全部乘积项，有许多乘积项是没用的，尤其当函数包含较多的约束项时，许多乘积项是不可能出现的，这样，由于不能充分利用 ROM 的与阵列，从而会造成硬件的浪费。

PLA 是处理逻辑函数的一种更有效的方法，其结构与 ROM 类似，但它的与阵列是可编程的，且不是全译码方式而是部分译码方式，只产生函数所需要的乘积项。或阵列也是可编程的，它选择所需要的乘积项来完成或功能。

在 PLA 的输出端产生的逻辑函数是简化的与或表达式。图 10-7 所示为 PLA 结构。

PLA 规模比 ROM 小，工作速度快，当输出函数包含较多的公共项时，使用 PLA 更为节省硬件。

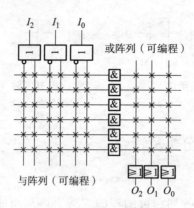

图 10-7 PLA 结构

3. PAL（Programmable Array Logic）结构

PAL 是在 ROM 和 PLA 基础上发展起来的，它同 ROM 和 PLA 一样都采用"阵列逻辑"技术。在阵列逻辑中，既要求有规则的阵列结构，又要求实现灵活多样的逻辑功能，同时还要求编程简单，易于实现。PAL 是为适应这种要求而产生的，它比 PROM 灵活，便于完成多种逻辑功能，同时又比 PLA 工艺简单，易于编程和实现。

PAL 的基本结构由可编程的与阵列和固定的或阵列组成，如图 10-8 所示。这种结构形式为实现大部分逻辑函数提供了最有效的方法。PAL 每一个输出包含的乘积项数目是由固定连接的或阵列提供的，一般函数包含 3~4 个乘积项，而 PAL 可提供 7~8 个乘积项的与或输出。该输出通过触发器送给输出缓冲器，同时也可以将状态反馈回与阵列。这种反馈功能使 PAL 器件具有记忆功能，既可以记忆先前的状态，又可以改变功能状态，因此 PAL 器件可以构成状态时序机，实现加、减计算及移位、分支操作等。

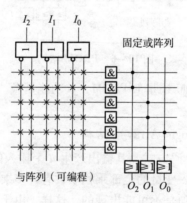

图 10-8 PAL 结构

4. GAL（Generic Array Logic）结构

GAL 结构与 PAL 相同，由可编程的与阵列去驱动一个固定的或阵列，其差别在于输出结构不同。PAL 的输出是一个有记忆功能的 D 触发器，而 GAL 器件的每一个输出端都有一个可组态的输出逻辑宏单元 OLMC。由于输出具有可编程的逻辑宏单元，可以由用户定义所需的输出状态，因此 GAL 成为各种 PLD 器件的理想产品。GAL 采用高速的电可擦除的

E^2CMOS 工艺，具有速度快、功耗低、集成度高等特点。

目前，市场上供应较多的是 GAL16V8、GAL20V8、GAL22V10。

上述四种结构的分类列于表 10-1 中。

表 10-1　PLD 的四种结构

名称	阵列		输出类型
	与阵列	或阵列	
PROM	固定	可编程	三态、集电极开路
PLA	可编程	可编程	三态、集电极开路
PAL	可编程	固定	异步 I/O 异或、寄存器、算术选通反馈
GAL	可编程	固定	由用户定义

10.2　可编程阵列逻辑（PAL）

PAL 器件的与阵列是可编程的，而或阵列是不可编程的。用 PAL 实现逻辑函数时，每个输出是若干个与项的和，而与项的数目已由制造厂固定（4 个、8 个等）。在 PAL 产品中，一个输出的最多与项可达 8 个。

PAL 具有多种输出结构，有专用输出、I/O 输出、寄存器输出、异或输出和算术选通反馈输出等结构，它不仅可以构成组合逻辑电路，也可以构成时序逻辑电路。不同型号的芯片对应一种固定的输出结构，由生产厂家来决定。

1. 专用输出结构

图 10-9 所示为专用输出结构的逻辑图。它是在基本门阵列的输出加上反相器得到的。基本门阵列的输出结构也属于专用输出结构。

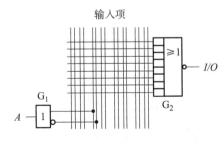

图 10-9　专用输出结构的逻辑图

2. 异步 I/O 输出结构

图 10-10 所示为异步 I/O 输出结构的逻辑图，该图的或门实现 7 个与项的逻辑加，其输出为三态门 G_3，它受到与门 G_2 输出（第一个与项）的控制。如果编程时使此与项常为 0，即该与门的所有输入端都接通，则三态门处于高阻态，此时，I/O 端可作为输入端，G_4 为输入缓冲器。相反，编程后与门 G_2 的所有输入项都断开，三态门被选通，I/O 只能作输

出端，这时，缓冲器 G_4 将输出反馈到输入。但是反馈回来的信号能否成为与门输入，还要视编程而定。

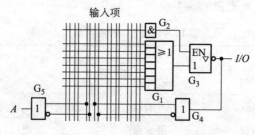

图 10-10　异步 I/O 输出结构

3. 寄存器输出结构

图 10-11 所示为寄存器输出结构的逻辑图。它是在基本门阵列基础上加入 D 触发器得到的。在时钟 CLK 的上升沿，或门的输出存入 D 触发器，同时 Q 端通过 OE 控制的三态门 G_3 输出。另外，通过缓冲器 G_2 反馈至与门阵列。这样，PAL 便成了具有记忆功能的时序网络，从而满足设计时序电路的需要。

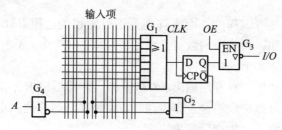

图 10-11　寄存器输出结构的逻辑图

4. 异或结构

图 10-12 所示为异或输出结构的逻辑图。它是把与项之和分成了两部分，经异或运算后，在时钟 CLK 的上升沿将异或结果存入 D 触发器，通过 OE 控制的三态门 G_6 输出。这样处理后，它除了具有寄存器输出结构的特征外，还能实现时序逻辑电路的保持功能。

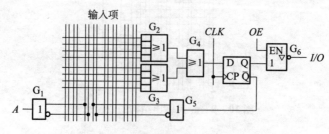

图 10-12　异或输出结构的逻辑图

5. 算术选通反馈结构

算术选通反馈结构是在异或结构基础上加入反馈选通电路得到的，如图 10-13 所示。反馈选通电路可以对反馈项和输入项 A 实现四种逻辑加操作，反馈选通的四个或门输出分别

为 $(A+Q)$、$(\bar{A}+Q)$、$(A+\bar{Q})$、$(\bar{A}+\bar{Q})$。这四种结果反馈到与门阵列之后，可获得更多的逻辑组合。

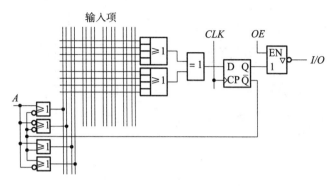

图 10-13　算术选通反馈结构

10.3　通用阵列逻辑（GAL）

10.3.1　GAL 的结构特点

通用阵列逻辑 GAL 是 Lattice 公司于 1985 年首先推出的新型可编程逻辑器件。GAL 是 PAL 的第二代产品，但它采用了 E^2CMOS 工艺，可编程的 I/O 结构使之成为用户可以重复修改芯片的逻辑功能，在不到 1 min 时间内即可完成芯片的擦除及编程的逻辑器件。按门阵列的可编程结构，GAL 可分成两大类：一类是与 PAL 基本结构相似的普通型 GAL 器件，其与门阵列是可编程的，或门阵列是固定连接的，如 GAL16V8；另一类是与 FPLA 器件相类似的新一代 GAL 器件，其与门阵列及或门阵列都是可编程的，如 GAL39V18。

1. GAL 芯片的特点

（1）采用 E^2CMOS 工艺，最大运行功耗 45 mA，最大维持功耗 35 mA，存取速度高达 15~25 ns，具有可重复擦除和编程的功能。

（2）具有输出逻辑宏单元（OLMC），可灵活设计各种复杂逻辑。

（3）GAL16V8 可以模拟 PAL 器件，可代替 21 种 PAL 产品。

（4）具有高速编程、重新编程的功能。一个 GAL 芯片重新编程的次数大于 100 次。

（5）具有加密单元，可防止复制；具有电子标签，可用作识别标志；可预置和加电复位全部寄存器，具有 100% 的功能可实验性，数据保存期可超过 20 年。

2. GAL 芯片（GAL16V8）结构

GAL16V8 是 20 个引脚的集成电路芯片，图 10-14 所示为它的芯片逻辑框图。它的内部电路结构主要由五部分组成：

（1）GAL16V8 的 2~9 脚是输入端，每个输入端有一个输入缓冲器，因它的 8 个输出有时可用作反馈输入，因此输入端最多可有 16 个。

（2）有 8 个输出逻辑宏单元（OLMC）。输出引脚为 12~19。OLMC 包括"与"门、

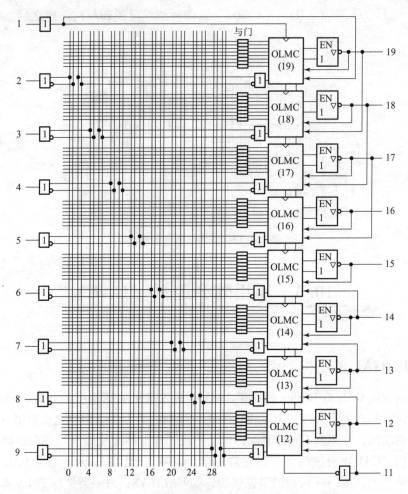

图 10-14 GAL16V8 逻辑图

"或"门、"异或"门、D 触发器，两个 2 选 1 多路选择器、两个 4 选 1 多路选择器、输出缓冲器。

（3）它包括 32 列 ×64 行的"与"阵列。32 列表示 8 个输入的原变量和反变量，以及 8 个输出反馈信号的原变量和反变量，相当于有 32 个输入变量。

64 行表示 8 个输出的 8 个乘积项，相当于阵列有 64 个乘积项，因此有 2 048 个可编程单元（码点）。

（4）1 脚为系统时钟 CK。

（5）11 脚为输出三态公共控制端 OE。

（6）10 脚为公共地，20 脚为直流电源 V_{CC}（接直流 +5 V）。

10.3.2 输出逻辑宏单元（OLMC）的结构与输出组态

1. OLMC 的结构

GAL 器件输出端都是输出逻辑宏单元（OLMC）结构，如 GAL16V8 内部有 8 个 OLMC。8 个 OLMC 在相应的控制字的作用下具有不同的电路结构，这带来了 GAL 的灵活性和方便性。深刻理解 OLMC 的结构和原理是使用 GAL 器件设计数字系统的关键。下面简单讨论 OLMC 的结构。

OLMC 的结构如图 10-15 所示。OLMC 中的或门 G_1 完成或操作,异或门 G_2 完成极性选择,同时还有一个 D 触发器和 4 个多路选择器。4 个多路选择器的功能如下所述:

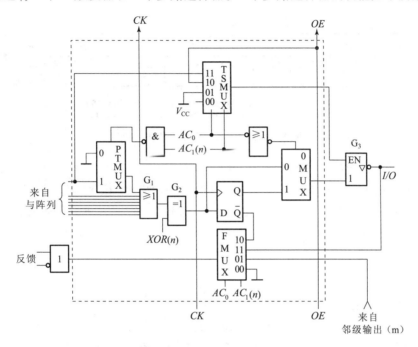

图 10-15 OLMC 的结构

(1) 积项选择多路选择器(PTMUX)。

每个 OLMC 都有来自与门阵列的 8 个乘积项输入,其中 7 个直接作为或门的输入,最上面的乘积项作为 PTMUX 的一个输入,PTMUX 在 AC_0、$AC_1(n)$ 控制下,选择以地或者该乘积项作为或门的一个输入。

(2) 输出选择多路选择器(OMUX)。

或门 G_1 的输出送给异或门 G_2,由 $XOR(n)$ 控制输出所需极性的信号。该输出一方面直接送给 OMUX,作为逻辑运算的组合型输出结果;另一方面送入 D 触发器,Q 的输出作为逻辑运算的寄存器结果也送入 OMUX。OMUX 在 AC_0、$AC_1(n)$ 控制下,选择组合型或寄存器型作为 OMUX 输出。

(3) 输出允许控制多路选择器(TSMUX)。

OMUX 的输出经过输出三态门 G_3 后才是实际输出。三态门 G_3 的控制信号是通过 TSMUX 来选择的。在 C_0、$AC_1(n)$ 控制下选择 V_{CC}、地、OE 或者一个乘积项中的一个作为三态门 G_3 的控制信号。

(4) 反馈多路选择器(FMUX)。

该多路选择器在 AC_0、$AC_1(n)$ 控制下,选择地、邻级 OLMC 的输出、本级 OLMC 的输出和 D 触发器的输出作为反馈信号,送回与阵列作为输入信号。

由上述可见,OLMC 在相应的控制下,具有不同的电路结构。因此,GAL 器件提供了比目前的 PAL 器件更大的功能、更方便的应用。

2. 结构控制字寄存器

上述的 AC_0、$AC_1(n)$、SYN 等控制信号是由结构控制字来实现的。GAL16V8 的结构控制字如图 10-16 所示。

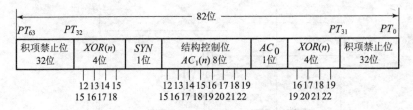

图 10-16 GAL16V8 的结构控制字

64 位积项控制位 $PT_0 \sim PT_{63}$，分别控制与阵列的 64 行，以屏蔽某些不用的积项；1 位同步位 SYN，确定 GAL 器件是寄存器输出或是纯组合型输出；1 位结构控制位 AC_0，对于 8 个 OLMC 是公用的；8 位结构控制位 $AC_1(n)$，每个 OLMC 是单独的；8 位极性控制位 $XOR(n)$，控制异或门的输出极性。XOR DK (n) 为 0 时输出 $O(n)$ 低电平有效，为 1 时输出高电平有效。对于 GAL16V8，$n = 12 \sim 19$。

3. OLMC 的五种输出组态

在结构控制字的作用下，GAL 的输出逻辑宏单元可以有五种组态，即五种工作方式。只有深刻理解 OLMC 的五种工作方式，才能编制出正确的源程序。正确的源程序经过 GAL 编译程序（例如 ABEL 软件）编译后，才能生成正确的控制字和 JEDEC 文件，才能使 GAL 的各 OLMC 置成符合要求的电路结构，从而完成设计任务。下面以 GAL16V8 为例说明五种工作方式。

1）专用组合输入方式

SYN、AC_0、$AC_1(n)$ = 101 时，相应单元的 OLMC 电路结构为专用组合输入方式。该方式中，OLMC 是组合逻辑电路。1、11 脚和 2~9 脚一样，可作为普通的数据输入使用，共 10 个；输出三态门禁止工作使 I/O 端不能作为输出，只能借用邻级的反馈开关作组合电路的反馈输入使用。GAL16V8 的 15、16 脚因无反馈开关而不能作反馈输入使用，即不是 101 方式，它们只能作组合输出的 100 方式。

2）专用组合输出方式

SYN、AC_0、$AC_1(n)$ = 100 时，相应单元的 OLMC 电路结构为专用组合输出方式。该方式中，OLMC 是组合逻辑电路。1、11 脚和 2~9 脚一样作为普通的数据输入使用；输出三态门控制信号接 V_{CC}，输出始终允许；相应的 I/O 只能作纯组合输出，不能作反馈输入使用，输出函数的或项最多 8 个。

从以上 101 和 100 两种方式可以看出，一个 GAL 芯片的 8 个 OLMC，即（12~19 脚）可以都用作纯组合输出（皆为 100 方式），但 8 个 OLMC 不可以都用作纯组合输入（皆为 101 方式），起码必须有 15、16 脚是作 100 方式输出端，也就是说，101 方式必须和 100 方式并存时 GAL 芯片才有意义。

101 和 100 方式用于无反馈的纯组合电路的设计。

例 10-1 利用 GAL 器件设计一个 8 输入的与门和一个 8 输入的或非门。此电路要求 16 个输入端和 2 个输出端,所以用 GAL16V8 就可以完成设计。其逻辑表达式为

$$O_1 = A_1 \cdot A_2 \cdot A_3 \cdot A_4 \cdot A_5 \cdot A_6 \cdot A_7 \cdot A_8$$
$$O_2 = \overline{B_1 + B_2 + B_3 + B_4 + B_5 + B_6 + B_7 + B_8}$$

这是一个纯组合电路,安排引脚时可以按照 101 和 100 方式。GAL16V8 的 1、11 和 2~9 脚为 10 个直接输入端,8 个 OLMC(12~19 脚)中,15、16 脚只能作输出,其余的 6 个设计为输入信号。

3) 带反馈的组合型输出方式

SYN、AC_0、$AC_1(n)$ =111 时,相应单元的 OLMC 电路结构为反馈组合输出方式。该方式中,1、11 脚和 2~9 脚一样作为普通的数据输入端使用,输出三态门控制信号是第一个与项,故输出函数的或项最多 7 个;13~18 脚的 I/O 端既可输出,也可使用本单元的反馈开关作反馈输入使用;12、19 脚因无反馈开关使用(分别被 11 脚、1 脚占用),只能作输出而不能作反馈输入。

4) 时序逻辑中的组合输出方式

SYN、AC_0、$AC_1(n)$ =011 时,相应单元的 OLMC 为时序逻辑中的组合输出方式。此方式下,引脚 1 和 11 分别为 CK 和 OE 输入信号;12、19 和 13~18 脚既可输出,也可作反馈输入使用,输出函数的或项最多 7 个。但 8 个 OLMC(12~19 脚)不允许全是组合电路,至少要有一个是时序型输出,即 010 方式。因此 011 方式用于既有组合电路又有时序电路的数字系统中。

5) 时序型输出方式

SYN、AC_0、$AC_1(n)$ =010 时,被组态的 OLMC 电路结构为时序型输出方式。该方式中,引脚 1 和 11 分别为 CK 和 OE 输入信号,8 个 OLMC 可以都是时序型输出的 010 方式,每个 I/O 端既可作输出也可利用本单元的反馈开关作反馈输入,输出函数的或项最多 8 个。010 方式用于纯时序电路的设计。

以上分析的 GAL 芯片中,OLMC 的工作方式是编译软件根据用户编写的源程序生成的,无须用户写入。但用户若想正确地使用 GAL 芯片设计数字系统,必须在掌握上述知识基础上,才能编写正确的源程序,源程序通过编译后生成正确的熔丝图文件及代表设计要求的 JEDEC 文件,该 JEDEC 文件写入 GAL 芯片后,才能使 GAL 芯片各部分处于正确的工作状态,从而完成数字系统的设计。

10.4 PLD 器件的应用开发简介

PLD 器件的开发主要由两部分组成:一是硬件,包括编程器和 PC 或工作站;二是开发软件。PLD 开发软件的基本功能应包括编译、模拟、测试和验证等,多数的开发软件和硬件编程器都支持 GAL 器件的设计。目前较为常用的开发软件有 FM(Fast Map)和 ABEL 高级语言软件。硬件可以是 ALL07 等编程器,有些 PLD 器件也可以使用硬件描述语言(VHDL)来编写源程序。

ABEL 软件是一种功能很强的编译软件,适用于 ROM、PAL、GAL 和 EPLD 等器件的开

发设计。它把用户提供的 GAL 描述文件（源程序）翻译成编程器所需的数据，即 JEDEC 格式的文件。GA 描述文件通常用 .ABL 作后缀，JEDEC 文件用 .JED 作后缀。

JEDEC 是电子器件工程联合会（Joint Electronic Device Engineering Council）的简称，它负责管理电子器件的工业标准。在 PLD 方面，它实际是该联合会批准的一种 PLD 数据交换格式，是 PLD 编译软件和编程器之间的一种标准格式。

编程器通常是由编程器和为其服务的编程软件组成的，编程器可以与 PC 进行通信。编程器主要有一个插槽用于插入待编程的 EPROM、GAL 等芯片，并有通信电缆接入 PC。编程软件辅助完成将 .JED 文件写入芯片的过程。

10.5 可编程逻辑器件 PLD 的应用

1. 可编程逻辑器件设计语言 ABEL 简介

开发使用 PLD 系统时，应使用语言或逻辑图来描述该 PLD 的功能，并通过编译、连接、适配，产生可对芯片进行编程的目标文件（该文件一般采用熔丝图格式，如标准的 JED 文件），然后下载到芯片中。

常用的可编程逻辑器件设计语言为 ABEL－HDL（ABEL 硬件描述语言），它是 DATA I/O 开发的一种可编程逻辑器件设计语言，它支持绝大多数可编程逻辑器件。

1) ABEL－HDL 语言的基本语法

在用 ABEL－HDL 进行逻辑设计时，描述逻辑功能的源文件必须是符合 ABEL－HDL 语言语法规定的 ASCII 码文件。

ABEL－HDL 源文件是由各种语句组成的，这些语句是由 ABEL－HDL 语言的基本符号构成的，这些符号必须满足一定的格式才能正确描述逻辑功能。语句的一行最长为 150 个字符。

在源文件的语句中，标识符、关键字、数字之间必须有一个空格，以便将它们分隔开来。但在标识符列表中，标识符以逗号分隔。在表达式中，标识符和数字用操作符或括号分隔。空格、点号不能夹在标识符、关键字、数字之间。以大写、小写或大小写混合写的关键字被看作同一个关键字，而以大写、小写或大小写混合写的标识符被看作不同的标识符。

（1）ASCII 字符。

在 ABEL－HDL 语言中，可使用数字 0~9，字母 A~Z、a~z，也可使用空格和以下特殊符号：

! @ # $? + & * ( ) [ ] ; : ' " - , . < > / ^ %

（2）标识符。

标识符是用合法的 ASCII 字符定义的名字，其作用是标识器件、管脚、节点、集合、输入输出信号、常量、宏及变量。标识符必须符合下面的规定：

①标识符的长度不能超过 31 个字符。

②标识符必须以字母或下划线开始。

③标识符其他的部分可为字母、数字及下划线。

④标识符中不能包含空格。

⑤除关键字外,标识符对字母大小写敏感。

(3) 常量。

在ABEL-HDL语言中,常量用于赋值语句、真值表和测试向量的表达。它可以是数值常量,也可以是非数值常量。

(4) 块。

块是包含在一对大括号中的文本,用于宏和指令。括号中的文本可以是一行,也可以是多行。块可以嵌套。

(5) 注释。

以双引号开始,以另一个双引号或行结束符号结束。

(6) 运算符号。

运算符号如表10-2所示。

表10-2 运算符号

逻辑运算	!(非)、&(与)、#(或)、$(异或)、!$(同或)
算术运算	+、-、*、/、%(取模)、<<(左移)、>>(右移)
关系运算	==、!=、>、>=、<、<=
赋值运算	=

2) ABEL-HDL语言的基本结构

ABEL-HDL语言源文件由一个或多个相互独立的模块组成,每个模块包含一个完整的逻辑描述。源文件中的所有模块都可以被ABEL-HDL软件同时处理。

ABEL-HDL语言源文件举例如下,文件名为F456.ABL、模块名为M456、标题名为T456。

标头段

MODULE M456

TITLE 'T456'

定义段

IAB10 PIN 45;

IAB9   PIN 44;

IAB8   PIN 43;

IAB7   PIN 42;

IAB6   PIN 41;

逻辑描述段

EQUATIONS

IAB7 = IAB9 & IAB8;

IAB6 = IAB9MYMIAB8;

结束段

END

2. ISP Synario System 简介

ISP Synario System 是一个集成环境,可使用ABEL-HDL语言编辑、编译及产生JED文件。这个软件的文件组织方法是：首先建立一个工程文件（扩展名为 SYN），然后在工程文件中建立一个或多个逻辑功能描述源文件（扩展名为 ABL），在源文件中又包含一个或多个模块。在下面的步骤中，建立了一个工程文件（456.SYN），其中包含一个逻辑功能描述源文件（F456.ABL），在源文件 F456.ABL 中包含一个模块（M456）。最后经编译后产生的扩展名为 JED，文件为 456.JED，和工程文件名相同。步骤如下：

在使用该软件之前，PLD 板上的串口线接到微机的串口，一般为 COM1；PLD 板上的四个插座和 FD – CES 实验仪上对应的四个扁平电缆正确连接；PLD 板上的并口线接到微机的并口；将 FD – CES 实验仪上的 SW/USER 开关拨到 SW 位置；将 FD – CES 实验仪上的 KAL/KAH、KBL/KBH、KCL/KCH 开关分别拨到右、左位置，KRL/KRH 开关拨到"上面"位置；打开 FD – CES 实验仪电源。

（1）找到桌面上的图标 ISP Synario，双击启动，如图 10 – 17 所示。

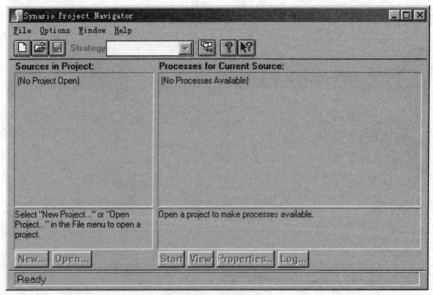

图 10 – 17　启动软件

（2）单击 File→New Project，出现如图 10 – 18 所示对话框，选择文件夹，输入工程名，创建新工程。

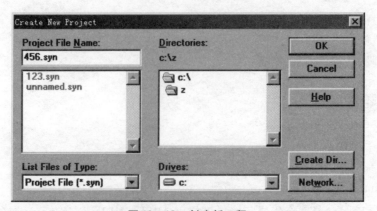

图 10 – 18　创建新工程

(3) 在图 10-19 中双击 Virtual Device,选择可编程芯片。

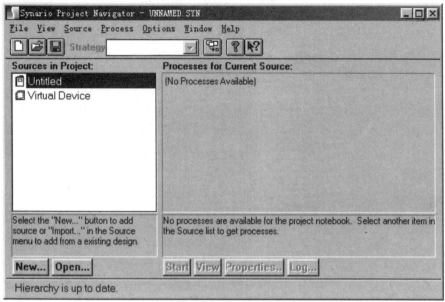

图 10-19　选择可编程芯片

(4) 选择 ISP Synario Device list,在下面的列表中选择 ISP LSI 2096-80 TQFP128。

技能训练 12　七段译码显示电路的 PLD 设计

1. 实训目的

(1) 掌握并行连接的七段数码管译码器的工作原理、频率分频原理,掌握计数器的原理及 PLD 应用方法。

(2) 用 PLD 实现一个 0~60 的计数器。

(3) 学会运用波形仿真测试检验程序的正确性。

2. 实训设备

PC 一台,Altera 公司 DE2 教学实验套件一套。

3. 实训要求

(1) 用 VHDL 语言进行描写。

(2) 进行波形仿真测试。

(3) 严格按照实训流程进行。

(4) 管脚映射按芯片要求进行,在数码管上显示译码后的数字。

(5) 查看资料,描述七段译码器的工作工程。

4. 实训内容

本实训要求设计一分频电路,对 DE2 开发板上的 50 MHz 时钟信号进行分频得到 1 Hz

信号，随后设计一个六十进制计数器，该计数器在 1 Hz 信号下进行 0~59 的计数，并通过设计一个七段数码管译码器完成对计数结果的显示。图 J12-1 所示为七段数码管引脚图。

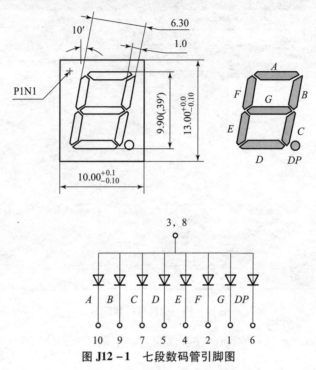

图 J12-1　七段数码管引脚图

在数字逻辑电路设计中，分频器是一种基本电路，通常用来对某个给定频率进行分频，得到所需的频率。根据不同设计的需要，会遇到偶数分频、奇数分频等。对于 $2N$ 分频，可以方便地用模 N 的计数器与一个 T' 触发器（二分频器）来简单实现 50% 占空比分频输出。

用一个四位二进制计数器可以构成一位十进制计数器，也就是说可以构成一位 BCD 计数器，而二位十进制计数器连接起来可以构成一个六十进制的计数器。图 J12-2 所示为总体模块图。

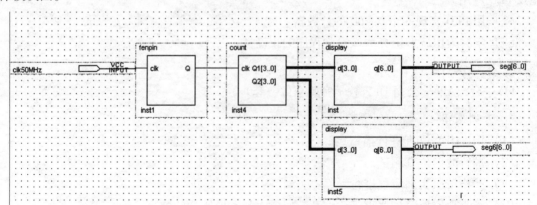

图 J12-2　总体模块图

5. 实训步骤

（1）写出分频器，六十进制计数器、七段译码器的源程序，编译通过，最后用原理图方式连接三个模块。

(2) 进行波形仿真。

(3) 选定 PLD 器件，映射管脚、编译、下载。

6. 实训报告

(1) 写出实训源程序，画出仿真波形。

(2) 总结实训步骤和实训结果。

(3) 心得体会——在实训过程中出现了哪些问题？如何解决的？本次实训中你的感受；你从实训中获得了哪些收益？本次实训你的成功之处；本次实训中还有哪些待改进的地方？下次实训应该从哪些地方进行改进？怎样提高自己的实训效率和实训水平？

(4) 完成实训思考题。

7. 问题与思考

思考怎么实现奇数倍分频，怎样修改程序。

本章小结

可编程逻辑器件 PLD 的出现，使数字系统的设计过程和电路结构都大大简化，同时也使电路的可靠性得到提高。

PLD 器件主要有 PLA、PAL、GAL、EPLD、FPGA 等。PAL 的基本结构是由可编程的与阵列和固定的或阵列组成，PAL 有多种输出结构，不同型号的芯片对应一种固定的输出结构。PAL 器件的开发是通过编程改变与阵列来完成的。GAL 是各种 PLD 器件的理想产品，输出具有可编程的逻辑宏单元，可以由用户定义所需的输出状态，具有速度快、功耗低、集成度高等特点。GAL 器件的编程是在开发软件和硬件的支持下完成的，读者若要对 GAL 芯片编程，就要熟练掌握常见软件和硬件的使用。

思考与练习题

10.1 比较 PLA、PAL 和 GAL 的异同。

10.2 GAL 的种类有哪些？

10.3 GAL 有什么特点？其输出逻辑宏单元能实现哪些逻辑功能？

10.4 用 1 片 GAL16V8 实现一个 4 输入与门和或门。

10.5 用 1 片 GAL16V8 实现一个 JK 触发器和 D 触发器。

10.6 用 GAL 芯片实现 3 - 8 译码器。

第11章 数字电子技术技能综合实训

学习目标

（1）掌握设计数字系统电路的一般方法。
（2）掌握常用数字器件的使用方法。
（3）通过综合实训来深刻领会采用中、大规模数字集成电路器件进行数字电路系统设计、制作与调试的思路、技巧与方法。

能力目标

能够利用现有的数字电路器件来设计具有某种功能的数字系统电路。

11.1 智力竞赛定时抢答器的设计实训

11.1.1 实训目的

（1）熟悉用 8D 锁存器 74HC273 和专用频道译码/驱动集成电路 CH233 设计抢答器的方法。
（2）掌握用十进制同步加减计数器 74HC192，四线－七段译码/驱动芯片 74HC48、时基集成芯片 555 设计可预置时间的定时电路。
（3）掌握可控硅电路和集成音响电路的应用方法。

11.1.2 设计要求

（1）设计一个可同时供 8 名选手参加比赛的 8 路数字显示抢答器。选手每人一个抢答按钮,按钮的编号与选手的编号相同。

(2) 主持人有控制开关,可以手动清零复位。

(3) 抢答器具有优先抢答功能,先按按钮的选手编号能被锁存显示,并有音响提示。与此同时,封锁输入电路,禁止其他选手抢答,优先抢答选手的编号显示一直保持到主持人将系统清零时为止。

(4) 抢答器具有定时抢答功能,且一次抢答时间由主持人设定,当主持人按过"开始"键后,定时器立即减计时,并用显示器显示剩余抢答时间,同时扬声器发出短暂的声响,声响持续时间 0.5 s 左右。

11.1.3 设计原理与参考电路

1. 设计原理

能够实现设计要求的方案很多,其中将抢先按下按钮的编号用锁存器锁存,然后送入专用频道数译码电路,直接驱动数码管显示抢答者编码的电路框图如图 11 – 1 所示。

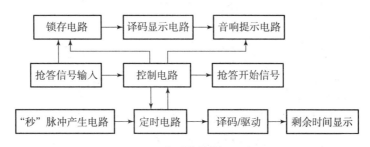

图 11 – 1 定时抢答器原理框图

2. 8 路抢答器的参考电路

如图 11 – 2 所示,它由 8 个常开按钮开关和 8 只电阻组成抢答器的输入电路、8D 锁存电路、音响提示电路、抢答者编号数字显示电路等组成。8D 锁存器 74HC273 的引脚图和功能表如图 11 – 3 所示。利用专用的频道数显译码电路 CH233,实现将二进制数码转换成十进制数码,该集成电路输出电流大,可直接驱动数码管。选用 KD 型"叮咚"音乐集成电路作为音响提示电路。图 11 – 2 中的 S_0 为主持人用于清除抢答信号的自动复位常闭按钮开关。VD_9、R_{11}、R_{13} 组成低电平清零电路,主持人按下 S_0 再松手接通电源时,锁存器便被第 1 脚的 CR 端的瞬间低电平清零,随即,$\overline{CR} = U_H$ 便进入正常的工作状态。

当主持人发出抢答命令后,假设编号第 6 的人按下按钮 S_6,此时,锁存器的输入端 $D_6 = U_H$,$VD_1 \sim VD_8$ 组成的或门输出高电平,给晶闸管控制端一个脉冲,晶闸管 VS 导通,锁存器的第 11 脚 CP 端由低电平翻转为高电平的上升沿脉冲,锁存器将 D_6 数据送到输出端 Q_6,并锁存 $Q_6 = U_H$ 状态,所以输出数据 $Q_6 = U_H$ 保持不变。然后经译码/驱动数码管显示 "6"。与此同时可控硅 VS 导通时产生的触发信号经 C_2 送到音响提示电路触发音乐集成电路工作,使扬声器 B 发出提示音响。此后,无论谁按动按钮,都不能使锁存器存储的数据发生变化,音响提示电路也不会再产生音响,直到主持人按下 S_0,使电路自动断电复位时为止。

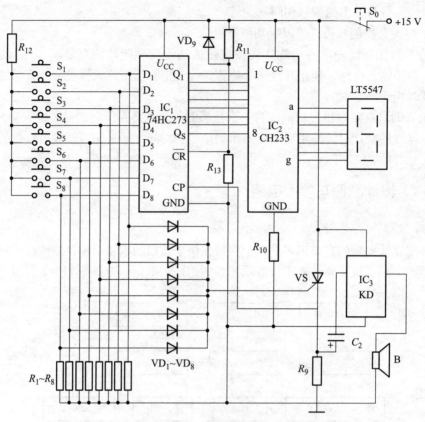

图 11-2 8 路抢答器原理电路图

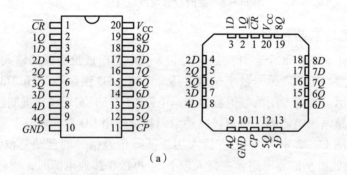

(a)

输入			输出
$\overline{CR}$	CP	D	Q
L	×	×	L
H	↑	H	H
H	↑	L	L
H	L	×	Q_0

H—高电平；
L—低电平；
×—任意；
↑—低到高电平跳变；
Q_0—规定的稳态输入条件建立前Q的电平。

(b)

图 11-3 74HC273 的引脚图及功能表

(a) 74HC273 的引脚图；(b) 74HC273 的功能表

3. 定时电路设计

主持人根据抢答题的难易程度，设定该题的抢答时间，通过预置时间电路对计数器进行预置,选用十进制同步加/减计数器 74HC192 进行减计数,计数器的时钟脉冲由 555 时基电路构成的"秒"信号源提供。参考电路如图 11-4 所示。

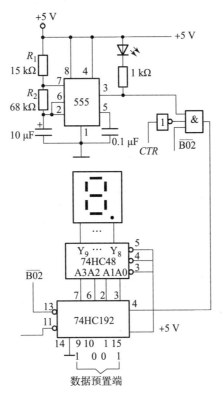

图 11-4 可预置时间的定时电路

11.1.4 实训内容及步骤

(1) 按照设计要求,分别进行单元电路设计、整体电路图设计,画好原理电路图。
(2) 按照设计好的原理电路图,在标准板或面包板上搭接实际电路。
(3) 按单元分块,锁存器电路——译码显示电路——控制电路——可预置时间定时电路的顺序,逐块调试电路。
(4) 进行整体电路调试,观察抢答器工作情况,并记录结果。

11.1.5 实训报告要求

(1) 题目设计要求。
(2) 画出总电路框图及总体原理电路图。
(3) 设计思想及基本原理分析。
(4) 单元电路分析。
(5) 测试结果及调试过程中所遇到的故障分析。
(6) 设计过程中的体会与创新点。
(7) 元件采购清单。

11.2 交通信号灯控制器的设计实训

11.2.1 设计任务

1. 设计任务

设计并制作一个十字路口交通信号灯控制电路。

2. 设计要求

在一条主干道和一条支干道的会合点形成十字交叉路口,为确保行车安全,通行顺畅,在交叉路口的4个入口处设置了红(R)、绿(G)、黄(Y)三色信号灯。红灯亮禁止通行,绿灯亮允许通行,黄灯亮则给行驶中的车辆有时间停靠禁行线之外。设计要求如下:

(1) 用红、绿、黄三色发光二极管作为信号灯,用传感器或用逻辑开关代替传感器作检测车辆是否到来的信号,设计并制作一个交通信号灯控制器。

(2) 由于主干道车辆较多而支干道车辆较少,所以主干道多处于允许通行的状态,而支干道有车来才允许通行。当主干道允许通行的绿灯亮时,支干道红灯亮。而支干道允许通行的绿灯亮时,主干道红灯亮。当主、支干道均有车时,两者交替允许通行,主干道每次放行45 s,支干道每次放行25 s,设置45 s和25 s倒计时显示电路。

(3) 在每次绿灯亮转换成红灯亮的转换过程中间,要亮5 s的黄灯作为过渡时间,使行驶中的车辆有时间停在禁行线以外,设置5 s倒计时电路。

11.2.2 设计课题分析

根据设计任务和设计要求,交通信号灯控制器的原理框图如图11-5所示。在主干道和支干道的入口处设立传感器检测电路以检测车辆进出的情况,并及时向主控电路提供信号,调试时可用数字开关代替。

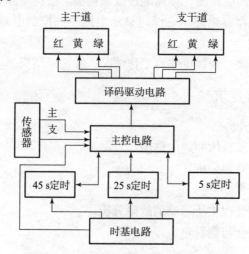

图11-5 交通信号灯控制器的原理框图

(1) 系统中要有 45 s、25 s 和 5 s 三种定时信号，需要设计 45 s、25 s、5 s 的倒计时显示电路。定时的起始信号由主控电路提供，定时时间的结束信号也输入到主控电路，并通过主控电路去启、闭各路口的 R、G、Y 信号灯。

(2) 主控电路的输入信号来自主、支干道的车辆检测信号及来自 45 s、25 s 和 5 s 三个定时信号。其输出一方面经译码后分别去控制主、支干道的 R、G、Y 三色信号灯，另一方面要控制定时电路的启动，属于时序逻辑电路，应该按照时序逻辑电路的设计方法设计，也可以采用存储器电路来实现，即将传感信号和定时信号经过编码所得的代码作为存储器的地址信号，由存储器的数据信号去控制交通灯。

(3) 若选取 5 s 作为一个时间单位，则计数器每 5 s 输出一个脉冲，十字路口主干道方向绿、黄、红灯所亮的时间比为 9∶1∶5，支干道方向绿、黄、红灯所亮的时间比为 5∶1∶9。分析交通信号灯的点亮规则，可以归纳为表 11-1 所示的四种状态顺序，表 11-1 所对应的状态转换图如图 11-6 所示。

表 11-1 交通信号灯状态顺序表

状态序号		主干道（A）	支干道（B）	时间
	M_1	M_0			
(S_0)	0	0	绿灯亮，允许通行	红灯亮，不许通行	45 s
(S_1)	0	1	黄灯亮，停车	红灯亮，不许通行	5 s
(S_2)	1	0	红灯亮，不许通行	绿灯亮，允许通行	25 s
(S_3)	1	1	红灯亮，不许通行	黄灯亮，停车	5 s

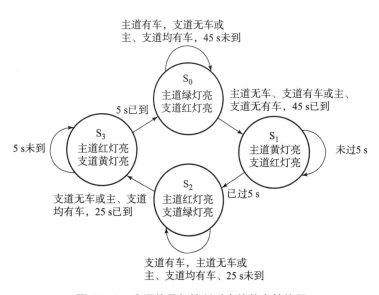

图 11-6 交通信号灯控制对应的状态转换图

译码电路将主控器的输出状态 M_1、M_0 译码后作为主干道 A、支干道 B 的 6 个信号灯的控制信号，其真值表如表 11-2 所示，显然有：$T_{GA} + T_{YA} = T_{RB}$，$T_{GB} + T_{YB} = T_{BA}$。T_{GA}、T_{YA}、

T_{RB} 分别为主干道绿、黄、红三灯点亮的时间,T_{GB}、T_{YB}、T_{RB} 分别为支干道绿、黄、红灯点亮的时间。

表 11-2 译码器真值表

M_2	M_1	M_0	G_A	R_A	Y_A	G_B	R_B	Y_B	时间
1	×	×	0	1	0	0	1	0	×
0	0	0	1	0	0	0	1	0	45 s
0	0	1	0	0	1	0	1	0	5 s
0	1	0	0	1	0	1	0	0	25 s
0	1	1	0	1	0	0	0	1	5 s

(4) 倒计时置数电路。置数电路分 A、B 两部分,分别给主干道 A 和支干道 B 的两个计数器提供倒计时计数的初始值,这些值都可以用八位二进制码表示。主干道 A 的倒计时预置数据如表 11-3 所示。支干道的预置数据与此类似。

表 11-3 主干道 A 的倒计时预置数据

主控器状态		倒计时时间/s	十位置数数据				个位置数数据			
M_1	M_0		Q_{23}	Q_{22}	Q_{21}	Q_{20}	Q_{13}	Q_{12}	Q_{11}	Q_{10}
0	0	45	0	1	0	0	0	1	0	1
0	1	5	0	0	0	0	0	1	0	1
1	0	25	0	0	1	0	0	1	0	1
1	1	5	0	0	0	0	0	1	0	1

11.2.3 控制器参考电路

如图 11-7 所示,由六反相器 U_5(CD4069)及外围阻容元件构成的两个独立的自激振荡器,产生两个频率可调的矩形脉冲,分别送到十进制计数器/分配器 U_2、U_3(CD4017)作为它们的时钟信号,振荡周期分别由 R_{P1}、R_{P2} 调节。当 U_3 的第 14 脚连续输入脉冲时,$Q_0 \sim Q_9$ 脚就轮流输出高电平驱动发光二极管 LED。当 $VD_0 \sim VD_8$ 中任一只二极管导通时,主干道的绿灯、支干道的红灯同时点亮。当 VD_9 导通时,主干道的黄灯和支干道的红灯同时点亮。

双 D 触发器认 U_4A(CD4013)分别将 U_3、U_2 的第 11 脚 Q_9 端输出的高电平引入其置 0、置 1 端(第 4 脚、第 6 脚),再利用其输出 Q、$\overline{Q}$ 来控制 U_2、U_3 的状态翻转。当 U_2 的第 11 脚为高电平时,则认的第 1 脚、第 2 脚分别为高、低电平,伙被清零,所驱动 LED 熄灭,而队被置位,所驱动的 LED 点亮。反之,当队的第 11 脚为高电平时,则认的第 1、第 2 脚分别为低、高电平,队被清零,所驱动的 LED 熄灭,伙被置位,所驱动的 LED 点亮,如此循环。为了使认可靠工作,其输入端 D 时钟信号端 GP(分别为第 3 脚)应接地。同时伙、队的时钟选通控制端 $CLK/\overline{EN}$(第 13 脚)应接地。R 端(第 15 脚)高电平时清零。

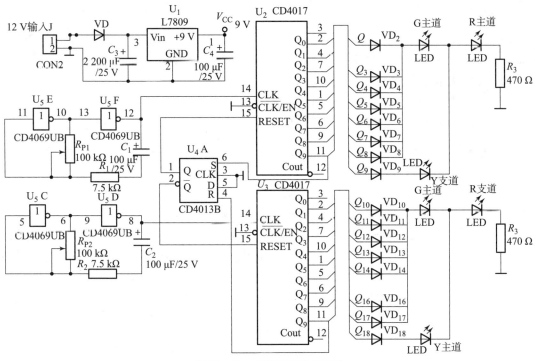

图 11-7 主控制器参考电路

11.2.4 实训内容

(1) 设计整体电路,画出电路原理总图,并在计算机上做仿真实验。
(2) 调试各单元电路,并记录参数。
(3) 组装调试电路,测试整体电路的功能信号灯用 R、G、Y 三色 LED 代替。

11.2.5 实训报告要求

(1) 任务书的设计要求。
(2) 画出总体电路框图。
(3) 设计思想及基本原理分析。
(4) 单元电路分析,元器件选型的依据。
(5) 测试结果及调试过程中所遇到的故障分析。
(6) 设计过程的体会与创新点。
(7) 元件采购清单。

11.3 霓虹灯控制器的设计实训

11.3.1 设计任务

1. 设计任务

设计一个霓虹灯控制器。

2. 设计要求

（1）控制器能使 8 路彩灯的流向发生变化，可以正向流水，也可以逆向流水。霓虹灯流动的方向可以手控也可以自动控制，自动控制的往返变换时间为 5 s。

（2）霓虹灯的流速可以改变。

（3）霓虹灯可以间歇流动，10 s 间歇 1 次，间歇时间为 1 s。

（4）选作：设计显示图案循环的控制电路。

11.3.2 设计思想与参考电路

1. 基本原理框图

如图 11-8 所示，它利用 555 定时电路组成一个多谐振荡器，发出连续脉冲，作为计数器的时钟脉冲源。通过分频器改变时钟的频率，从而改变霓虹灯的流速；采用加/减计数器则可以改变霓虹灯的流向。计数器的输出端接译码器以实现流水的效果。流向和间歇控制电路的控制信号周期应该大于多谐振荡器的基础时钟周期 CP。可以通过分频电路得到所需要的控制信号。为了实现人眼能分辨的灯光流水效果，必须使时钟脉冲的周期大于人眼的视觉停留时间，即 $T \geq 40$ ms。

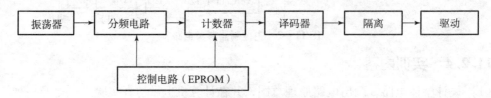

图 11-8 霓虹灯控制器原理框图

2. 参考电路原理图

如图 11-9 所示，它包括脉冲产生、地址扫描、数据存储、高低电压隔离、输出驱动五部分。

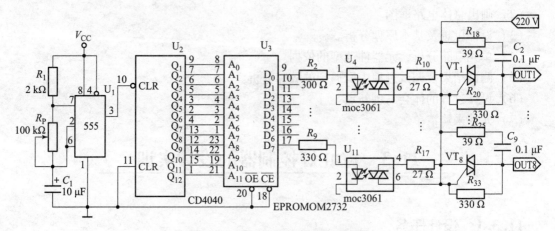

图 11-9 霓虹灯控制器原理电路图

3. 脉冲产生电路

从图 11-9 知，它是由 R_1、R_P、C_1、U_1（MG17555）组成的多谐振荡器，从 U_1 的第 3 脚输出方波，方波的频率为

$$f_0 = \frac{1}{0.69(R_1 + 2R_P)C_1}$$

调节 R_P 的大小可以改变霓虹灯的闪烁快慢。

4. 地址扫描电路 U_2

它是由十二位二进制串行计数器/分频器 C D4040 构成。其第 11 脚 CLR 为清零端，高电平有效，当 $CLR=1$ 时，$Q_1 \sim Q_{12}$ 的输出均为 0；当 $CLR=1$ 时，CD4040 开始计数。第 10 脚接收 U_1（555）第 3 脚送来的时钟脉冲。

5. 数据存储电路 U_3

它是由存储容量为 4 KB 的八位二进制存储器 EPROM2732 构成。地址扫描电路的输出端 $Q_1 \sim Q_{12}$ 分别接队的地址线 $A_0 \sim A_{11}$。随着扫描过程的进行，从队（EPROM2732）的数据线 $D_0 \sim D_7$ 上输出预先存放在各存储单元的数据。若 EPROM 存储器中存放的是如表 11-4 所示的数据，当地址扫描到 0000、0000、0001 时，则 $D_0 \sim D_7$ 输出的是存储单元 001H 内存放的数据 02H，如表 11-4 所示。

表 11-4 "流水灯光"动态效果二进制数据表

地址	数据	地址	数据
0000、0000B	0000、0001B	0000、1000B	1000、0000B
0000、0001B	0000、0010B	0000、1001B	0100、0000B
0000、0010B	0000、0100B	0000、1010B	0010、0000B
0000、0011B	0000、1000B	0000、1011B	0001、0000B
0000、0100B	0001、0000B	0000、1100B	0000、1000B
0000、0101B	0010、0000B	0000、1101B	0000、0100B
0000、0110B	0100、0000B	0000、1110B	0000、0010B
0000、0111B	1000、0000B	0000、1111B	0000、0001B

6. 高低电压隔离及输出驱动电路

高低电压隔离电路和驱动电路分别由光电耦合器 $U_4 \sim U_{11}$（型号为 MOC3061）和双向晶闸管 $VT_1 \sim VT_8$ 构成。当队的某一输出端为高电平（例如 $D_0=1$）时，通过该路的光电耦合器（例如认）去触发该路的双向晶闸管（例如 VT_1 管），则该路的霓虹灯变压器通电产生高压，点亮该路霓虹灯。电路中的 $R_{10} \sim R_{17}$ 和 $R_{26} \sim R_{33}$ 与双向晶闸管 $VT_1 \sim VT_8$ 共同组成 8 路电控输出电路，$R_{18} \sim R_{25}$ 和 $C_2 \sim C_9$ 组成浪涌电压吸收电路。

控制器工作时，由于振荡电路不断地输出时钟脉冲，地址扫描电路按照设定的速度从存储器 EPROM 中依次取出各存储单元的数据，这些数据决定某一瞬间 8 路霓虹灯的亮暗组合，这些组合随时间不断地变化，就形成了丰富多彩的动态效果。

动态效果的变换式样由预置在各存储单元里的数据组合来决定，变换节奏的快慢则受振荡电路的振荡频率控制。

11.3.3 制作与调试

由于霓虹灯涉及220 V电压，所以从安全角度出发，实验制作时可以用LED管来模拟霓虹灯，也能达到较好的视觉效果。由于EPROM2732存储器需要先编程，所以应先在PCB板上焊接插座，待编写数据步骤结束再将EPROM2732插进插座。编写数据就是编写能够让霓虹灯实现某一种变换式样动态效果的数据组合，并将其写入存储器的各存储单元之中。编写数据若采用二进制，如表11-4所示，读写都不方便；若改为十六进制，读写就方便多了，如表11-5所示。

表11-5 "流水灯光"动态效果十六进制数据表

地址	数据	地址	数据
000H	01H	008H	80H
001H	02H	009H	40H
002H	04H	00AH	20H
003H	08H	00BH	10H
004H	10H	00CH	08H
005H	20H	00DH	04H
006H	40H	00EH	02H
007H	80H	00FH	01H

编写时先把要实现的动态效果设计成二进制数据组合，再把这些数据组合译成十六进制并填入十六进制表示地址的存储单元之中。如果设计霓虹灯的变换花样不多，一般只在EPROM的局部编程，就要对扫描电路进行处理，使扫描范围只限于局部。这只需要处理（CD4040）的复位端。即将CD4040的第11脚 CLR 接到自身不同的输出端 $Q_1 \sim Q_{12}$。这种"反馈归零法"不同接法的扫描范围如表11-6所示。制PCB板时可用设置跳线或波段开关的方法实现对不同的存储地址进行扫描。设计好动态效果后，可以用通用编辑器写入数据。

表11-6 用"反馈归零法"确定的扫描范围表

CLR（11）接在	扫描范围	能取出的数据字节数	CLR（11）接在	扫描范围	能取出的数据字节数
Q_1	000H~000H	1 B	Q_8	000H~07FH	128 B
Q_2	000H~001H	2 B	Q_9	000H~0FFH	256 B
Q_3	000H~003H	4 B	Q_{10}	000H~1FFH	512 B
Q_4	000H~007H	8 B	Q_{11}	000H~3FFH	1 KB
Q_5	000H~00FH	16 B	Q_{12}	000H~7FFH	2 KB
Q_6	000H~01FH	32 B	地	000H~FFFH	4 KB
Q_7	000H~03FH	64 B			

11.3.4 实训报告要求

(1) 任务书中的设计要求。
(2) 选择设计方案,画出总电路原理框图,叙述设计思路。
(3) 单元电路设计及基本原理分析。
(4) 提供参数计算过程和选择器件的依据。
(5) 记录测试过程,并对调试过程中所遇到的故障进行分析。
(6) 记录测试结果,并做简要说明。
(7) 设计过程的体会与创新点、建议与评价。
(8) 元件采购清单。

11.4 GAL 时序逻辑电路的设计实训

11.4.1 实训目的

(1) 掌握用 GAL 芯片设计时序逻辑电路的方法。
(2) 验证所设计电路的正确性。

11.4.2 实训设备和器件

(1) 计算机、EXPRO-80 系统、数字逻辑实验箱。
(2) GAL16V8 芯片两片、GAL20 V8 芯片一片。

11.4.3 实训内容

1. 移位寄存器的功能要求

用 GAL16V8 芯片设计一个六位通用移位寄存器,并使该移位寄存器具有下述功能:
(1) 数据左移(输入数据从右向左串行输入)。
(2) 数据右移(输入数据从左向右串行输入)。
(3) 并行装入数据。
(4) 并行输出数据。
(5) 具有使能端及高阻抗输出。

2. 六位通用移位寄存器的实验步骤

(1) 根据设计要求编写设计文件及测试向量。满足设计要求的移位寄存器的功能如表 11-7 所示。由该移位寄存器的功能可直接写出各输出量的逻辑表达式,因而该六位移位寄存器的设计文件为 ssrl6.abl。

表 11-7 六位移位寄存器的功能

PS	CS	LD	EN	RL	Q_n	说明
1	×	×	×	×	1	芯片工作为高阻输出
0	1	×	×	×	0	清零
0	0	1	×	×	DATA	并行装入
0	0	0	1	×	Q_n	保持
0	0	0	1	1	Q_{n-1}	左移
0	0	0	1	0	Q_{n+1}	右移

注意在时序逻辑电路设计中,状态的改变受到时钟信号的影响,逻辑方框中": ="是只有在时钟上升沿到来时,才把等号右边表达式的值赋给等号左边符号名所指的引脚,此后一直保持该状态直至下一个时钟上升沿到来。". CLK"为边沿触发的时钟输入。". AR"为异步寄存器的清零端,当对应引脚接"1"时,对应寄存器的输出端清零。

(2) 生成该移位寄存器的标准装载文件。

(3) 对编程完毕的移位寄存器进行测试。由于时序电路需要时钟控制,在时钟信号输入端 CLK 可接入乒乓开关,开关一端接地,一端接电源。

(4) 验证器件的逻辑功能:将芯片 GAL16V8 插入已布好验证电路的实验机上,通过硬件检测,确定其功能的正确性。

3. 计数器的功能要求

采用 GAL16V8 芯片设计一个四位同步可逆计数器,该计数器具有下述功能:

(1) 可在任意时刻对计数器清零。

(2) 四位并行置数。

(3) 加法计数。

(4) 减法计数。

4. 四位可逆计数器的实验步骤

(1) 根据设计要求编写设计文件及测试向量。令该计数器的输出信号 $Q_0 \sim Q_3$ 表示当前计数值,Q_3 是最高位。输出信号 CAO 是进位或借位输出。CLK 是输入时钟,CLR 为清零信号,低电平时清零。DIR 是控制信号,高电平时为加法计数,低电平时为减法计数。ENA 为使能信号,低电平时允许输出。

(2) 生成该计数器的标准装载文件。

(3) 对芯片 GAL16V8 进行编程。注意编程前一定要做空检查,否则做擦除,以保证芯片为空。

(4) 对编程完毕的四位可逆计数器进行测试。

(5) 验证器件的逻辑功能。将芯片插入已布好验证电路的实验机上,由硬件检测确定芯片功能的正确性。

11.4.4 实训要求

(1) 参照"六位通用移位寄存器的设计",用 GAL20V8 设计一个八位通用移位寄存器,写出八位移位寄存器的功能表、设计文件和测试数据表。

八位移位寄存器引脚排列如图 11-10 所示，图中 RT 为右移输入；LT 为左移输入；S_0、S_1 为移位功能选择；$D_0 \sim D_7$ 为数据输入端；$Q_0 \sim Q_7$ 为数据输出端；$\overline{OE}$ 为使能控制端、低电平有效；CLK 为时钟；V_{CC} 为电源（$U_{CC} = 5$ V）。

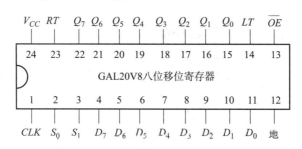

图 11-10 八位移位寄存器引脚图

（2）上机操作，用 GAL20V8 芯片刻录八位移位寄存器。
（3）用软件检查、硬件测试是否完成移位寄存器的多种功能，若不对，则重新修改设计，查找原因，继续上机完成 GAL 编程的设计任务。

11.4.5 实训报告

（1）写出八位移位寄存器的功能表、设计文件和测试向量。
（2）写出上机操作结果和硬件测试完成情况。
（3）设计中遇到什么问题？是如何解决的？

11.5 数字频率计设计实训

数字频率计是用于测量信号（方波、正弦波或其他脉冲信号）的频率，并用十进制数字显示，它具有精度高、测量迅速、读数方便等优点。

11.5.1 设计任务和要求

使用中、小规模集成电路设计与制作一台简易的数字频率计。应具有下述功能：
(1) 位数。
计四位十进制数：
计数位数主要取决于被测信号频率的高低，如果被测信号频率较高，精度又较高，可相应增加显示位数。
(2) 量程。
第一挡：最小量程挡，最大读数是 9.999 kHz，闸门信号的采样时间为 1 s。
第二挡：最大读数为 99.99 kHz，闸门信号的采样时间为 0.1 s。
第三挡：最大读数为 999.9 kHz，闸门信号的采样时间为 10 ms。
第四挡：最大读数为 9 999 kHz，闸门信号的采样时间为 1 ms。
(3) 显示方式。

①用七段 LED 数码管显示读数,做到显示稳定、不跳变。
②小数点的位置跟随量程的变更而自动移位。
③为了便于读数,要求数据显示的时间在 0.5 ~ 5 s 内连续可调。
(4) 具有"自检"功能。
(5) 被测信号为方波信号。
(6) 画出设计的数字频率计的电路总图。
(7) 组装和调试。

①时基信号通常使用石英晶体振荡器输出的标准频率信号经分频电路获得。为了实验调试方便,可用实验设备上脉冲信号源输出的 1 kHz 方波信号经 3 次 10 分频获得。

②按设计的数字频率计逻辑图在实验装置上布线。

③用 1 kHz 方波信号送入分频器的 CP 端,用数字频率计检查各分频级的工作是否正常。用周期为 1 s 的信号作控制电路的时基信号输入,用周期等于 1 ms 的信号作被测信号,用示波器观察和记录控制电路输入、输出波形,检查控制电路所产生的各控制信号能否按正确的时序要求控制各个子系统。用周期为 1 s 的信号送入各计数器的 CP 端,用发光二极管指示检查各计数器的工作是否正常。用周期为 1 s 的信号作延时、整形单元电路的输入;用两只发光二极管作指示,检查延时、整形单元电路的输入,用两只发光二极管作指示,检查延时、整形单元电路的工作是否正常。若各个子系统的工作都正常,再将各子系统连起来统调。

(8) 调试合格后,写出综合实训报告。

11.5.2 工作过程

脉冲信号的频率就是在单位时间内所产生的脉冲个数,其表达式为 $f = N/T$,其中 f 为被测信号的频率,N 为计数器所累计的脉冲个数,T 为产生 N 个脉冲所需的时间。计数器所记录的结果,就是被测信号的频率。如在 1 s 内记录 1 000 个脉冲,则被测信号的频率为 1 000 Hz。

本实训课题仅讨论一种简单易制的数字频率计,其原理方框图如图 11 - 11 所示。

晶振产生较高的标准频率,经分频器后可获得各种时基脉冲(1 ms、10 ms、0.1 s、1 s 等),时基信号的选择由开关 S_2 控制。被测频率的输入信号经放大整形后变成矩形脉冲加到主控门的输入端,如果被测信号为方波,放大整形可以不要,将被测信号直接加到主控门的输入端。时基信号经控制电路产生闸门信号至主控门,只有在闸门信号采样期间内(时基信号的一个周期),输入信号才通过主控门。若时基信号的周期为 T,进入计数器的输入脉冲数为 N,则被测信号的频率 $f = N/T$,改变时基信号的周期 T,即可得到不同的测频范围。当主控门关闭时,计数器停止计数,显示器显示记录结果。此时控制电路输出一个置零信号,经延时、整形电路的延时,当达到所调节的延时时间时,延时电路输出一个复位信号,使计数器和所有的触发器置 0,为后续新的一次取样做好准备,即能锁住一次显示的时间,使保留到接收新的一次取样为止。

当开关 S_2 改变量程时,小数点能自动移位。

若开关 S_1、S_3 配合使用,可将测试状态转为"自检"工作状态(即用时基信号本身作为被测信号输入)。

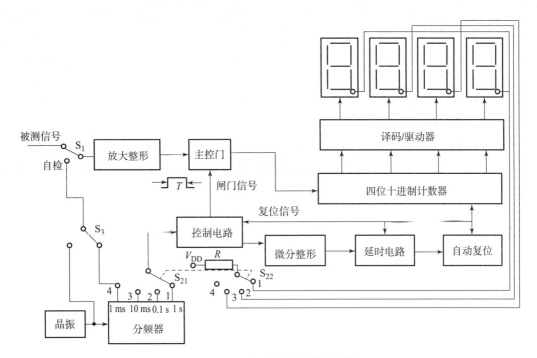

图 11-11 数字频率计原理框图

11.5.3 有关单元电路的设计及工作原理

1. 控制电路

控制电路与主控门电路如图 11-12 所示。

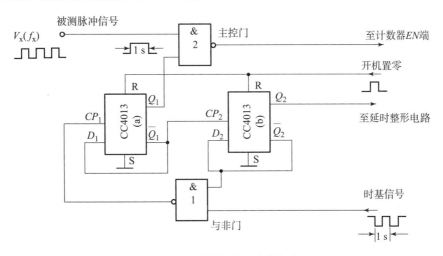

图 11-12 控制电路及主控门电路

主控电路由双 D 触发器 CC4013 及与非门 CC4011 构成。CC4013（a）的任务是输出闸门控制信号，以控制主控门 2 的开启与关闭。如果通过开关 S_2 选择一个时基信号，当给与非门 1 输入一个时基信号的下降沿时，与非门 1 就输出一个上升沿，则 CC4013(a) 的 Q_1 端就由低电平变为高电平，将主控门 2 开启。允许被测信号通过该主控门并送至计数器输入端进行计数。相隔 1 s（或 0.1 s、10 ms、1 ms）后，又给与非门 1 输入一个时基信号的下降沿，与非门 1 输出端又产生一个上升沿，使 CC4013(a) 的 Q_1 端变为低电平，将主控门关闭，使计数器停止计数，同时 $\overline{Q_1}$ 端产生一个上升沿，使 CC4013(b) 翻转成 $Q_2 = 1$，$\overline{Q_2} = 0$，由于 $\overline{Q_2} = 0$，它立即封锁与非门 1 不再让时基信号进入 CC4013(a)，保证在显示读数的时间内 Q_1 端始终保持低电平，使计数器停止计数。

利用 Q_2 端的上升沿送到下一级的延时、整形单元电路，当到达所调节的延时时间时，延时电路输出端立即输出一个正脉冲，将计数器和所有 D 触发器全部置 0。复位后，$Q_1 = 0$，$\overline{Q_1} = 1$，为下一次测量做好准备。当时基信号又产生下降沿时，则上述过程重复。

2. 微分、整形电路

电路如图 11-13 所示。CC4013（b）的 Q_2 端所产生的上升沿经微分电路后，送到由与非门 CC4011 组成的斯密特整形电路的输入端，在其输出端可得到一个边沿十分陡峭且具有一定脉冲宽度的负脉冲，然后再送至下一级延时电路。

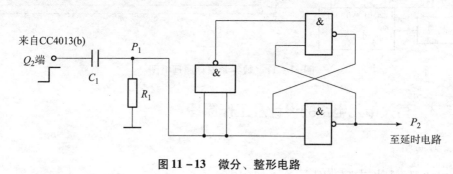

图 11-13　微分、整形电路

3. 延时电路

延时电路由 D 触发器 CC4013（C）、积分电路（由电位器 R_{W1} 和电容器 C_2 组成）、非门 3 以及单稳态电路所组成，如图 11-14 所示。由于 CC4013（C）的 D_3 端接 V_{DD}，因此，在 P_2 点所产生的上升沿作用下，CC4013（C）翻转，翻转后 $\overline{Q_3} = 0$，由于开机置"0"时或门 1 （见图 11-15）输出的正脉冲将 CC4013（C）的 Q_3 端置"0"，因此 $\overline{Q_3} = 1$，经二极管 2AP9 迅速给电容 C_2 充电，使 C_2 两端的电压达到"1"电平，而此时 $\overline{Q_3} = 0$，电容器 C_2 经电位器 R_{W1} 缓慢放电。当电容器 C_2 上的电压放电降至非门 3 的阈值电平 V_T 时，非门 3 的输出

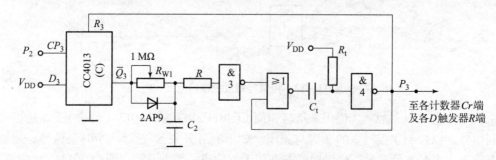

图 11-14　延时电路

端立即产生一个上升沿,触发下一级单稳态电路。此时,P_3 点输出一个正脉冲,该脉冲宽度主要取决于时间常数 R_1C_1 的值,延时时间为上一级电路的延时时间及这一级延时时间之和。

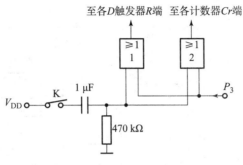

图 11-15　自动清零电路

由实验求得,如果电位器 R_{W1} 用 510 Ω 的电阻代替,C_2 取 3 μF,则总的延迟时间也就是显示器所显示的时间为 3 s 左右。如果电位器 R_{W1} 用 2 MΩ 的电阻取代,C_2 取 22 μF,则显示时间可达 10 s 左右。可见,调节电位器 R_{W1} 可以改变显示时间。

4. 自动清零电路

P_3 点产生的正脉冲送到图 11-15 所示的或门组成的自动清零电路,将各计数器及所有的触发器置零。在复位脉冲的作用下,$Q_3 = 0$,$\overline{Q_3} = 1$,于是 $\overline{Q_3}$ 端的高电平经二极管 2AP9 再次对电容 C_2 电,补上刚才放掉的电荷,使 C_2 两端的电压恢复为高电平,又因为 CC4013(b)复位后使 Q_2 再次变为高电平,所以与非门 1 又被开启,电路重复上述变化过程。

11.5.4　实训设备与器件

(1) +5 V 直流电源。
(2) 双踪示波器。
(3) 连续脉冲源。
(4) 逻辑电平显示器。
(5) 直流数字电压表。
(6) 数字频率计。
(7) 主要元器件(供参考):CC4518(二-十进制同步计数器)4 只,CC4553(三位十进制计数器)2 只,CC4013(双 D 触发器)2 只,CC4011(四 2 输入与非门)2 只,CC4069(六反相器)1 只,CC4001(四 2 输入或非门)1 只,CC4071(四 2 输入或门)1 只,2AP9(二极管)1 只,电位器(1 MΩ),1 只,电阻、电容若干。

注:
(1) 若测量的频率范围低于 1 MHz,分辨率为 1 Hz,建议采用图 11-16 所示的电路,只要选择参数正确,连线无误,通电后即能正常工作,无须调试。有关它的工作原理留给同学们自行研究分析。
(2) CC4553 三位十进制计数器引脚排列如图 11-17 所示,其功能如表 11-8 所示。

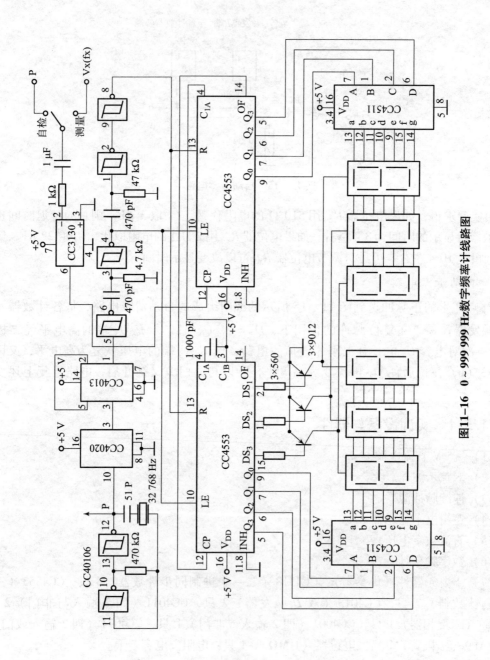

图11-16 0~999 999 Hz数字频率计线路图

表 11-8 CC4553 的引脚功能

输入				输出
R	CP	INH	LE	
0	↑	0	0	不变
0	↓	0	0	计数
0	×	1	×	不变
0	1	↑	0	计数
0	1	↓	0	不变
0	0	×	×	不变
0	×	×	↑	锁存
0	×	×	1	锁存
1	×	×	0	$Q_0 \sim Q_3 = 0$

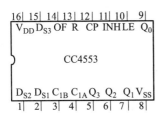

CP：时钟输入端；
INH：时钟禁止端；
LE：锁存允许端；
R：清除端；
$DS_1 \sim DS_3$：数据选择输出端；
OF：溢出输出端；
C_{1A}、C_{1B}：振荡器外接电容端；
$Q_0 \sim Q_3$：BCD码输出端。

图 11-17 CC4553 的引脚排列

参 考 文 献

[1] 杨志忠. 数字电子技术 [M]. 北京：高等教育出版社，2000.
[2] 江晓安. 数字电子技术 [M]. 西安：西安电子科技大学出版社，2001.
[3] 孙津平. 数字电子技术 [M]. 西安：西安电子科技大学出版社，2005.
[4] 白中英. 数字逻辑与数字系统 [M]. 北京：科学出版社，2002.
[5] 杨颂华. 数字电子技术基础 [M]. 西安：西安电子科技大学出版社，2004.
[6] 陈瑞. 数字电子技术基础 [M]. 北京：清华大学出版社，2007.
[7] 张建华. 数字电子技术 [M]. 北京：机械工业出版社，2003.
[8] 李中发. 数字电子技术 [M]. 北京：中国水利水电出版社，2007.
[9] 徐丽香. 数字电子技术 [M]. 北京：电子工业出版社，2006.
[10] 阎石. 数字电子技术基础 [M]. 北京：高等教育出版社，2006.
[11] 周建民. 可编程逻辑器件与开发技术 [M]. 北京：人民邮电出版社，1995.
[12] 陈光梦. 可编程逻辑器件的原理与应用 [M]. 上海：复旦大学出版社，1998.
[13] 孙余凯，吴鸣山，项绮明，等. 数字电路基础与技能实训教程 [M]. 北京：电子工业出版社，2006.
[14] 林育兹，陈文芗，郭光真，等. 数字电子技术 [M]. 北京：科学出版社，2003.